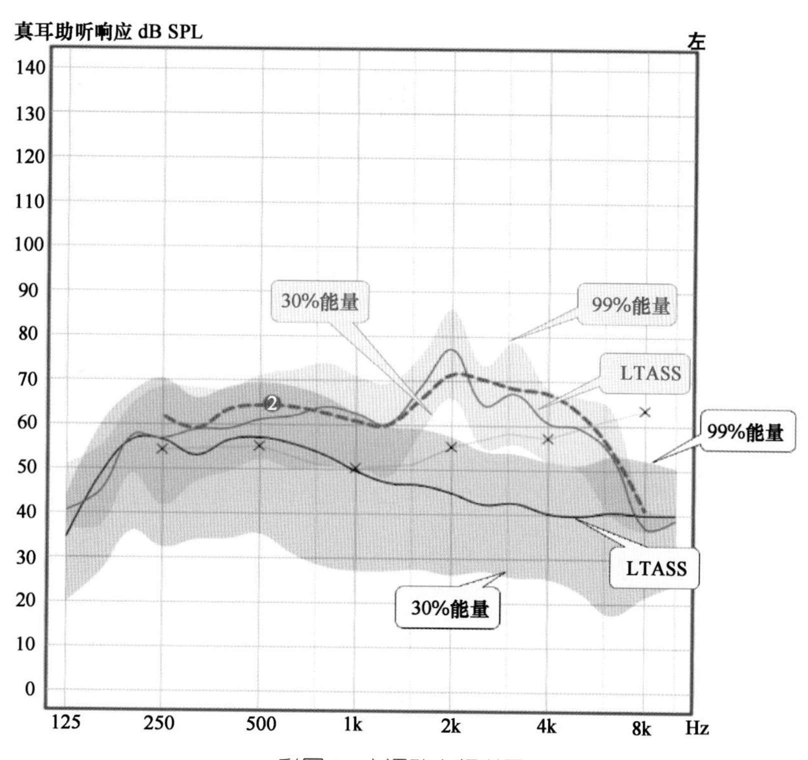

真耳助听响应 dB SPL
左
140
130
120
110
100
90
80
70
60
50
40
30
20
10
0
30%能量
99%能量
LTASS
99%能量
LTASS
30%能量
125
250
500
1k
2k
4k
8k
Hz

彩图1　言语动态频谱图

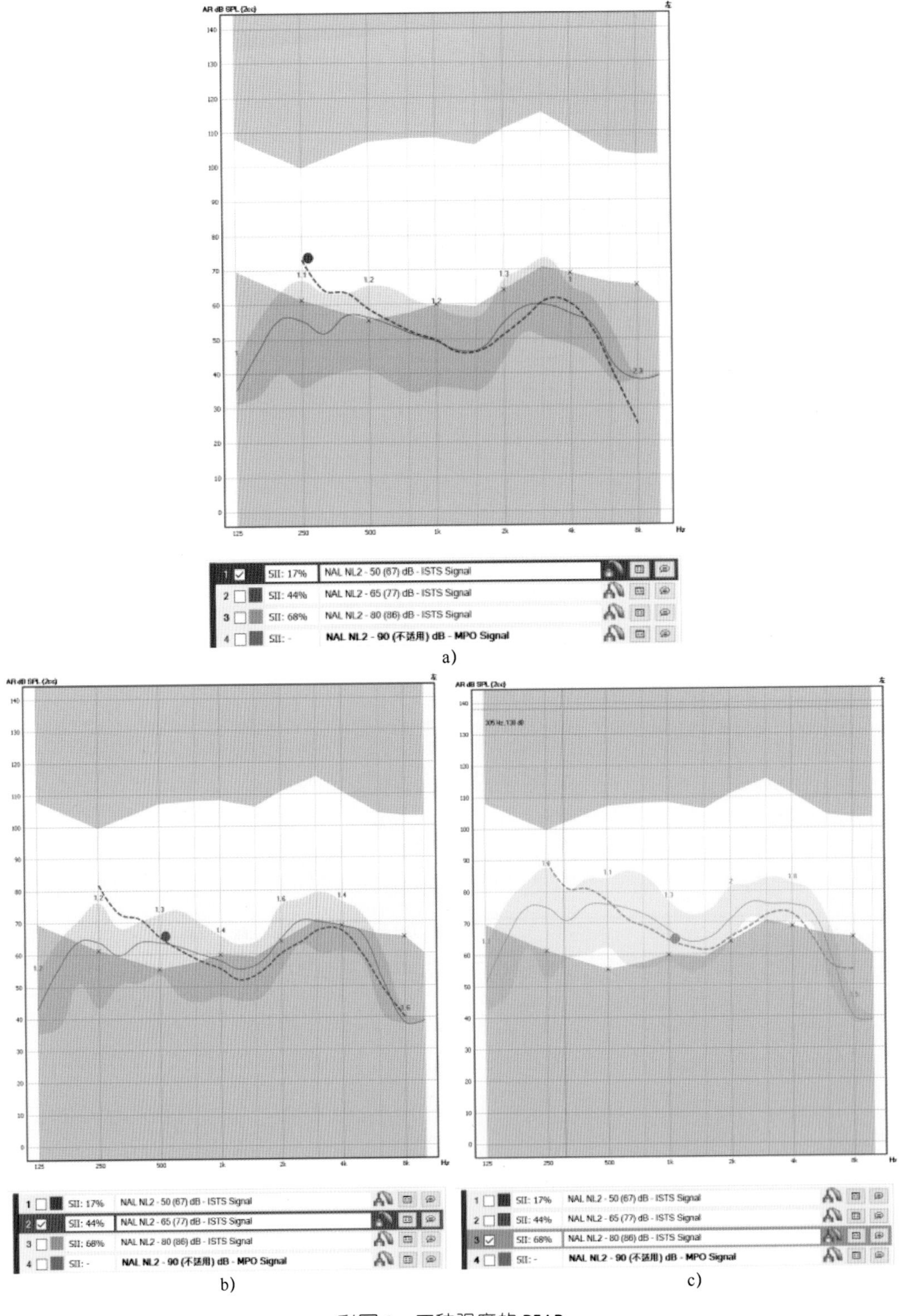

彩图 2　三种强度的 REAR

a）50 dB SPL 的 REAR 结果　b）65 dB SPL 的 REAR 结果　c）80 dB SPL 的 REAR 结果

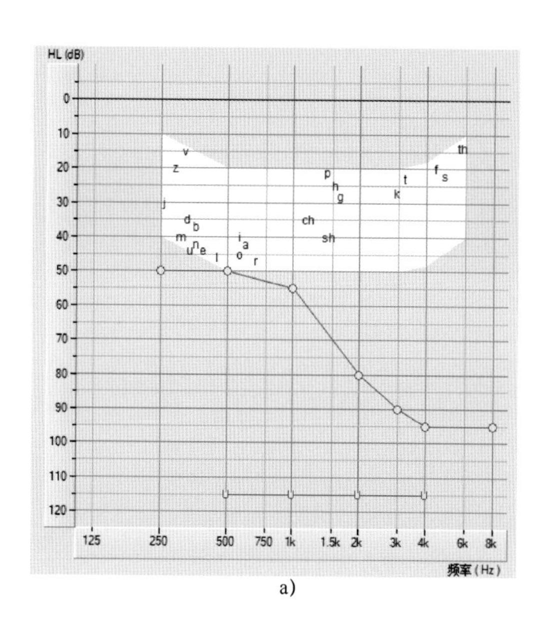

a)

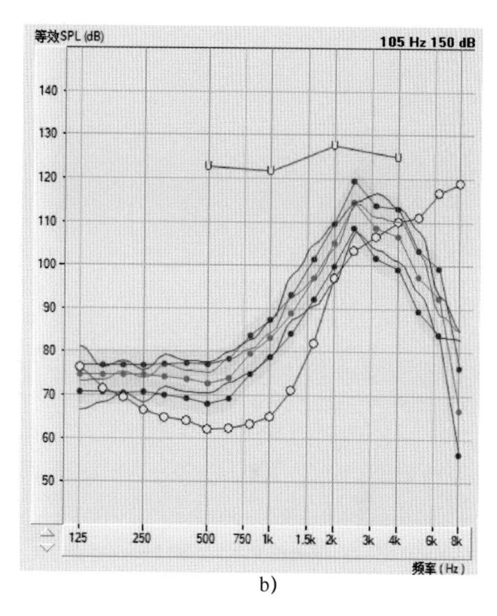

b)

彩图 3　REAR 示例

a）患者的听力图　b）NAL-NL2 公式的目标值

职业技能等级认定培训教材

助听器验配师

（二级）

王树峰　陈雪清　段吉茸　主　编

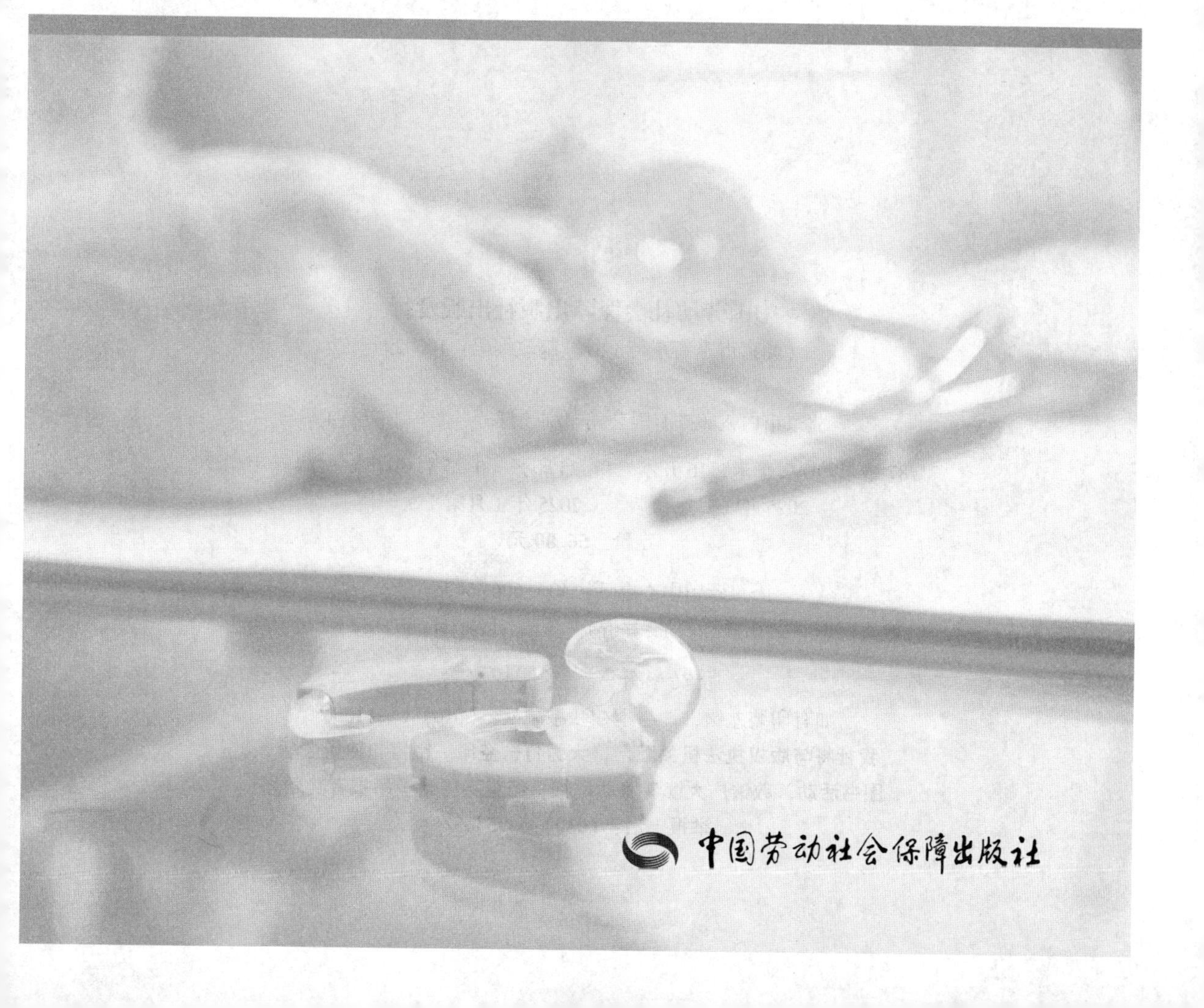

中国劳动社会保障出版社

图书在版编目（CIP）数据

助听器验配师：二级／王树峰，陈雪清，段吉茸主编．-- 北京：中国劳动社会保障出版社，2025.
（职业技能等级认定培训教材）. -- ISBN 978－7－5167－6684－2

Ⅰ. TH789

中国国家版本馆 CIP 数据核字第 2025JE9437 号

中国劳动社会保障出版社出版发行
（北京市惠新东街 1 号　邮政编码：100029）

*

北京市白帆印务有限公司印刷装订　　新华书店经销

787 毫米×1092 毫米　16 开本　17.25 印张　0.25 彩色印张　284 千字

2025 年 1 月第 1 版　　2025 年 1 月第 1 次印刷

定价：56.00 元

营销中心电话：400-606-6496

出版社网址：https://www.class.com.cn

本书编审人员

主　编　王树峰　陈雪清　段吉茸

编　者　马小卫　龙　墨　孔　颖　卢言庆　刘　莎　刘巧云
宋　戎　李红涛　李娅楠　张　敏　张李芳　杨　影
郑体花　赵　航　周奕岑　陶　征　高　梦　梁　巍
曹永茂　曹英倩　黄运甜　黄　画　鲁建东　韩　睿
傅鑫萍　魏晨婧

顾　问　孙喜斌　倪道凤

秘　书　曹帅丰　刘思麟

前　言

为加快建立劳动者终身职业技能培训制度，全面推行职业技能等级制度，推进技能人才评价制度改革，进一步规范培训管理，提高培训质量，有关专家根据《助听器验配师国家职业标准》（以下简称《标准》）编写了助听器验配师职业技能等级认定培训系列教材（以下简称等级教材）。

助听器验配师等级教材紧贴《标准》要求编写，内容上突出职业能力优先的编写原则，结构上按照职业功能模块分级别编写。该等级教材共包括《助听器验配师（基础知识）》《助听器验配师（四级）》《助听器验配师（三级）》《助听器验配师（二级）》《助听器验配师（一级）》5本。《助听器验配师（基础知识）》是各级别助听器验配师均需掌握的基础知识，其他各级别教材内容分别包括各级别助听器验配师应掌握的理论知识和操作技能。

本书是助听器验配师等级教材中的一本，是职业技能等级认定推荐教材，也是职业技能等级认定题库开发的重要依据，适用于职业技能等级认定培训和中短期职业技能培训。

本书在编写过程中得到民政职业大学康复工程学院、滨州医学院特殊教育与康复学院、天津滨海汽车工程职业学院康复学院等单位的大力支持与协助，在此一并表示衷心感谢。

目　录 CONTENTS

职业模块 1 听力检测

培训课程 1　视觉强化测听

培训课程 2　听性脑干反应

培训课程 3　其他听觉诱发反应测试

培训课程 4　耳声发射

培训课程 1 视觉强化测听

一、视觉强化测听的概念及适用年龄

1. 概念

视觉强化测听（visual reinforcement audiometry，VRA）是一种对听障儿童建立声与光的定向条件反射，即当给测试声音时，及时以声光玩具作为奖励，使其配合完成听力测试的测听方法。运用视觉强化测听可以对儿童听力损失情况和助听效果进行评估，以了解听障儿童裸耳听力损失程度和听力补偿或重建情况，为更好地判断听力损失程度、选择合适的助听器及其验配调试提供可靠的数据支持。

2. 适用年龄

临床上，视听强化测听一般适用于 6 个月~2.5 岁的听障儿童，考虑到听障儿童不同的心理、智力发育水平，适用年龄范围也可适当放宽。

二、视觉强化测听的意义

1. 听力损失评定

目前，评定儿童听力损失的方法有听性脑干反应测试、多频稳态听觉诱发反应测试、40 Hz 听性稳态反应测试及视觉强化测听等方法。听性脑干反应测试虽然可在受试者睡眠状态下进行，且测听结果客观、可重复，但仅能反映高频的听阈，其阈值与行为听阈有一定差值。多频稳态听觉诱发反应测试虽然能够分别测出受试者各频率的听力损失情况，但是该测试方法的结果受到受试者睡眠状态的影响，有时与受试者的实际听力损失程度存在较大差距，临床上也不能仅以此作为听力损失的诊断标准。视觉强化测听能很好地利用儿童的生长发育特点，在儿童清醒状态下对其听觉通路完整性进行评估，并得到各频率的听力损失情况，避免了儿童服用镇静类药物产生的哭闹及用药后的不适。因此，临床上广泛采用主观测听（如视觉强化测听）与客观测试相结合的综合听力学评估方法，对儿童的裸耳听力损失程度进行评定并分级。

儿童的视觉强化测听可以用耳机或者声场。用耳机测听能够分别得到左、右耳各频率的听力阈值；对拒戴耳机的儿童进行声场测听，其结果代表好耳的听力阈值。

通常把测试耳 500 Hz、1 000 Hz、2 000 Hz、4 000 Hz 共 4 个频率的听力阈值相加除以 4 得到的分贝数值作为该耳的平均听力损失，并据此将听力损失程度分为轻度、中度、重度和极重度。

2. 助听效果评估

助听器验配是否达到优化可通过助听效果评估来判断。其结果可以提示助听器验配师是否进行调机或更换助听器，帮助康复教师和家长（或监护人，以下统称家长）有针对性地进行听觉康复训练，并预测助听器验配后应达到的康复效果。在儿童言语发育的关键时期，采用视觉强化测听方式进行助听效果评估，能够及时发现并纠正助听器补偿过程中出现的问题，促进儿童听觉、言语的快速发展。需要特别指出的是，在助听效果评估时，受试者应位于参考测试点位置，先将非测试耳助听器的电源关掉，测试耳助听器处于工作状态，测试声由同侧扬声器发出进行声场评估。

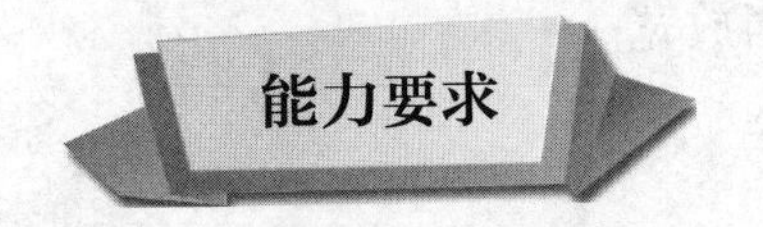

视觉强化测听操作

一、工作准备

1. 视觉强化测听装置连接

视觉强化测听装置包括听力计、扬声器、视觉强化灯箱及玩具。听力计通过功率放大器与扬声器连接，视觉强化灯箱与按钮或踏板连接，测试人员可以通过手按按钮或脚踩踏板控制灯箱中玩具的活动。

2. 检查设备的工作状态

听力计按照国家相关标准定期进行校准，应每天核准扬声器输出值并定期校准，以保证测听室声场处于准确的工作状态。接通电源，可见设备工作指示灯亮起，分别检查听力计、扬声器和视觉强化灯箱的工作状态。检查各种设备的按钮接触是否良好；检查耳机和扬声器是否有声音输出，且声音会随强度旋钮的变化而变化；检查视觉强化灯箱的灯是否正常发光，玩具转盘是否可以旋转，玩具是否损坏。

3. 建立声场

（1）建立听力级声场

1）建立 45°入射角声场。将声级计前部的传声器置于参考测试点，即受试者耳部水平位置，参考测试点距左、右两个扬声器各 1 m，角度为 45°，高度与扬声器同高。校准频率为 250 Hz、500 Hz、1 000 Hz、2 000 Hz、3 000 Hz、4 000 Hz（见图 1-1、图 1-2）。

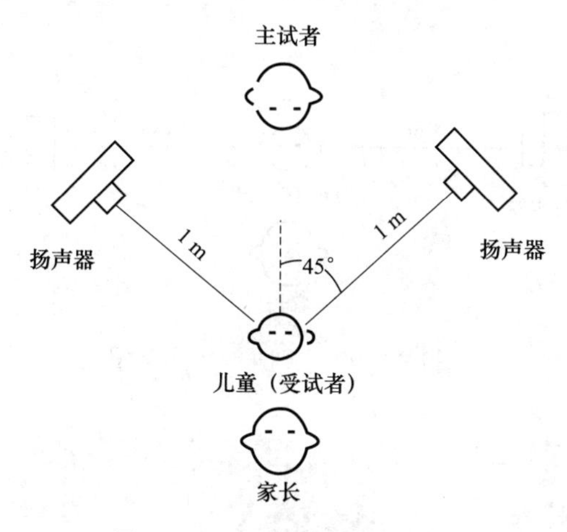

图 1-1　45°入射角声场示意图

2）建立 90°入射角声场。将声级计前部的传声器置于参考测试点，即受试者耳部水平位置，参考测试点距左、右两个扬声器各 1 m，角度为 90°，高度与扬声器同高。校准频率为 250 Hz、500 Hz、1 000 Hz、2 000 Hz、3 000 Hz、4 000 Hz（见图 1-3、图 1-4）。

根据 ISO 389-7 标准，当两个扬声器分别给声进行声场校准时，45°入射角声场和 90°入射角声场的校准参数见表 1-1。如果两个扬声器同时给声，则声级计上每个频率的校准值在表 1-2 所列听力计读数的基础上再减 3 dB。

图 1-2　45°入射角声场实景图

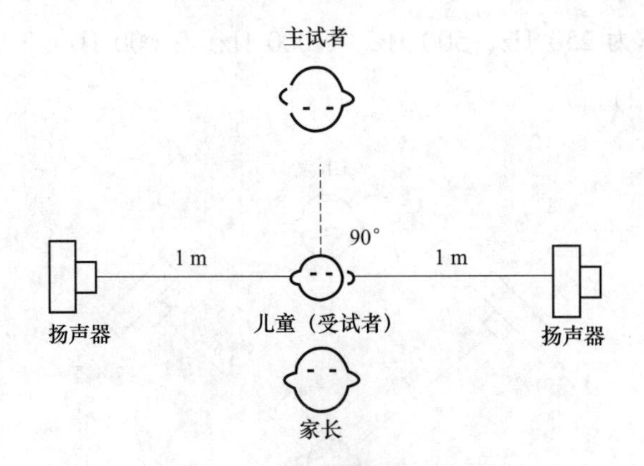

图 1-3　90°入射角声场示意图

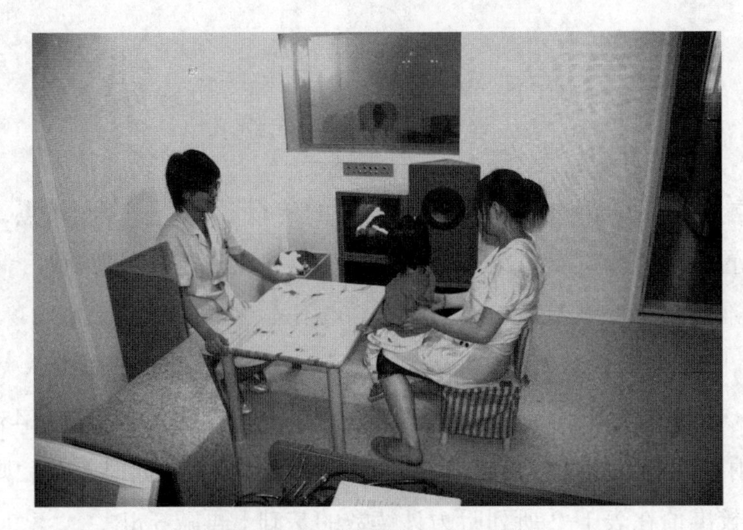

图 1-4　90°入射角声场实景图

表 1-1 听力级声场单耳聆听校准参数

频率/Hz	45°入射角	90°入射角
250	15	16
500	10	11.5
1 000	9	10.5
2 000	4.5	3.5
3 000	2	-0.5
4 000	0.5	-4
8 000	20	23

例如，45°入射角声场，其听力级与声压级的转换方法依据下式：

扬声器输出值(dB SPL)= 听力计读数+该频率校准值

如果听力计读数取 60 dB，以 1 000 Hz 为例，该频率校准值为 9，则扬声器输出值为 69 dB SPL。校准后的意义是 60 dB HL=69 dB SPL。

（2）建立声压级声场

声压级声场通常也采用 45°入射角和 90°入射角。其参考测试点的位置与听力级声场的位置相同，但是校准参数不同，听力计读数与扬声器输出数值相等，即扬声器输出值（dB SPL）= 听力计读数。校准后的声场为声压级标准声场，见表 1-2。

表 1-2 声压级声场校准

频率/Hz	250	500	1 000	2 000	3 000	4 000
听力计读数/dB	60	60	60	60	60	60
扬声器声输出/（dB SPL）	60	60	60	60	60	60

4. 人员要求

由于听障儿童有注意力集中时间短、不易配合等特点，故对测试人员、听障儿童及其家长都提出了一系列要求，以达成视觉强化测听短时、高效的目标。

（1）对测试人员的要求

测听操作通常由专业的主试者和测试者配合完成，两人应在听障儿童测听及评估方面有相当丰富的经验和默契程度。

主试者（又称诱导观察者）坐于听障儿童的正前方，负责及时诱导听障儿童的注意力，观察听障儿童的听觉反应并判断其听力情况，提示测试者给声时机。

主试者应注意在与听障儿童沟通时，要面容亲切，动作轻柔，以缓解听障儿童的紧张情绪。测试时保持安静，不带有任何具有提示性的动作，对听障儿童做出的正确听觉反应及时配合测试者给予肯定。

测试者和听力计置于听障儿童的视觉盲区，负责给出不同频率及强度的测试声，协助主试者观察听障儿童的听觉反应，当听障儿童做出正确的听觉反应时及时给出灯光玩具作为奖励，并记录测试结果。测试者在测听过程中应尽量保持安静、低调，以免引起听障儿童的注意。

（2）对听障儿童及家长（监护者）的要求

听障儿童在测试前应睡眠充足，排便、排尿，无饥饿感。为了减轻听障儿童在测听室内的恐惧心理，应有一名家长陪同。不能独立坐于椅子上的听障儿童可由家长抱坐于椅子上，听障儿童头部位于参考测试点，面向主试者。对于能够独立就座的听障儿童，可安排家长坐于其后。对于胆怯者，家长可双手扶住，一方面保证听障儿童的安全，另一方面让听障儿童确定家长还在身边，以减少恐惧感（见图 1-5）。测试时家长需保持安静，不可有任何有意识或无意识的动作，以免对听障儿童起到暗示作用，影响测试结果。

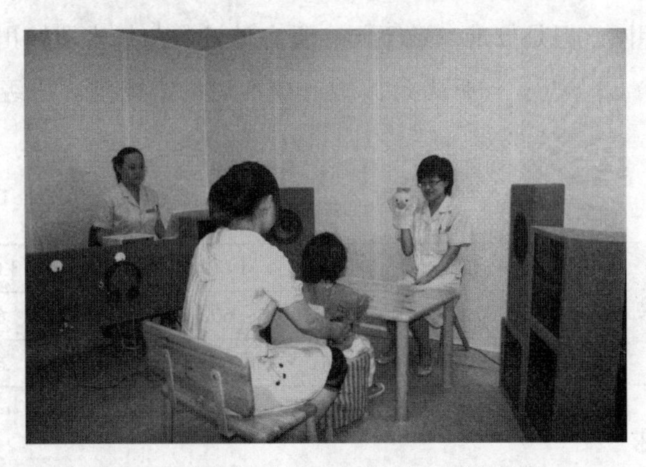

图 1-5　视觉强化测听中家长坐于辅助位置

二、工作程序

1. 解释视觉强化测听规则

家长进入测听室后，测听人员首先向家长交代配合测试的方法，并安排听障儿童坐于参考测试点位置。当有测试声或视觉强化物出现时，家长应避免暗示听障儿童，由主试者控制听障儿童的注意力。主试者应告诉家长：“一会儿有声音的时候您不要有任何反应，测听人员会根据孩子的反应来判断听力情况。”

2. 建立条件化反射

条件化反射的建立是视觉强化测听中一个重要的步骤，条件化反射建立的成功与否直接影响正式测试结果的准确程度。

测试者选择预估阈值上 15~20 dB 为初始给声强度，在给出测试声的同时给出灯光玩具作为奖励，主试者引导听障儿童转头看向奖励玩具，反复训练 2~3 次后，测试者先给测试声，主试者同时观察听障儿童是否有听觉反应，如有听觉反应，则及时给出灯光玩具作为奖励，表明条件化反射建立成功。如听障儿童无听觉反应，则增加刺激强度 10 dB，继续建立条件化反射，直至条件化反射建立成功（见图 1-6）。

图1-6 建立条件化反射

3. 寻找反应阈值

声场测听所用测试声为啭音，如果选用耳机测听，测试声为纯音。在成功建立条件化反射的基础上开始正式测试，测试者以能够引起条件化反射的测试声强度开始，依据“减十加五”的原则（听到声音减 10 dB，听不到声音加 5 dB）给出测试声。通常依次测出 1 000 Hz、2 000 Hz、3 000 Hz、4 000 Hz、500 Hz、250 Hz 等各频率的反应阈值。特殊情况下，也可依据受试者的实际听觉反应和测试状态调整测试频率的顺序，以便以较快的速度分别掌握中频、高频、低频的听力损失程度。正式测试与建立条件化反射中声光的给出时机有所不同。在正式测试中，测试者先给测试声，听障儿童有听觉反应后再及时给予灯光玩具进行刺激，强化听觉条件化反射，引起听觉兴趣。值得注意的是，听障儿童能够集中精神配合测试的时间是有限的，因此，应尽可能在短时间内确定各主频的反应阈值。

4. 结果记录及分析

（1）听觉反应

了解不同年龄段儿童听功能和精神智力发育水平，能够更好地掌握儿童听力损失情况。在视觉强化测听中，多数儿童的听觉反应表现为听见测试声转头看向灯光玩具，但是不同年龄段听障儿童的发育水平不同，也会伴随其他听觉反应，如眨眼、停止哭闹、惊吓反射、指向奖励玩具、面部表情变化等。将这些听觉反应结合，有助于在短时间内准确判断出反应阈值并完成测听。

（2）反应阈值的判定

反应阈值是指听障者能够听到的最小声音强度。视觉强化测听的反应阈值判定是指听障儿童能够听到测试声并做出听觉反应的最小声音强度。与听障儿童实际听力程度相比，反应阈值要高 15~20 dB，各频率的差值不尽相同。各频率的三次测试中至少有两次存在听觉反应的最小声音强度可定为该频率的反应阈值。

三、注意事项

1. 判断听障儿童是否适宜进行视觉强化测听

由于听障儿童的生长发育水平、生活环境、测试当天的状态等各有不同，在询问病史时，可观察听障儿童身体各部位尤其是头部、颈部的活动能力及当天精神状态，了解听障儿童心理及智力发育水平，初步判断是否采用视觉强化测听。值得注意的是，不是所有 6 个月至 2.5 岁的听障儿童都能够进行视觉强化测听，也不是所有 6 个月至 2.5 岁范围外的听障儿童都不适用视觉强化测听。特别是一些大龄听障儿童，若其不能够配合完成游戏测听或纯音测听，也可以尝试采用视觉强化测听。

2. 正确选择所使用的玩具

测试时使用的玩具包括奖励玩具和用于分散听障儿童注意力的玩具。

考虑到听障儿童的不同喜好，奖励玩具可以有毛绒玩具、模型玩具等不同种类，以便定期更换，或同时摆放多个奖励玩具，每次测试都给出不同的玩具，以提高听障儿童的兴趣。

用于分散听障儿童注意力的玩具，应考虑体积、材质、色彩、复杂程度等几方面的因素。原则上玩具不应过于复杂，以免导致听障儿童对这类玩具的兴趣高于奖励玩具；也不应过于简单，以免听障儿童失去兴趣，削弱分散听障儿童注意力的作用。测试时，玩具的摆放位置也是考虑的要点，一般可置于听障儿童视线内非给声侧，距离听障儿童稍远处。当发现听障儿童对主试者手中的玩具兴致过高或过低时，都要及时更换玩具。

3. 正确判定条件化反射的建立

条件化反射的建立是视觉强化测听中的一个重要步骤，条件化反射建立的成功与否直接影响正式测试结果的准确程度。

在反复训练 2~3 次后，测试者只给出测试声（强度和频率不变），不给出奖励玩具，主试者及时观察听障儿童的听觉反应。如果听障儿童转头寻找声源，测试者要及时给予灯光视觉强化，并可确定听障儿童条件化反射建立成功；如果听障儿童无眨眼、转头或停止正在进行的动作等听觉反应，则表明条件化反射建立失败，需要采取增加给声强度、改变频率（多选低频）、改变奖励玩具等措施后，继续建立条件化反射。

4. 主试者与测试者配合默契

测试时，主试者和测试者应配合默契（见图 1–7），事先约定好沟通方式，沟通时要避免引起听障儿童的视觉注意。测试者给出测试声时，家长或陪同者要保持安静，不得对听障儿童产生任何形式的暗示。主试者诱导听障儿童时不应有过多的语言和过久的动作，实时诱导听障儿童的注意力，观察其听觉反应，并及时与测试者沟通。测试者给测试声或调换频率时动作幅度要小，避免引起听障儿童的注意，在主试者诱导听障儿童注意力时，要尽快完成声音强度和频率的调换，避免测试时间过长。

图1–7　主试者与测试者配合默契

5. **控制给声持续时间和间隔时间**

每次给测试声的持续时间一般控制在 2～3 s，持续时间过短，会影响听障儿童对声音真实存在的判断，持续时间过长，易使听障儿童产生听觉疲劳，使其从心理上排斥该测试声，两种情况都无法让听障儿童产生有效的听觉反应。给测试声的间隔时间一般控制在 3～5 s，实际应用时也可根据听障儿童的配合情况灵活变化。应在几个正常的间隔时间后安排一个较长的间隔时间，以免形成给声间隔规律，让听障儿童根据规律做出猜测性听觉反应，从而造成假阳性结果。

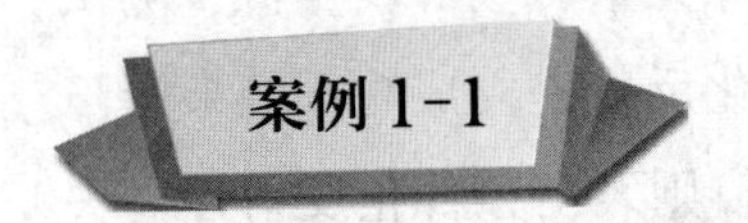

听障儿童×××，男，10 个月，出生后经新生儿听力筛查发现听力有问题，出生后 7 个月在当地医院确诊为“双耳感音神经性聋（极重度）”，并双耳佩戴大功率全数字助听器近 3 个月，其间家长感觉助听效果一般，遂来就诊。

原医院检查结果：ABR 显示双耳 100 dB nHL 无反应，DPOAE 显示双耳异常，声导抗排除中耳炎症可能，颞骨 CT 显示双耳正常。

体格检查：一般可，四肢（-），营养发育良好，耳郭正常，外耳道通畅，鼓膜完整，乳突正常。

初步诊断：双耳感音神经性聋（极重度）。

处理：小儿行为测听（VRA），助听效果评估（VRA），助听器调试。

根据听障儿童病史、各项检查结果及家长要求，医生建议本次就诊可以为听障儿童进行主观测听，以完善其听力学检查，同时满足家长提出的改善助听效果的要求。考虑听障儿童年龄和助听器佩戴时间，决定采用视觉强化测听来完成行为测听和助听效果评估。评估各步骤如下。

步骤一：声场校准、储存并检查测听设备处于正常工作状态。

步骤二：家长带领听障儿童进入测听室。由于该听障儿童年龄仅 10 个月，因此采取家长陪同的方式，主试者向家长交代配合测试的方法及注意事项，拿出玩具诱导听障儿童到达参考测试点位置，听障儿童坐在家长怀中，适应测听室环境并放松。测试者完成病史询问工作。

步骤三：建立条件化反射。先进行裸耳行为测听，主试者给听障儿童戴上耳机，手中拿着一个玩具诱导其注意力集中于非给声一侧，测试者选择给声频率为 1 000 Hz、强度为 110 dB 的纯音，在给出测试声的同时给出灯光玩具刺激，主试者引导听障儿童转头看奖励玩具，反复训练 3 次后，测试者先给测试声，听障儿童主动转头寻找测试声时，要及时给出灯光玩具刺激，此时表明条件化反射建立成功。

步骤四：确定反应阈值。测试者依据“减十加五”的原则，依次测出 1 000 Hz、2 000 Hz、3 000 Hz、4 000 Hz、500 Hz、250 Hz 等各频率的听力阈值。此时声光的给出时机是测试者先给测试声，听障儿童寻找声音时及时给出奖励玩具，然后对听障儿童给予肯定。在测试到 500 Hz 时，测试者不断增加测试声强度，听障儿童均不反应，改变奖励玩具后听障儿童配合测试。得到的听障儿童 1 000 Hz、2 000 Hz、3 000 Hz、4 000 Hz、500 Hz、250 Hz 的听力阈值，左耳分别为 100 dB HL、100 dB HL、105 dB HL、115 dB HL、95 dB HL、85 dB HL，右耳分别为 105 dB HL、110 dB HL、110 dB HL、115 dB HL、100 dB HL、85 dB HL。

步骤五：助听效果评估。经过上述测试，听障儿童显示出烦躁情绪，家长带听障儿童休息 5 min 后开始进行助听效果评估。按照纯音测听步骤将测试声换为啭音，通过扬声器给声。如评估右耳助听器时，同侧扬声器发出测试声，非测试耳助听器处于关闭状态。以此类推，分别对左、右耳助听器进行评估，结果依照 1 000 Hz、2 000 Hz、3 000 Hz、4 000 Hz、500 Hz、250 Hz 的顺序，左耳分别为 50 dB HL、65 dB HL、60 dB HL、70 dB HL、30 dB HL、40 dB HL，右耳分别为 55 dB HL、65 dB HL、70 dB HL、70 dB HL、45 dB HL、40 dB HL。

步骤六：评估结果分析。向家长解释评估结果，首先告知听障儿童今天配合情况较好，评估结果较准确。计算出双耳测听结果，左耳为 102 dB HL，右耳为 107 dB HL，听力损失程度为极重度，因为是视觉强化测听，听障儿童实际的听力阈值应该在 90 dB HL 左右。从助听效果看出部分频率没有补偿到位，各频率补偿不均衡，听障儿童对高频音反应较差，个别低频补偿过高，易造成听障儿童拒绝佩戴助听器。综合上述两项检查结果，建议对助听器进行调试，使各频率的助听听阈落在言语香蕉图内；叮嘱家长在日常生活中对听障儿童加强听力训练，每隔 3~6 个月复诊一次，以提高测听结果的准确度。

案例 1-2

听障儿童×××，女，3 岁 5 个月，家长发现听障儿童 2 周岁时尚未说话，到医院就诊发现听力有问题，后在当地医院确诊为“双耳感音神经性聋（极重度）”，双耳佩戴大功率全数字助听器。后经一年康复机构语言训练，家长感觉训练效果不明显，经语训教师建议决定进行助听效果评估，以便制定康复教学计划。

原医院检查结果：ABR显示双耳100 dB nHL无反应，DPOAE显示双耳异常，声导抗排除中耳炎症可能，颞骨CT显示双耳正常。

体格检查：一般可，四肢（-），营养发育良好，耳郭正常，外耳道通畅，鼓膜完整，乳突正常。

初步诊断：双耳感音神经性聋（极重度）。

处理：助听效果评估。评估各步骤如下。

步骤一：声场校准、储存并检查测听设备处于正常工作状态。

步骤二：家长带领听障儿童熟悉测听室环境。通过与家长沟通，了解到该听障儿童出生后由其奶奶抚养，性格内向。主试者向家长交代配合测试的方法及注意事项，带领听障儿童坐于参考测试点位置，叮嘱家长坐在听障儿童身后，主试者与听障儿童玩游戏测听玩具，消除听障儿童的恐惧心理并观察该听障儿童是否适合进行游戏测听。通过观察发现，听障儿童对主试者手中各种玩具没有兴趣，考虑听障儿童年龄虽已超过3岁，但受自身性格及生长环境影响，不适合进行游戏测听，遂决定进行视觉强化测听。测试者完成病史询问工作。

步骤三：建立条件化反射。主试者手中拿着一个玩具诱导听障儿童，使其注意力集中于非给声侧，测试者选择给声频率为1 000 Hz、强度为70 dB的啭音，在给出测试声的同时给出奖励玩具，主试者引导听障儿童转头看向奖励玩具，训练反复3次后，发现听障儿童对奖励玩具虽然没有表现出过高的兴趣，但伴随有眼神及表情的变化，比较配合。测试者再次给测试声后该听障儿童主动转头看向奖励玩具，条件化反射建立成功。

步骤四：确定反应阈值。测试者依据“减十加五”的原则，依次测出1 000 Hz、2 000 Hz、3 000 Hz、4 000 Hz、500 Hz、250 Hz等各频率的听力阈值。此时声光的给出时机是测试者先给测试声，听障儿童看向奖励玩具的时候给出奖励玩具，主试者对听障儿童给予肯定和鼓励。得到听障儿童1 000 Hz、2 000 Hz、3 000 Hz、4 000 Hz、500 Hz、250 Hz的听力阈值，左耳分别为60 dB HL、65 dB HL、75 dB HL、80 dB HL、50 dB HL、50 dB HL，右耳分别为50 dB HL、60 dB HL、65 dB HL、70 dB HL、45 dB HL、45 dB HL。

步骤五：评估结果分析。向家长解释评估结果，告知听障儿童今天配合情况较好，听力评估结果较准确。计算出双耳测听结果，左耳为 63 dB HL，右耳为 56 dB HL，听力损失程度较重，左耳为重度，右耳为中度。此次听力评估显示，听障儿童的听力损失程度不是极重度，没有此前判断的那么严重，并需要重新验配、调试助听器。对助听器进行重新验配后，再预约进行助听效果评估。

培训课程 2 听性脑干反应

一、听性脑干反应

1. 听性脑干反应的概念

用短声作为刺激声，从受试者头皮记录到的一组潜伏期在 10 ms 以内的反应波，这些反应波被证实来源于听神经及脑干中与听觉有关的一些神经核团，所以被命名为听性脑干反应（auditory brainstem response，ABR）。由于这组反应波出现于受到刺激后 10 ms 以内，因此属于短潜伏期反应。在中等强度的短声刺激下，听力正常的成人得到的这组反应波共 7 个（见图 1-8），按照出现的先后顺序，采用罗马数字命名为波Ⅰ~波Ⅶ。

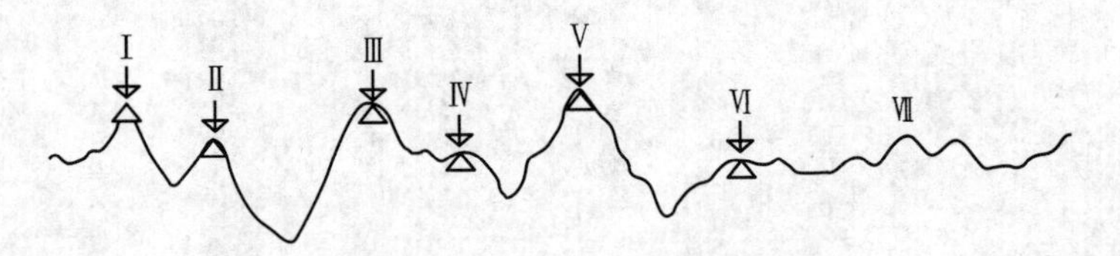

图 1-8　听力正常成人 ABR 的 7 个反应波

2. 反应波的发生源

波Ⅰ：出现频率高，是分析 ABR 的主要参数波，来自听神经。

波Ⅱ：出现频率低，来自听神经颅内段及耳蜗核。

波Ⅲ：出现频率高，是分析 ABR 的主要参数波，来自上橄榄核，也有资料表明耳蜗核及斜方体也与波Ⅲ有关。

波Ⅳ：出现频率低，经常与波Ⅴ融合，来自外侧丘系和其核团（脑桥中上段）。

波Ⅴ：最稳定，通常也是 7 个反应波中波幅最高的波，来自下丘及外侧丘系上方。

波Ⅵ和波Ⅶ：在正常人中出现频率很低，临床中较少使用，它们分别来自内膝体和听放线。

总的来说，ABR 出现的所有反应波的波幅偏低，在 0.01~1 μV。

二、测试相关参数

1. 测试常用的刺激声

常用的刺激声为短声（click），另外还有短纯音（tone burst）或啁啾（chirp）声等。本节中所有内容除非特别指出，均为短声 ABR 的测试结果。

（1）短声的特点

1）持续时间短。短声的持续时间为 0.1 ms，这种持续时间的短声是引起听神经同步兴奋的最佳刺激信号。

2）频率特性差。短声的频谱非常宽，从 125~8 000 Hz 都有能量分布。实际频谱与耳机、扬声器、受试者外耳和中耳特性有关。

3）有极性。当耳机膜片的初始振动方向朝向鼓膜时产生的短声为密波短声，背离鼓膜时产生的短声为疏波短声。当疏密波短声交替出现时为交替短声。疏密波短声记录到的波Ⅰ振幅和潜伏期有一点差异。但临床上密波短声和疏波短声刺激伪迹较大，所以交替波短声更常用。

（2）短声的计量

长纯音信号的声强标准是听力测试的标准分贝（dB HL），短声却没有这样的标准，因为它的持续时间太短，无法用声级计进行校准。将耳机、耦合腔、麦克风、声级计和示波器连接在一起，通过耳机给出短声并在示波器上测出其波峰—波谷（或基线—波峰）电压；再由耳机发出纯音，调节纯音的声强，使其波峰—波谷电压与短声的电压相同，此时用声级计测得纯音声压级的数值即短声波峰—波谷的峰值等效声压级（pe SPL）（见图 1-9）。

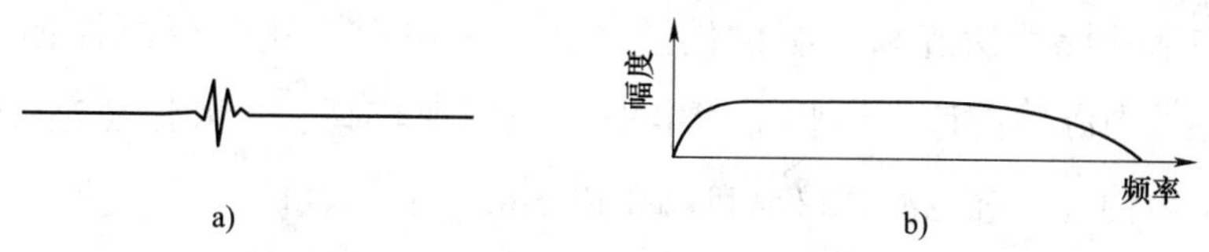

图 1-9 短声的波形及计量

a）短声的波形 b）短声的频谱

短声的另一个声强标准是正常听力级（nHL）。像纯音测试一样选择一组正常听力的成人，用短声刺激得到他们的行为听阈并求得平均值，该平均值就可作为一组成人正常听力的短声听阈。

此外还有感觉级（SL），是针对某一受试者的实际听阈而定的，如某人的短声听阈是 40 dB pe SPL，则其感觉级为 0 dB SL。

2. 参数设定

（1）电极

目前多用四导或三导连接。用四导连接时，记录电极放置在颅顶，以两侧耳乳突或耳垂作为参考电极，鼻根部为接地电极（四导联）；用三导连接时，记录电极不变，以测试耳乳突为参考电极，非测试耳乳突为接地电极。

（2）放大器

由于 ABR 各反应波的幅值都非常低，为微伏级，因此必须放大反应信号才便于观察分析，一般放大 100 000 倍即可。

（3）滤波器

滤波设置可直接影响 ABR 的测试结果。对于成人，当刺激强度较高时，ABR 反应波的频谱主要为 500~1 000 Hz，当刺激强度接近反应阈值时，频谱集中在 250 Hz 左右。当进行短纯音刺激时，ABR 的反应波频谱随着刺激声频率及受试者年龄的降低而降低。所以，对于儿童，将滤波的高通截止频率降低，可以增加反应波振幅，提高信噪比（signal-noise ratio，SNR）。但降低高通截止频率会使低频噪声干扰增强，因此，除非临床上有特殊的要求，一般采用的高通截止频率为 100 Hz，低于 100 Hz 时肌电干扰明显；超过 100 Hz 时反应得慢，成分会失真。但有文献显示，降低滤波器的高通截止频率，如将 100 Hz 降至 30 Hz，可以增加低强度刺激时的反应波幅度，在儿童测听中效果更明显。但此时应注意避免电源频率的干扰。一般商用测试仪的低通截止频率在 1 500~3 000 Hz，超过 3 000 Hz 高频噪声明显。

（4）伪迹剔除

伪迹包括外源性伪迹和内源性伪迹，如外来电磁干扰为外源性伪迹，心电、肌电干扰等为内源性伪迹，这些干扰电波的强度都较高。一般把超过 25 μV 的干扰电波设定为伪迹干扰电波，仪器自动予以剔除。

（5）叠加和平均技术

由于一次刺激引出的反应波幅值都很低，不易被观察和分析，因此在实际应用中都是采用多次刺激然后求反应波平均值的技术。因为每次刺激都会引出一次与刺激声有锁时关系的反应波，即反应波都是在听到刺激声后一个相对固定的时间出现，其极性变化都是有规律的；而背景脑电活动的电波是杂乱的，其极性变化是无规律的。当多次刺激并把每次刺激所记录到的电波进行叠加后，这些有规律的诱发电波凭借其规律的极性变化使电波越发清晰；而无规律的脑电波则会因各电波之间极性变化的不规律性导致互相抵消；因此多次叠加就会使反应波清晰可见，求平均值后也就得到了一次刺激的结果（见图 1-10）。

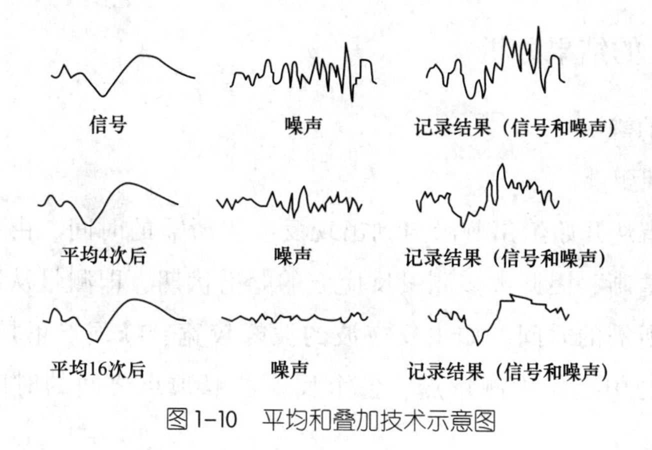

图 1-10　平均和叠加技术示意图

（6）刺激次数和重复率选定

叠加技术需要多次刺激，刺激重复率越低，反应波越清晰，但测试时间也越长；提高刺激重复率会使反应波的振幅变小，潜伏期和峰潜伏期都延长。临床多采用 10~20 次/s 的刺激重复率，以得到清晰、无失真的反应波。

ABR 信噪比与刺激次数的平方根成正比。900 次的刺激使 ABR 信噪比提高 30 倍，2 500 次的刺激使 ABR 信噪比提高 50 倍。也就是说，当刺激次数增加近 3 倍时，ABR 信噪比提高不到 1 倍。所以，过多增加刺激次数并无必要，刺激次数在 500~1 000 次时，ABR 信噪比提高最为明显。因此，一般采用 1 024 次或 2 048 次（避免为 50 Hz 的倍数，以减少电源干扰）的刺激次数，就可以得到理想的波形。对于不同的个体，有时需要增加刺激次数才可以得到理想的结果。当用短纯音作为刺激声时，需要增加刺激次数。

（7）分析时间

进行高强度刺激时，成人的所有反应波都在 10 ms 以内出现，随着刺激强度的降低，反应波的潜伏期延长，尤其是对于婴幼儿，波 V 后的负波明显延长，而这个延长的负波在反应较低时可能是唯一的信息。此外，当用 500 Hz 短声刺激时，反应波也明显延长，因此对于儿童，分析的时间窗应为 20 ms，甚至为 25 ms。

（8）测试环境

测试环境要尽量安静，有条件的应在测听室内进行，必要时设置屏蔽室。有研究显示，在佩戴耳机且噪声在 36~46 dB SPL 时，可以缩短波Ⅴ的潜伏期，由于耳机本身可以对环境噪声产生 30 dB SPL 的衰减，只要环境噪声不超过 76 dB SPL，就不会对测试结果产生明显影响。因此，测试时应远离有电磁干扰的环境，测试仪应连接专用地线，测试室内要关闭手机。

三、ABR 的结果分析

1. 反应波的辨认

（1）潜伏期测量

潜伏期是指从开始给出刺激声到出现反应波所需的时间。由于反应波的峰顶点比起始点清晰，因此大多测量反应波的峰潜伏期，即测量从刺激开始到出现反应波峰值所需的时间。如果反应波的波峰较宽、峰顶点不是很明显的话，可以取其波峰的中点作为测量点。各个反应波峰顶点之间的时间间隔称为峰间期。

（2）波幅的测量

最常用的波幅测量方法是测量波峰到基线（幅度为零）的垂直距离。目前临床应用的测试仪均由计算机自动提供基线标准。还有一种测量方法是测量峰—峰幅度，即测量两个连续但极性相反波的峰—峰之间的垂直距离。

就 ABR 来说，在一定强度刺激下，正常人短声诱发的各反应波的潜伏期有一个相对稳定的范围，例如，波Ⅰ在 2 ms 之内，波Ⅲ在 4 ms 之内，波Ⅴ在 6 ms 之内。如果反应波的潜伏期明显延长，或某些反应波之间的波间期明显延长，则表明 ABR 结果异常。反应波的波幅对 ABR 测试结果分析有重要意义，但即使是正常人，不同个体之间的波幅也容易因噪声水平和肌电干扰的影响而产生较大变化，所以一般不作为测试指标。

（3）各反应波的辨认

在 ABR 测试结果中，波Ⅴ对估计听阈最为重要，波Ⅰ、波Ⅲ、波Ⅴ对神经耳科最重要。通常根据反应波的潜伏期及波幅辨认每个反应波。

对于听力正常的成人，刺激强度在 70~80 dB nHL 时波Ⅰ、波Ⅲ、波Ⅴ的出现概率基本是 100%。由于反应波的潜伏期相对稳定，因此分析 ABR 测试结果时常常以反应波的潜伏期作为测量指标。虽然不同个体波幅差异较大，但同一个体的波幅相对稳定，了解不同反应波的波幅高低有利于辨认反应波。例如，通常波Ⅴ波幅最高，波Ⅲ次之。ABR 波形有一定的个体差异，主要表现为部分人群的波Ⅲ、波Ⅴ为双峰型，或者是两波融合（如波Ⅳ和波Ⅴ），如图 1-11 所示。也有部分人群的波Ⅳ波幅大于波Ⅴ波幅。各反应波的辨认，需要一定的经验积累，因此，ABR 是客观测试过程，主观判定结果。

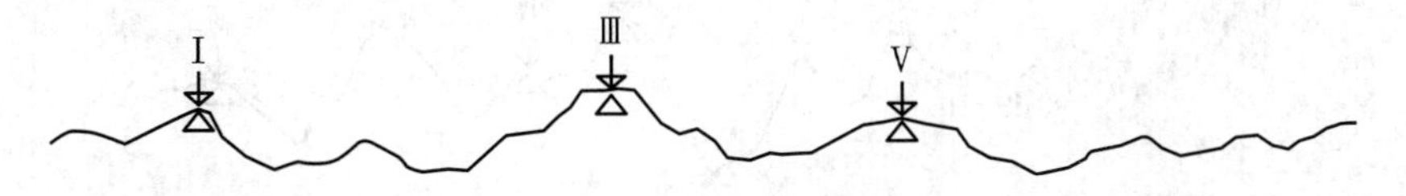

图 1-11 波Ⅲ为双峰型，波Ⅳ、波Ⅴ融合的 ABR 结果

在逐渐降低刺激强度时，反应波的波幅逐渐降低，潜伏期也逐渐延长并渐渐消失，波Ⅴ是最后消失的波。在听力学中，ABR 测试将波Ⅴ最后出现的强度定为 ABR 的反应阈值。当给予超过反应阈值 70 dB nHL 的强度刺激时，波Ⅴ在刺激后 5. 5 ms 左右出现，它常是最高的一个峰值，从峰值向下有一个明显的负波。接近反应阈值时，波Ⅴ的形状不典型，多表现为低波幅的负波，此时潜伏期明显延长，延长至多少并没有限定。因此，在反应阈值处要做重复刺激，能够重复的是波Ⅴ。在不同的测试仪器、环境和测试人群中，各个反应波的潜伏期存在一定的波动范围，所以在临床工作中，每个测听室都应该建立专用测试仪测试正常人的波潜伏期、波间期等测量指标。除此之外，还应了解不同实验室这些测量指标的正常值。表 1-3 列出了一组听力正常儿童幼儿（10 个月～2 岁）ABR 在 80 dB nHL 强度刺激下得到的波Ⅰ、波Ⅲ和波Ⅴ的潜伏期的平均值及时间范围。

表 1-3 一组听力正常儿童（10 个月～2 岁）

ABR 各波潜伏期的平均值及时间范围（80 dB nHL）

项目		波Ⅰ/ms	波Ⅲ/ms	波Ⅴ/ms
左耳	均值	1. 91±0. 24	4. 66±0. 27	6. 82±0. 43
	范围	1. 32～2. 64	4. 14～5. 10	5. 64～7. 62
右耳	均值	1. 99±0. 33	4. 68±0. 40	6. 75±0. 47
	范围	1. 38～3. 12	3. 30～5. 94	5. 61～7. 80

图 1-12 所示是一个听力正常儿童不同刺激强度 ABR 反应波记录结果。可以看出，当给予 90 dB nHL 强度刺激时，各反应波均可清晰记录到。随着刺激强度的降低，波Ⅱ、波Ⅳ、波Ⅵ、波Ⅰ、波Ⅲ依次逐渐消失，当刺激强度为 30 dB nHL 时，只有波Ⅴ还存在。同一个反应波的潜伏期随刺激强度降低而逐渐延长。

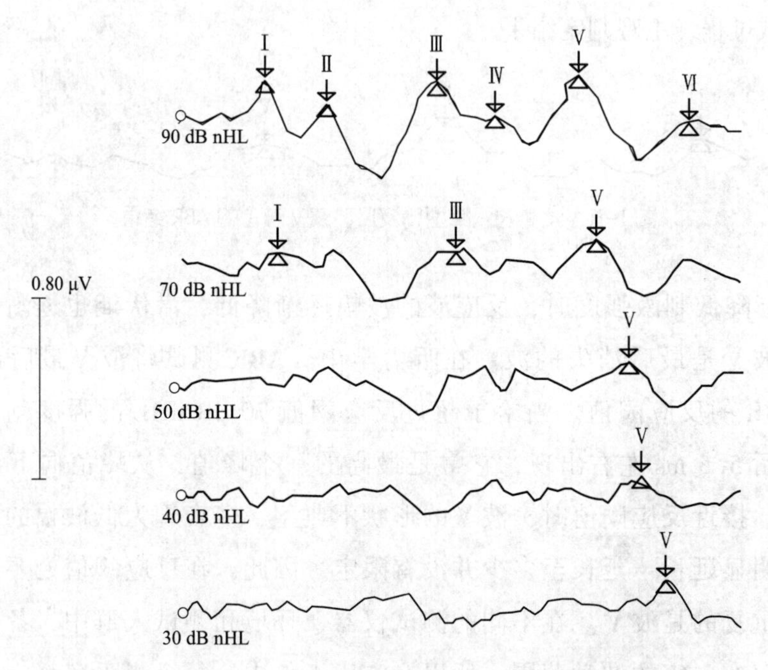

图 1-12　听力正常儿童不同刺激强度 ABR 反应波记录结果

2. 如何判定测试结果

除反应阈值这一重要参数外，还有以下三个参数需要分析。

（1）反应波潜伏期及波间期延长

反应波潜伏期与神经冲动的传导速度、神经元活动的同步性及传导路径的长短有关。

凡是引起听觉传导通路神经纤维变性、压迫的因素都可导致神经冲动的传导速度降低。当潜伏期延长时，就应分析是否有影响神经冲动传导速度和传导路径的原因存在。由于潜伏期主要反映髓神经纤维的传导功能，当潜伏期延长时，说明可能发生了神经纤维脱髓鞘病变。或者是神经纤维间的突触传递障碍。当神经传导路径上有占位性病变时，压迫可导致神经元放电同步性下降，从而使潜伏期延长，临床上多见于波Ⅴ延长，波Ⅲ~波Ⅴ间歇延长。

听力下降同样会导致潜伏期延长。这是因为当进行高强度刺激时，内耳参与反应的毛细胞以耳蜗底回为主，即高频成分占主要地位。此时，耳蜗顶回的低频区域也产生电活动，但其相位因与底回不同而被抵消。当高频成分下降时，顶回参与反应的毛细胞较多；从底回到顶回的路径延长，使声波传递时间延长，导致反应波潜伏期延长。

（2）反应波缺失

当听神经通路有病变或听力下降到一定程度时，会导致某些反应波消失甚至全部消失。从听力学方面来看，主要看波V的反应阈值。总体来说，正常人波V的反应阈值比行为听阈高 10~20 dB。由于 ABR 测试仪最大输出刺激声为 105 dB nHL，当听力损失达到重度以上时，往往 ABR 测试就不能引出任何反应波。

（3）反应波波幅改变

由于 ABR 波幅在不同个体之间变化较大，所以临床上考虑波幅时多以波 I 波幅与波 V 波幅的比值作为观察指标。正常情况下波 V 波幅大于波 I 波幅，即波 I 波幅/波 V 波幅<1；当该比值>1 时，可能存在听神经通路病变。

3. 影响测试结果的因素

（1）受试者

1）年龄因素。对于 18 个月以内的婴幼儿和 60 岁以上的老年人，各反应波的潜伏期会延长。随着婴幼儿发育的逐步成熟，不同月龄婴幼儿反应波潜伏期的表现也有差异，严格起见，最好测试 3 周龄、6 周龄、3 月龄、6 月龄和 12 月龄的分组正常值。

2）性别因素。女性比男性的反应波潜伏期短，这可能与两性间的颅骨大小和脑组织结构差异有关。

3）受试者状态。ABR 测试不受受试者的意识状态影响，但由于睡眠时受试者身体放松，脑电活动降低，所以测试状态理想。另外，ABR 各反应波的波幅较低，容易受肌电活动的干扰，因此在清醒状态测试时一定要安静放松。尤其是听力有损失的受试者，他们的 ABR 波幅更低，清醒状态的测试效果差，很难得到有重复性的反应波，所以最好在受试者睡眠时进行测试。

（2）测试设备

1）刺激声的影响。短声是记录清晰 ABR 反应波的最好刺激声，因为它是猝发声，神经反应的同步效果好，但其缺乏频率特异性。用短音或短纯音可以提高频率特异性，但反应波的清晰度会下降。有关刺激声的极性对各反应波的波幅及潜伏期的影响，研究结论不一。商用仪器刺激声极性可根据需要做出选择。

2）刺激重复率的影响。刺激重复率越低，反应波越清晰，但耗时越长；刺激重复率越高，潜伏期越长，波幅越低。临床上要求既要获得清晰的反应波形，又要避免测试时间过长，否则受试者不易耐受。目前一般采用 10~20 次/s 的刺激速率，在这个范围内引出的反应波无显著差异。

四、ABR 的临床应用

ABR 最主要的临床用途是评估听阈，还可用于外周或中枢某些神经系统病变检测以及术中监测。

1. 客观听力测试

（1）儿童或难测人群的听力评估

用 ABR 测试来了解受试者的听力情况，主要分析 ABR 的反应阈值；多数研究报告认为，ABR 反应阈值与纯音测听在 2~4 kHz 的结果最接近，反应阈值为 10~20 dB，所以，ABR 测试结果可以评估受试者的高频听力。但也有学者指出，ABR 的反应阈值与平均听力更接近。对于难测人群，只能用 ABR 测试来估计其行为听力。经过多年的研究证实，ABR 测试结果稳定可靠、重复性好。因此，ABR 是客观听力测试中的最佳方法。

但短声的宽频谱特点使 ABR 测试结果在某些受试者中与实际听力有较大差异。例如，一些低频陡降或高频陡升型纯音听力的受试者，其 ABR 测试结果与其实际听力不一致；当纯音听力在 2~4 kHz 处与其他频率相差较大时，ABR 测试结果也不能如实反映纯音听力。也就是说，当纯音听力不是平坦型时，用 ABR 测试结果来估计纯音听力可能有较大误差。

（2）器质性聋和功能性聋的鉴定

正常人或器质性聋（真聋）的主观短声听阈均比 ABR 反应阈值低；功能性聋（伪聋）则相反，其 ABR 反应阈值比主观短声听阈低。功能性聋的 ABR 反应阈值正常，各反应波潜伏期均在正常范围内；器质性聋的 ABR 反应阈值高于正常值，存在反应波潜伏期延长、反应波消失等表现。

（3）新生儿的听力筛查

作为早期发现听障儿童的重要手段，最常用的筛查方法是耳声发射（otoacoustic emission，OAE）测试。ABR 测试操作相对复杂，结果判定要求较高的专业水平，所以临床应用不多。但自动听性脑干反应（auto-ABR，AABR）测试的应用，弥补了 ABR 测试的一些不足。AABR 测试的特殊之处在于相比传统的 ABR 测试，其操作相对简单，结果判定由设置好的测试程序自动进行。但当需要对新生儿的听力做出确诊时，则需要有 ABR 的测试结果。

2. 骨导 ABR 测试

相比气导 ABR 测试结果，骨导 ABR 测试得到的反应波波幅低，以波Ⅴ为主，反应波潜伏期也比气导 ABR 长。有研究证实，短声骨导 ABR 可以使几乎整个基底膜兴奋，且无频率特异性，可用来鉴别是否有传导性聋。但骨导 ABR 输出较低，只能对轻度传导性聋做出诊断。当新生儿被诊断为听力损失且程度较低时，一定要排除传导路病变的可能。当气导 ABR 结果显示波Ⅰ潜伏期明显延长时，则可能有传导问题存在，此时最好进行骨导 ABR 测试。1 岁以内婴幼儿的耳间衰减值在 15 dB 或 25 dB 以上，所以不用掩蔽。如果测出的骨导 ABR 反应阈值≤15 dB 气导 ABR 反应阈值，则有传导性听力损失的可能。如果是外耳道闭锁或狭窄者，一定要进行骨导 ABR 测试。骨导 ABR 输出小，反应波波幅低，容易受外界干扰。另外，由于儿童的头颅小，骨振荡器的固定需要特制的绷带，且绷带固定力度合适。目前尽管已有资料证实，在儿童的听力诊断中进行骨导 ABR 测试，可以诊断是否有传导性聋或混合性聋存在，但临床上应用少，数据不多，所以在开展此项测试前，各个测听室应该建立自己的正常数据库。

3. 耳神经学上的应用

ABR 测试结果应用于耳神经学上时应从以下几点考虑。

（1）反应波，尤其是波Ⅰ、波Ⅲ、波Ⅴ是否存在或消失，波幅是否明显改变。多发性硬化症的 ABR 测试结果表现为波Ⅴ波幅低于波Ⅰ，波Ⅲ或波Ⅴ消失。脑白质营养不良表现为只出现波Ⅰ。

（2）各反应波的潜伏期是否有明显延长。

（3）峰间期是否延长，特别是波Ⅰ~波Ⅴ、波Ⅰ~波Ⅲ、波Ⅲ~波Ⅴ的峰间期，是否明显延长。

（4）两耳波Ⅰ~波Ⅴ峰间期的对比，如果两耳都记录出波Ⅰ、波Ⅴ，而且峰间期相差大于 0.4 ms，即为异常。当受试者纯音测试正常而 ABR 测试反应波潜伏期或波间期明显延长，则可能有听神经瘤或脑桥小脑角肿瘤。

ABR 测试用于耳神经学方面诊断，要求有丰富的临床医学经验，当发现有些特殊的 ABR 结果不易解释时，应建议患者前往医院就诊。

五、其他类型 ABR 测试

1. 短音和短纯音 ABR 测试

（1）短音和短纯音的声学特点

短音和短纯音持续时间从数毫秒至数十毫秒不等。其波形由一个主瓣和若干边瓣构成，频谱有一定宽度，频率特异性好于短声，但比纯音差。这两种声音区分并不严格，有资料显示，持续时间在 10 ms 以下的声音为短音。

短音或短纯音都是有一定包络形状的短的纯音，其包络形状由上升、平台和下降三部分构成，即经过几个周期达到最大振幅（声强），最大振幅持续几个周期，然后再经过几个周期降到无声。所以，当这三部分发生变化，尤其是上升时间变化，会影响短音或短纯音的频谱。持续时间短，短音或短纯音边瓣能量就高；持续时间长，短音或短纯音边瓣能量就低。目前常通过各种函数对短音或短纯音的幅度增长加以调节，这种调节称为“门控”，不同的门控函数对短音或短纯音的频率特征会产生不同的效果。例如，用线性函数门控上升或下降时间 2 ms，无平台期的 2 kHz 短纯音，其边瓣振幅比主瓣低 27 dB，用余弦平方门控时，边瓣振幅比主瓣低 31 dB，当改用余弦门控时边瓣振幅就会比主瓣低 50 dB 以上。降低边瓣的振幅非常重要，因为这些边瓣的能量可以刺激基底膜相应部位的毛细胞兴奋，导致主瓣以外的频率出现反应，使测试结果不能如实反映刺激频率处的真正反应（见图 1-13）。但也有观点认为不同的门控函数得到的短纯音 ABR 测试结果之间无显著性差异。

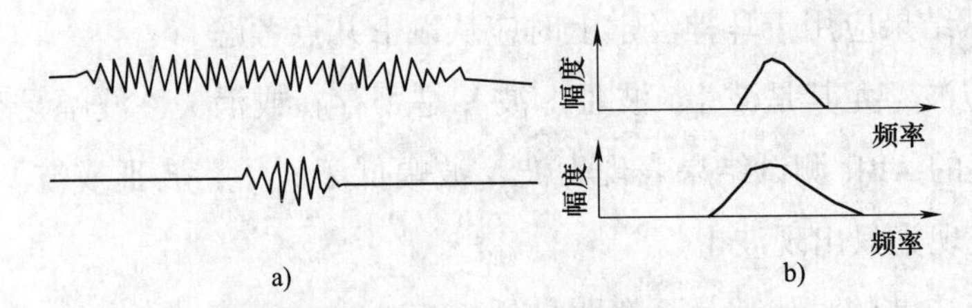

图 1-13　短纯音及短音的波形及频谱

a）短纯音及短音波形　b）短纯音及短音的频谱

（2）短音或短纯音的计量

短音或短纯音的计量与短声计量相同。无论短音或短纯音，不同测试仪、不同耳机、不同测试环境都可以对它们的实际输出产生影响。因此，每一台测试仪都应当建立自己的正常听力级值。

（3）短音或短纯音记录 ABR 的特点

利用短音或短纯音来记录 ABR，临床称为 tone-ABR，简称 t-ABR，其最大的优点是刺激声有频率特异性，可以分频测试，反应阈值与行为听阈的差值近似于短声 ABR 与行为听阈的差值。但缺点是分频测试耗时较长，记录的反应波与短声 ABR 有较大的区别，反应波辨认比短声 ABR 反应波困难。t-ABR 的反应波由波Ⅴ及其随后的负波构成，称为波Ⅴ-Ⅴ′。不同频率刺激声引出的波Ⅴ-Ⅴ′潜伏期不同，尤其是 500 Hz 短音，引出波的潜伏期明显要比 4 kHz 短音引出波的潜伏期长，这主要是因为耳蜗顶部感受低频声波，低频声波在耳蜗内传播的距离比高频声波长，而且 500 Hz 短音的上升时间长。

（4）t-ABR 的临床应用

t-ABR 在临床上并没有得到广泛应用，这是因为有观点认为：t-ABR 的频率特异性并不如想象的那样好，尤其是 500 Hz 的短音，由于刺激声频谱中边瓣的作用，引出的反应并不能真正反映 500 Hz 处的听力。另外就是掩蔽的问题，为了解刺激声边瓣的影响，需要在测试时给测试耳一定强度的掩蔽噪声（切迹噪声），这在过去也是技术难点。与短声 ABR 不同，t-ABR 的测试参数可参考。

1）有很多学者证实，t-ABR 的频率特异性是可靠的，无论受试者是否正常，当刺激强度在中等水平时，得到的 t-ABR 都具有很好的频率特异性。当采用切迹噪声掩蔽技术时，线性门控或余弦门控短音得到的结果没有明显区别；在刺激强度较高时或听力陡升陡降的情况下，为测试耳加切迹噪声掩蔽，也可以消除刺激声边瓣的影响（见图 1-14）。斯塔佩尔斯（Stapells）总结了 20 多篇报道的结果发现，无论是正常听力者或异常听力者，t-ABR 在 500 Hz、1 kHz、2 kHz 和 4 kHz 处与纯音听力均很接近，并列出了一个回归方程通过 t-ABR 反应阈值计算纯音听力，同时认为，通过这个回归方程计算出的各个频率的纯音听力与真实听力接近 5~10 dB。具体公式为 500 Hz 行为听阈 = -3. 25+0. 87×ABR 阈值，2 000 Hz 行为听阈 = 1. 82+0. 91×ABR 阈值，4 000 Hz 行为听阈 = 4. 12+0. 90×ABR 阈值，1 000 Hz 的结果与 2 000 Hz 很接近。

2）为保证获得的 t-ABR 结果可靠，不同的测试仪在测试参数上应基本相同。Stapells 提供了一个参考标准，这个标准对测试刺激声、分析时程、滤波设置、伪迹剔除、刺激速率和掩蔽声设定等均做了详细的规定。尤其在滤波设置上，高通滤波器应设置在 20~30 Hz。与短声 ABR 不同，目前已经有商用型测试仪采用了这种参数设置（见表 1-4 和表 1-5）。

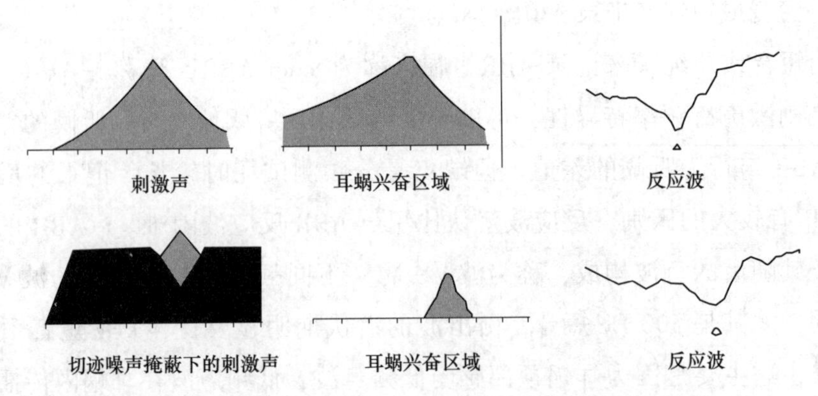

图 1-14　短纯音无掩蔽和有掩蔽时引出的 ABR 反应波

表 1-4　气导 t-ABR 测试的参数设定值

测试声 2—1—2 周期线控短音/Hz	500	1 000	2 000	4 000
上升/下降时间/ms	4	2	1	0. 5
平台期/ms	2	1	0. 5	0. 25
刺激声极性	交替波			
刺激率	39. 1次/s（或 37~41 次/s）			
同侧耳掩蔽	切迹在测试声频率、宽度为一个倍频程的切迹噪声（高通或低通滤波，≥48 dB/倍频程），强度比刺激声低 20 dB pe SPL（未滤波时）			
对侧耳掩蔽	白噪声			

表 1-5　骨导 t-ABR 测试的参数设定值

测试声 2—1—2 周期线控短音/Hz	500	2 000	4 000
上升/下降时间/ms	4	1	0. 5
平台期/ms	2	0. 5	0. 25
转换器	Radioear B-70A 骨振荡器		
刺激声极性	交替波		
刺激率	39. 1次/s（或 37~41 次/s）		
同侧耳掩蔽	无		
对侧耳掩蔽	需要时		

正常听力儿童与听障儿童 500 Hz 短音刺激的 ABR 结果如图 1-15 所示。

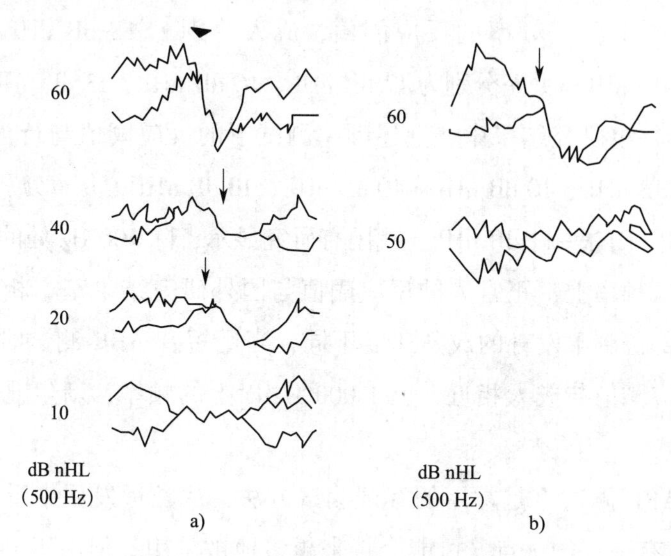

图 1-15　500 Hz 短音刺激的 ABR 结果

a）正常听力儿童　b）听障儿童

辛宁格（Sininger）也指出，应用短音记录 ABR 时应注意两个问题：一是在保证至少有一个周期的刺激频率的条件下，要尽可能缩短刺激持续时间，同时要有充分的“开”和“关”的时间，这样就能减少边瓣效应；二是给声刺激的同时要在声刺激耳加掩蔽，最常用的就是切迹噪声掩蔽，其要求与前述 Stapells 的观点相同。

（5）骨导 t-ABR 测试

骨导 t-ABR 的最大输出，500 Hz 为 50 dB nHL，2 000 Hz 为 60 dB nHL。当刺激声强度≥30 dB nHL 时，可产生电磁干扰，500 Hz 在 10 ms 处会有一个电波出现，2 000 Hz 的电磁干扰波出现在 2. 5 ms。由于波Ⅴ的出现时间比干扰波晚，所以，并不会影响结果判定。目前认为，婴幼儿的骨导测试比成人复杂，因为婴幼儿的颅骨特点与成人不同，刺激声的校准也不同，而且婴幼儿的头颅较小，骨振荡器的固定与成人要求也不一样。婴幼儿的 t-ABR 反应阈值在 500 Hz 处为 20 dB nHL、2 000 Hz 处为 30 dB nHL 或更低一些。相比成人的反应阈值，婴幼儿在 500 Hz 处的反应阈值比成人低，而在 2 000 Hz 处的反应阈值比成人高。当刺激声强度≤40 dB nHL 时，引出的反应有频率特异性。

（6）t-ABR 的测试结果

虽然 t-ABR 目前并没有在临床上开展广泛应用，但国内外相关的研究报道并不少见。Stapells 总结了 35 篇正常听力的研究结果，在 500 Hz、1 000 Hz、2 000 Hz 和 4 000 Hz 处 4 个测试频率的反应阈值，成人分别为 18 dB nHL、15 dB nHL、14 dB nHL、12 dB nHL，儿童分别为 17 dB nHL、16 dB nHL、13 dB nHL、12 dB nHL。在 17 个听力异常组研究结果中，上述频率测试下的反应阈值与行为阈值的差值，成人分别为 12 dB nHL、10 dB nHL、10 dB nHL、10 dB nHL，儿童分别为-1 dB nHL、4 dB nHL、0 dB nHL、-11 dB nHL。我国有研究显示，除 500 Hz 处的反应阈值稍高外，在其余测试频率上，正常人的反应阈值与国外研究结果基本相同。对于新生儿，由于不同部位脑干发育的成熟速度不同，当用短音 ABR 测试时发现，500 Hz 处新生儿的反应阈值与成人相近，但 1 000 Hz 以上的频率，新生儿的反应阈值均明显比成人高。

总之，t-ABR 测试也是常用的客观测试方法，从长远发展来看，t-ABR 测试相比 ABR 测试有一定的优点，可能会越来越多地被采用。但由于分频测试比较耗时，所以在临床应用中可以测试 500 Hz 及 2 000 Hz 两个频率，以便对低频听力和高频听力都有所了解。正如 Sininger 指出，短声 ABR 和短纯音 ABR 都是准确的客观听力测试，短声 ABR 对估计平均听力水平非常有用，但不能反映听力图构型，而短纯音 ABR 对估计听力图构型非常有价值。

2. AABR 测试

利用 ABR 测试仪进行数据采集并自动分析测试结果，从而对新生儿进行听力筛查的技术，称为 AABR。目前临床常用的是短声 AABR。

（1）AABR 测试仪的特点

1）电极连接简单，检测容易。

2）测试程序迅速，操作简便易行。

3）携带、安装简便。

4）完全由测试仪得出测试结论。

5）敏感性、特异性高。

6）测试结果可以打印。

7）可存储记录的反应波，以便需要时复习和审核。

（2）AABR 的临床应用

1）测试环境的要求。尽管目前所用的 AABR 测试仪对测试环境要求不像诊断型测试仪那么严格，但也应该选择远离噪声和电磁干扰的位置，房间尽量安静。

2）电极的要求。一次性电极最好，但成本较高。重复使用的电极需要注意消毒，因为新生儿的皮肤娇嫩，在做皮肤准备时动作要轻柔。电极的连接与前述 ABR 测试要求相同，极间电阻应该尽量低。

3）测试参数。刺激声为短声，极性为交替波，刺激速率尽量快，一般在 30~40 次，刺激强度在 35 ~ 50 dB nHL。刺激声必须进行校准。耳机可选用压耳式（TDH39/49）或插入式耳机（EAR-3A）。放置耳机时，一定要注意避免耳机脱落或耳机声管被阻塞。

4）结果分析。AABR 的测试结果由测试仪自动进行分析并给出 pass（通过）或 refer（待查）的结论。这些结论的得出，是由测试仪内部设定的统计和数学计算方法，通过反应波与噪声振幅比的相关性、模板法、FSP 分析法等测试软件完成的。不同的测试仪采用的计算软件不一定相同，但必须经过大量的临床应用，只有对其敏感性和特异性做出评价，证明可靠后才能用于临床。

（3）AABR 的优点与不足

由于 AABR 测试结果反映了脑听觉神经通路的功能状态，避免了耳声发射测试无法判断蜗后功能状态的缺陷，所以可取代耳声发射测试作为新生儿的听力筛查方法。但缺点是操作比耳声发射测试复杂，所需测试时间稍长。

ABR 测试操作

一、工作准备

1. 连接测试设备

目前，多数商用型测试仪通过 USB 接口与计算机相连，测试执行软件安装于计算机中，但测试设备的硬件均在测试仪中。通过操作计算机来完成测试过程，包括反应波的观察分析、测试结果的打印等。计算机如兼作办公使用的，要注意其安全性。

2. 检查设备工作状态

每次测试前要确保测试仪处于接通状态，USB 接口连接正常，如接有地线要确定连接牢固，正式测试前先观察基波来排除是否有干扰波。测试时要求在测听室内进行，即环境噪声<30 dB(A)，测试仪最好通过稳压电源供电。

二、工作程序

1. 受试者要求

所有受试者必须保持安静和放松状态，可坐于椅子上或平躺于测试床上。在整个测试过程中要保持安静放松姿势，不能有肢体活动，尽量减少眨眼、面部肌肉动作；对于不能配合的儿童，多采用口服10%水合氯醛（0.5 mL/kg）催眠，入睡后让其平躺于测试床上。

2. 皮肤准备及电极连接

先用浓度95%的酒精清洁准备连接电极部位的皮肤，再用医用磨砂膏轻轻擦拭清洁过的部位，然后用医用胶布将涂抹有导电膏的电极固定于擦拭清理过的皮肤位置。如果受试者是儿童，擦拭皮肤时一定要注意力度适中，在擦拭干净的前提下不要损伤表皮。按照记录电极—颅顶或发际正中、参考电极—测试耳乳突、接地电极—对侧耳乳突（或者鼻根部为接地电极，两侧耳乳突均为参考电极）的定位来连接固定电极。检查电极间阻抗，一般要求在10 kΩ 以下，越低越好。由于电极线比较细，经常使用可能出现断裂，当检查发现电阻过高时，应考虑电极线是否出现问题。

3. 耳机佩戴

压耳式耳机中心的发声膜片部位应正对外耳道口，佩戴时应防止耳郭被压折，收紧耳机头带。插入式耳机应选择与外耳道大小相匹配的探头，将探头固定在外耳道内，防止测试过程中脱落，同时注意耳机左右标志。

4. 给声并记录电位

一般先给70 dB nHL 的刺激声，记录并分析反应波波形，如果可以引出清晰的波Ⅰ、波Ⅲ、波Ⅴ，则降低刺激强度，降低的幅度为10~20 dB，直至找到反应阈值。如果70 dB nHL 未引出反应波或反应波波形不典型，则增加刺激强度，增加的幅度为10~20 dB，直至最大声输出。所有测试仪的最大声输出为105 dB nHL。测试中应单耳给声，无特殊情况可以从任意一侧耳开始给声，一耳测试完毕后测试另一侧耳。结束测试的时机是在某强度未能引出任何反应波时重复前一测试强度（阈强度）后测试即可停止。如果最大声输出也没有反应波出现，说明受试者ABR测试无反应。

5. 掩蔽的问题

当发现两耳反应阈值相差40 dB 以上时，测试差耳时需要对好耳加掩蔽。由于

ABR 掩蔽方法远比纯音测试简单，对好耳加 50 dB 宽带噪声即可。因为 ABR 测试的最大刺激声不超过 105 dB nHL，当对侧耳正常听力时，就会有最大 65 dB nHL 的刺激声传过去（减去 40 dB nHL 的耳间衰减值），正常听力者的 ABR 反应阈值为 10~20 dB nHL，所以，对好耳加 50 dB 的掩蔽噪声强度即可。

三、注意事项

1. 保证电极安放位置正确。
2. 充分脱脂，保证电极和皮肤之间的电阻在 10 kΩ 以下。
3. 正确佩戴耳机，如果儿童耳郭较软，则应加耳机垫圈。
4. 成人受试者在测试过程中应保持安静、放松，儿童受试者要处于睡眠状态。
5. 注意脑干反应阈值与纯音测听之间的差值。

培训课程 3 其他听觉诱发反应测试

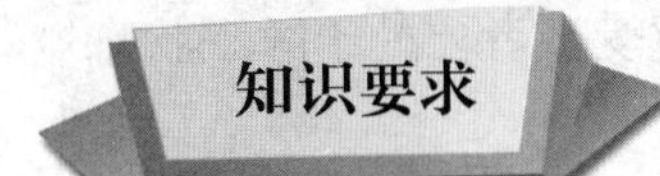
知识要求

一、听性稳态反应

1. 定义及产生机理

（1）稳态反应的定义

稳态反应是诱发电位的一种，这种反应波由离散的频率成分构成，这些频率成分的振幅和相位在无限长的时间内保持稳定。除了开始几次刺激外，这种电位保持类似于周期出现的正弦波形，该波形的基频与刺激率相同。因此，对于这种重复出现的诱发电位，分析其频率构成成分比分析其波形更加全面。

（2）稳态反应的类型

不同刺激率的刺激声（或不同调制率的调制声）可以诱发不同的听性稳态反应（auditory steady-state response，ASSR）。加兰博斯（Galambos）报告了 40 Hz 稳态反应（或 40 Hz 听觉相关电位），用短音作为刺激声，刺激率在 40 次/s 时可以记录到明显的反应波，这种反应的阈值接近于行为听阈，但反应波的振幅随睡眠、麻醉而降低。里卡德（Rickards）和克拉克（Clark）证实，ASSR 可以由多种不同调制率的调幅音引出，反应波的振幅随调制率的增高而降低。桑田（Kuwada）研究指出，用 40 Hz 调制率的调幅音作为刺激声，可以引出较高振幅的反应波，但受睡眠影响；用 80 Hz 调制率的调幅音作为刺激声时，引出的反应波振幅较低但不受睡眠影响。因此，他认为这两种调幅音引发的反应来自不同的部位，前者与 40 Hz 稳态反应同源，后者的发生源在脑干。皮克顿（Picton）等（1987）研究指出，运用 2~5 Hz 调制率的调幅音或 3~7 Hz 调制率的调频音作为刺激声，均可以引出稳态反应，但调制率在 30~50 Hz 时反应最稳定，而且反应波的振幅随着刺激声强度的增强而增加，相位延迟降低。科恩（Cohen）等（1991）报告指出，对于清醒受试者，无论是调幅音还是调频调幅音，45 Hz 调制率引出的反应波振幅最高，而且调频调幅音引出的反应波要比单纯调幅音引出的高。在睡眠状态下，当载频为 250 Hz、500 Hz 和 1 000 Hz 时，45 Hz 和 90 Hz 的调制率可以引出高振幅的反应波；当载频为 2 000 Hz 和 4 000 Hz 时，调制率在 70 Hz 以上可以引出高振幅的反应波。所以，当测试睡眠状态下的受试者时，应采用 70 Hz 以上的调制率。由此可见，ASSR 包含多种测试方法。

（3）多频稳态反应

进入 20 世纪 90 年代以来，越来越多的研究集中在用 70~110 Hz 的调幅音或调频调幅音（mixed modulation，MM）作为刺激声，来记录稳态反应。因为 Cohen 及多位学者的报告证实，睡眠不影响这个范围的调制率引发的稳态反应。开始的研究都是采用单频调幅音刺激进行，对测试方法的命名也多种多样，如“调幅音稳态反应”“调制率跟随反应”“正弦调幅稳态反应”“80 Hz 稳态反应”等。Lins 和 Picton（1995）首次提出用多个不同载频和调制率的调幅音同时记录稳态反应；John 等（1998）对这种方法进行改进，并命名为 MASSER（multiple auditory steady-state responses），也有学者将其命名为 multi-frequency steady-state responses。这就是国内“多频稳态反应”名称的由来。多频稳态反应是指可以同时给予多个频率刺激声来记录 ASSR 的测试方法。

最近几年，相关文献多把这种多频稳态反应称为 ASSR。

2. 用于测试的刺激声特点

从国外大量的文献报道来看，目前多采用调幅音或调频调幅音作为刺激声来记录 ASSR，国内商用型稳态反应测试仪中也有采用短纯音作为刺激声的机型。

（1）调幅音的构成和频谱特点

调幅音由两个持续的纯音（正弦波）构成，高频纯音作为载波，低频纯音作为调制波，载波的振幅随调制波的周期波动。调幅音的频谱是载波频率和载波频率±调制波频率。目前，商用型稳态反应测试仪一般采用调制率在 70~110 Hz 的调制波以及载波频率为 0.5 kHz、1 kHz、2 kHz 和 4 kHz 的持续纯音（见图 1-16~图 1-18）。

调幅音的数学表达式为

$$a \cdot \sin(2\pi f_c t+\theta_c)\times[m \cdot \sin(2\pi f_m t+\theta_m)+1]/(1+m)$$

式中 a——载波的振幅；

m——调制程度（0.0~1.0）；

θ_c，θ_m——两个正弦波的相位；

f_c，f_m——两个载波的频率；

t——时间。

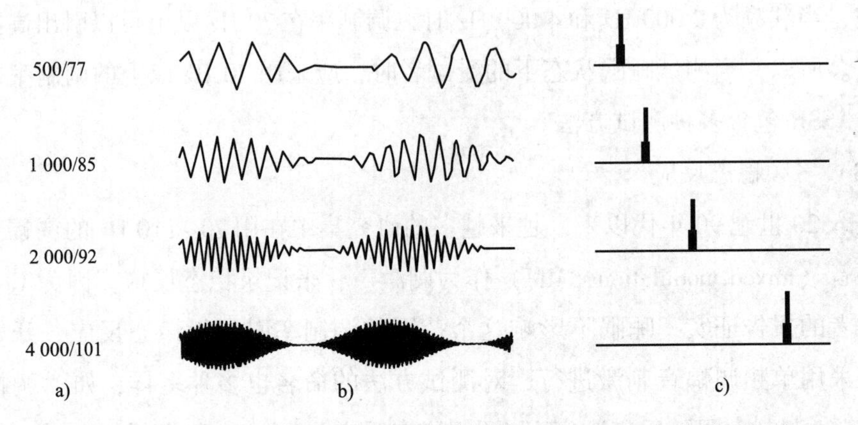

图1-16　4个常用正弦调幅音的载波频率及调制率、调幅音波形及频谱

a）载波频率及调制率　b）调幅音波形　c）调幅音的频谱

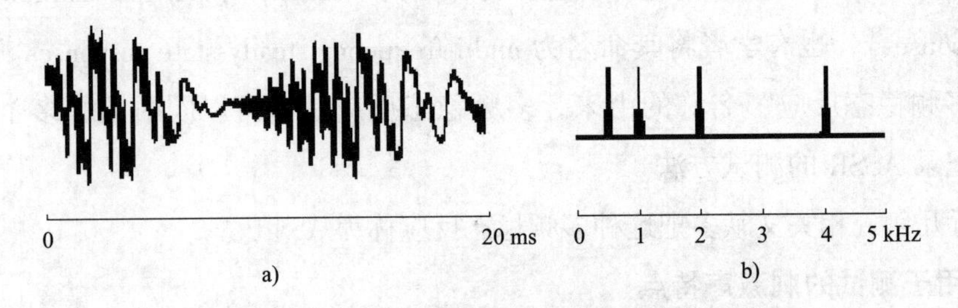

图1-17　4个调幅音合成后的波形及其频谱

a）4个调幅音合成后的波形　b）4个调幅音合成后的频谱

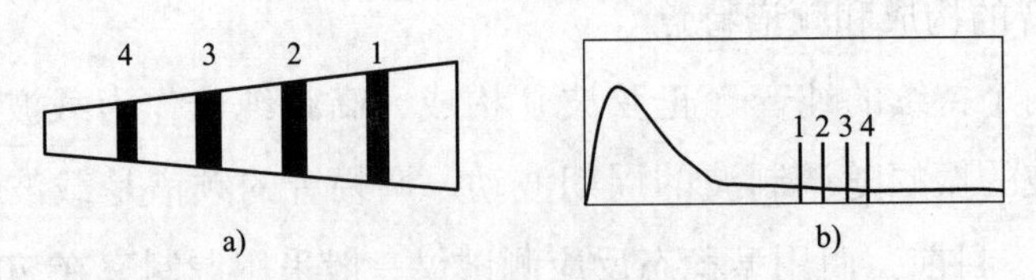

图1-18　多频刺激对基底膜的作用部位以及产生的反应

a）多频刺激对基底膜的作用部位　b）多频刺激对基底膜作用产生的反应

（2）调频调幅音的构成和频谱特点

与调幅音一样，调频调幅音也是由两个正弦波合成的，载波的频率和振幅同

时随调制波的周期变化，常用的频率变化为 10%，而振幅变化为 100%。它的频谱特点是比调幅音有更多的侧带，频谱比调幅音宽（见图 1-19）。

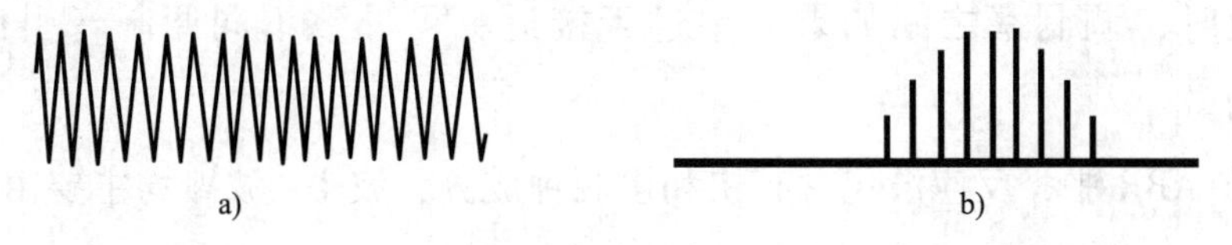

图 1-19 调频调幅音的波形及频谱

a）调频调幅音的波形 b）调频调幅音的频谱

无论是调幅音还是调频调幅音，其能量分布都集中在载波频率周围，属于窄能量谱声音，对基底膜的刺激范围较窄；调制波频率处的能量微不足道，但听觉系统却可以很好地辨别出调制波的信息，所以，调制声是易于控制的复杂声。

（3）ASSR 的产生原理及发生源

ASSR 可以在多种刺激条件下出现，调幅音诱发 ASSR 的发生原理主要有以下几方面。

1）毛细胞对声刺激产生去极化和超极化，只有去极化时听神经才会产生动作电位。因此，耳蜗对刺激声有一种检波效应，检波的结果导致听神经动作电位的频率与调制率相同而与载波无关。由于调幅音的能量集中在载频与其谐波频率（载频±调制率）处，所以，一旦出现了与调制率频率相同的反应波，说明耳蜗听到了调幅音，即对载波和载波±调制率这一频段处敏感的基底膜，感受到了声刺激。

2）听神经对低频正弦波刺激有相位同步现象，即“锁相”。由于本方法采用的刺激声为低频正弦调幅音，其包迹类似于正弦波，因此，也可以引出听神经的锁相反应。

3）在耳蜗核，有对调幅音特异敏感的细胞。它们与听神经的传入纤维有某些相似的特点，即显示出初级频率分析作用，能够辨认分析带宽内的调制包迹，这种对调幅音的特异反应在不同刺激强度下表现不同：低强度刺激时，这些神经表现出低通反应，对上限以下的所有调制率产生反应；随着刺激强度增加，反应变成对某些频率有特异性，类似于带通作用；当刺激过强时，反应开始失真。

4）在下丘的中央核也有对调幅音特异反应的神经元，它们的反应对调制率有特异敏感性。但是这种反应并非是对调幅包迹的完全复制。在内膝体，一些神经元只对调制率反应而与载波无关，在这一水平，当多个调制音同时刺激时，调制率之间如果频率过于接近，可导致不同调制音引出的反应互相影响。

5）在 ABR 中，反应波包含有快和慢两种成分，波Ⅰ~波Ⅶ均主要由快成分构成，在波Ⅴ中有部分慢成分。慢相负波（N10）的峰潜伏期在 10~12 ms，这些慢成分的能量谱在 100 Hz 左右。随着刺激率增加以及滤波设置的差异，瞬态反应波中的快成分均被剔除而慢成分被保留下来，当刺激率达到 80~110 次/s 时，这些慢成分就会产生叠加从而形成周期性反应。

尽管有上述种种说法，但实际上对稳态电位的发生源并不十分清楚，尤其是对反应潜伏期的测量，各家结论差异很大，但大多认为在 12 ms 以上，这对于脑干反应来说显然过长，有些研究结论认为还有更大差异。产生这种现象的原因可能是稳态电位的潜伏期测量需要从反应波的相位着手，而相位测试容易出现误差。另外，更大的可能是这种反应的发生源分布于从耳蜗到较高位中枢的多个部位，并没有哪一个部位占主导地位，因此，Picton 认为反应通路是由多突触联系构成的。

从反应不受睡眠影响这一点看，其产生部位在脑干，这一观点目前已得到公认，所以，这种稳态反应又称“脑干稳态反应”。Herdsman 等应用 47 导电极，记录 12 Hz、39 Hz、88 Hz 调制率，1 000 Hz 载频的调幅音分别诱发的稳态反应，结果显示，12 Hz 的调幅音引出的 ASSR 非常难以辨认；39 Hz 调幅音引出的 ASSR，从脑干到皮层均有反应产生，反应波振幅高，受睡眠影响；88 Hz 的调幅音引出的 ASSR 主要由脑干产生，且反应波振幅比 39 Hz 调幅音引出的 ASSR 低很多，但不受睡眠影响。Kuawada 从动物实验证实，低于 80 Hz 调制率引出的反应主要来自皮层，大于 80 Hz 调制率引出的反应来自脑桥、中脑以及上橄榄复合体和耳蜗核。

相对于临床应用性研究，对 ASSR 发生源的研究报告要少得多，所以，对其反应本质的理解还不够清晰，有关其产生机理方面的研究工作还有待进一步深入。

上述论点均是以调幅音作为刺激声的研究成果，用调频调幅音作为刺激声，引出反应波的振幅高于单纯的调幅音刺激。但这种刺激反应发生源的解释更加复杂，相关研究报告较少。实际上，这种混合调制音诱发的反应是调幅和调频音单独诱发的反应进行矢量相加所致。因此，这种调频调幅音引发的反应波振幅较高，检出容易，反应阈值与行为阈值差异较小，目前也有不少研究成果。

3. 记录分析方法及测试参数设置

记录电极的连接与 ABR 相同，根据单耳刺激或双耳同时刺激可有区别。极间电阻<5 kΩ（10 Hz）。带通滤波 10~300 Hz（6 dB/倍频程），伪迹剔除>±40 μV。放大器的增益为 1×10^5，16 位 AD，CMRR 100~120 dB。可以通过类似于瞬态诱发电位的记录方法，即利用平均叠加技术进行降噪，然后在时域中显示出反应波形进行分析。但当 ASSR 的刺激声为调幅音（调频调幅音）时，反应波的频率与调制率相同，所以，常用的分析方法是在频域中进行，即分析反应波的频谱成分。这就需要首先对引出的反应波进行快速傅里叶转换（fast Fourier transformation, FFT），将反应波形由时域图转换成频域图。目前这一过程都是由计算机完成的。经 FFT 处理后，由电极引出的反应波被转换成不同频率的正弦波（或余弦波），通过对各个正弦波振幅及相位的分析，来判定是否出现反应。

以 MASSER 测试程序为例，放大器的模—数转换（AD）设定为每个调制周期得到 8 个样本，每次记录共有 1 024 个调制周期，样本数为 8 192 个，将它们分为 16 个部分（每部分 512 个样本）分别进行 FFT。反应波既采用时域中的平均技术，又采用频域中的增加傅里叶数据分析时程的方法降噪。平均后的信号经 FFT 将原始的振幅—时间波转换成连续的具有特定频率的余弦波（初始相位为余弦），每个余弦波有自己的振幅和相位。实际上，FFT 是将原始的振幅—时间反应波转换成一系列复数，这些代表着不同频谱的复数在 X—Y 坐标中是一个矢量，振幅 A 是矢量的长度，相位 θ 是矢量相对于 X 轴逆时针旋转形成的夹角，$A=(X+Y)^{1/2}$，$\theta=\arctan(Y/X)$。FFT 的分辨率是 $1/(Nt)$，式中，N 是每次扫描记录时间点的数量，t 是时间点之间的间隔。当扫描记录时间足够长（N 很大）时，这种分辨率就非常高，保证了相邻频率点之间互不干扰。MASTER 测试系统的 FFT 分辨率为 0. 082 93 Hz（0. 083 Hz），即 FFT 每相邻位点的间隔为 0. 083 Hz。

采用 F 检验统计方法来计算信号幅值与相邻脑电噪声水平的差异，信号的频率就是调制率，脑电噪声是计算信号频率上下各 60 个 FFT 位点的平均能量水平。当信号频率处的能量明显高于脑电噪声能量时（$p<0.05$），说明有反应波出现。

上述过程由计算机通过特定计算程序自动完成，所以，ASSR 测试克服了由于测试人员技术差异导致的结果分析误差。在多频同时刺激时，对每一个载波频率，设定一个调制率，这时产生的与调制率相同频率的多个反应波，就意味着听到了不同载波的调幅音（或 MM 音）。

目前，ASSR 分析过程的数理统计运算方法并不统一。另一种较常见的结果分析方法是进行相位一致性分析（phase coherence，PC），即反应波的相位均比调制波相位有一定的延迟，这种延迟在反应波中表现出一致性，PC 值越接近 1，说明所记录到的脑电波中相同相位波的数量越大，出现反应的可能性越大。

经过 FFT 处理后的数据变成了二维数据，因此，在记录 ASSR 时需要通过复杂的数学运算，对数据的统计处理方法除上述两种外，还有报告显示用其他统计处理方法。但分析处理的对象就是反应波振幅和/或反应波相位。Valdes 等对常用的几种统计方法进行了比较，认为在结果的判定上无显著差异。但 Picton 认为，既考虑振幅又考虑相位的处理方法更好。统计处理方法的不统一，给 ASSR 的临床应用带来了一些问题。

4. 临床应用

（1）ASSR 临床测试条件

作为听诱发电位的一种，ASSR 测试的临床操作步骤与 ABR 测试在很多方面完全相同，如对听障者的要求、皮肤的准备、电极的连接、耳机的放置等，不同之处在于测试软件方面的差异，主要有滤波的设置、刺激声、测试结果判定等。

1）刺激声。无论是调幅音还是调频调幅音，载波频率多选择相差一倍频程的持续纯音，如 0.5 kHz、1 kHz、2 kHz 和 4 kHz 四个测试频率；调制波频率范围为 70~120 Hz，每个调制波之间要求频率相差 5 Hz。调幅深度为 100%，调频范围为 10%~20%。

2）滤波范围。高通 10 Hz（或 30 Hz），低通 300 Hz。

3）放大器增益 1×10^6，共模抑制比（CMRR）120 dB。

4）电极连接。当单耳给声刺激时，电极连接与 ABR 测试相同；如果采用双耳同时给声刺激，则电极连接方式如下：颅顶为记录电极，枕部为参考电极，颈部为接地电极。

（2）测试顺序

只要是测试软件设定允许，首先选择多个频率刺激同时进行（一般是 0.5 kHz、1 kHz、2 kHz 和 4 kHz 四个频率）。如果没有受试者的听力资料，就先给 40 dB HL 的刺激声；如果对其听力有一定了解，就给合适强度的初始刺激。不应该在一开始就给过高强度的刺激声，因为多频声的响度较大，如果刺激声强度大，可能使受试者惊醒。在测试过程中，如果四个测试频率出现反应的时间相差不大，说明其听力损失各个频率相差不大，听力图可能较为平坦，就可一直采用多频刺激，直到完成测试。如果不同频率出现反应的时间相差较大，或反应波振幅相差较大，则有可能为各个频率之间的听力损失相差较大，为非平坦型的听力图构型，此时最好分频测试。这种分频可以是单个频率或两三个频率同时测试。

当任一强度刺激不能引出反应时就结束测试，反应阈值是出现反应的最低刺激强度。

（3）结果记录

与前述 ABR 的分析方法不同，ASSR 测试由测试仪自动判定是否出现反应，只记录反应阈值，不分析出现反应的时间。当接近反应阈值时，出现的反应可能会时隐时现，不太稳定，这是正常现象。还有某些频率会出现高强度刺激时没有反应，但刺激强度降低却出现反应的情况。为了保证得到的测试结果准确，在阈值强度要重复刺激，能够重复出现的反应才是真正的反应。

（4）测试时应注意的问题

当测试听力正常者，多频同时给予声刺激时，刺激强度不能高于 60 dB SPL，否则频率特异性将降低；当相邻两个频率听阈相差较大时，此时如果多频同时刺激，也可导致频率特异性降低。混合调制音引出的反应波振幅要比单纯调幅音高，因此可以加快测试速度；调频调幅音的频率特异性要低于单纯调幅音，但并没有文献比较两种刺激声的频率特异性差异。目前将这两种刺激声诱发的稳态反应都作为有频率特异性的测试结果。

（5）测试结果

1）气导耳机给声的测试结果。ASSR 测试可以准确地预测受试者的行为听力，已被很多报道证实，在常用的四个测试频率中，反应阈值与行为阈值的差异，除 500 Hz 外，与 ABR 的行为—反应阈差值接近。通过行为阈值与 ASSR 反应阈值的相关性研究，不同的研究人员报告的相关系数为 0.7~0.98；将 ASSR 与短纯音诱发 ABR 进行比较，除 0.5 kHz 外，各个测试频率的相关系数都在 0.9 以上；ASSR 在 2 kHz 的反应阈值与短声诱发 ABR 反应阈值的相关系数高达 0.97，所以，ASSR 测试可以准确地应用于临床听力学评价。对于正常听力者，0.5 kHz 处的反应阈值为 30~40 dB HL；在 1~4 kHz 处的反应阈值为 20~30 dB HL。也有研究人员在新生儿听力筛查中应用了 ASSR 测试，综合多位研究人员的结果，目前认为，对于新生儿，0.5 kHz 处 60 dB HL 以下出现反应、1~4 kHz 处 50 dB HL 以下出现反应就是正常结果。

在听力损失人群中进行的研究证实，即使是 ABR 测试不能引出反应者，有相当一部分在 ASSR 测试中在某些频率也会引出反应。这是因为 ASSR 是分频测试，对基底膜的刺激范围窄，而且刺激声是持续声，强度较高。Herdman 测试了一组感音神经性聋的患者，即使他们的纯音听力是陡降型，ASSR 的测试结果也很好地印证了他们的实际听力状况。Swanepole 等报告在听力损伤程度为重度和极重度的儿童中，ASSR 的反应阈值与他们的行为听力之间的相关系数在 0.58~0.74，1 kHz 处最高，0.5 kHz 处最低。还有不少研究人员报告了应用 ASSR 来测试聋人或聋儿，都获得了满意的结果。因此，这种测试在预测行为听力方面有独特的临床应用价值。但需要指出，不能过分强调 ASSR 刺激强度高的价值，因为在这么大强度刺激时无正常的研究结果作基础，对反应的解释会有欠缺，而且高强度刺激可能导致有假反应或前庭电位出现。有研究显示，当调幅音的刺激强度达 120 dB HL 才引出 ASSR 时，其重复率不高。

表 1-6 是国内外不同研究人员报告的正常听力人群 ASSR 的反应阈值，不同研究人员的结果有一定的差异，导致这种差异的原因有测试对象、受试者的测试状态、测试仪不同等。总体来说，正常听力者的反应阈值在 30 dB HL，但有报告显示，一旦受试者进入睡眠状态后，反应阈值降低。表 1-7 是国外不同研究人员报告的 ASSR 反应阈值与行为听阈的差异，可以看出，这种差异很小，尤其在听力损失患者中，两种阈值的差异在 10 dB 左右。

表 1-6　国内外不同研究人员报告的正常听力人群 ASSR 的反应阈值　　单位：dB HL

报告者 \ 测试频率		0.5 kHz	1 kHz	2 kHz	4 kHz
Lins 等	成人	39±10	29±12	29±11	31±15
	婴儿	45±13	29±10	26±8	29±10
Richards 等	婴儿	41±10	24±8（1.5kHz）		34±11
Perez-Abalo 等	左侧	40±10	34±9	33±10	35±10
	右侧	42±12	34±9	32±10	37±11
宋戎等	左侧	34.72±5.27	21.39±4.13	21.00±4.10	23.16±5.31
	右侧	33.24±4.47	20.67±3.72	20.24±4.33	22.00±4.55
钟志茹等		35.77±9.87	30.17±7.25	28.50±7.78	33.00±10.22

表 1-7 国外不同研究人员报告的 ASSR 反应阈值与行为听阈的差异

单位：dB HL

报告者 \ 测试频率	0.5 kHz	1 kHz	2 kHz	4 kHz
Lins 等	14±11	12±11	11±8	13±11
Dimitrijevic 等（刺激声为 MM）	14±11	4±11	4±8	11±7
Perez-Abalo 等	各频率间差异在 11～15			
DeWet Swanepoel 等（刺激声为 MM）	6±10	4±8	4±9	4±12
Herdman 等	14±13	8±9	10±10	3±10

2）骨导耳机给声测试。在有关 ASSR 临床研究的报告中，相比气导测试的研究，ASSR 的骨导测试研究要少得多，尤其在婴幼儿中，有关研究很少。如表 1-8 所示，综合几位研究人员的相关的报告结果可以看出，除了 Jeng 的报告外，其他几位研究人员的结果相差不大，正常人的反应阈值在 2 kHz 和 4 kHz 处都在 20 dB HL 之内。但这些报告的受试者和骨导振荡器的安放位置、刺激声种类不尽相同。对 ASSR 的骨导测试研究还需做大量工作。

表 1-8 国外部分研究人员报告的骨导 ASSR 反应阈值

单位：dB HL

报告者 \ 测试频率	0.5 kHz	1 kHz	2 kHz	4 kHz
Lins 等	31	29	20	19
Dimitrijevic 等	32	18	10	13
Jeng 等	48	33	41	38
Small 和 Stapells	22	26	18	18

3）扬声器给声测试结果。由于该测试方法刺激声的特点，国外有学者在声场中通过扬声器给声来记录 ASSR，获得了满意的结果，并预测可能会用于婴幼儿的助听器效果的客观评估。国内也有研究人员证实，在扬声器给声条件下确实可以记录到满意的 ASSR 结果，但能否用于助听器效果的客观评估，还需要进一步研究证实。因为近些年的助听器几乎是全数字化，数字化助听器如何对待这种调制声，是否会将这种调制声当作噪声处理，只有经过临床研究证实后才会有答案。

总之，就单纯的预估听力方面，国内外有关 ASSR 的很多研究已经证实，ASSR 测试是一种很好的客观测听方法，利用这种方法可以准确预测受试者的行为听力。

（6）应用中应注意的问题

ASSR测试是目前客观测听法中研究较多、发展较快的一种。目前为止，这种测试方法本身还存在一些问题。

1）测试方法及结果判断存在差异。由于ASSR测试需要将记录到的数据进行FFT，然后再根据FFT得到的结果进行反应波振幅及相位分析，在这个过程中需进行复杂的数学运算及统计处理。当计算方法不同时对结果的影响如何，从目前来看，并没有详细的实验室数据对所有的方法进行比较，有些商用型测试仪所采用的计算方法也没有看到相应的研究性测试结果。

有研究报告比较了两种测试方法。一种是澳大利亚的Rance等采用的单频给声，反应结果通过相位一致性分析判断，这种方法被GSI公司的Audera测试仪采用。另一种是加拿大的MASSER测试方法，通过分析反应波的振幅与相位判断是否出现反应，该法被Biologic公司采用。这两种测试系统对同一组受试者的测试结果显示，在正常听力人群中，MASSER测得的反应阈值与行为听阈更接近，但在听力损失人群中，两种测试方法得到的结果相差不大。

与调幅音相比，混合调制声的能量谱宽。在成人中，混合调制声引出反应波振幅明显比调幅音高，出现反应更快，但反应阈值与调幅音所得到的相近。在陡降型听力损失人群，如果利用混合调制声作为刺激声，多频同时刺激时是否会导致ASSR频率特异性下降，还需进一步研究。而且这种刺激声在婴幼儿中测试的报告不多，与调幅音结果之间是否有差异也需要更多的观察。国内常见的一种商用测试仪以短纯音为刺激声，给声速率在80次/s左右，国外相关报告中采用这种刺激声的相应研究较少，只有莫玲燕在加拿大做了临床研究，她在报告中指出，用短纯音作为刺激声诱发稳态反应存在一些问题，为了引出较高振幅的反应波，短纯音的持续周期要短（不超过3个或4个），但此时它的频率特异性降低，尤其是在多频同时给声时，不同频率反应波之间还会相互影响。所以，她报告的结论是短纯音不是多频稳态反应的理想刺激声。如果使用这种测试仪，那么应用时至少要注意分频测试以减少误差。

ASSR的刺激声是持续声，其结果分析是在一个调制周期时间段采集一定的样本数（8样板），每次扫描持续1 024个调制周期，采集8 192个样本（不同的测试仪采集样本数不一定相同），将这些样本进行FFT，将FFT得到的数据在缓冲器中进行平均叠加。一个测试强度需要记录多少次扫描（即测试进行多长时间）并没有定数。由相关报告可见，少则10多次，多则64次，这种次数的差异隐含着测试环境和受试者所处状态的差异。环境安静，受试者睡眠时，本底噪声水平低，反应波与噪声水平相比差异容易显现，反之则不易，就需要增加测试时间来降噪。因此，人为设定测试周期（时间）有不足之处，最好是测试系统本身可以同时显示脑电噪声水平。这样，当噪声降到很低时仍未出现反应，可判定该刺激强度未引出反应。国外报告中显示，结束测试时的噪声水平在 10~15 nV。国内也有报告显示，当背景噪声低于 0.01 μV 时，增加刺激次数，噪声水平下降变慢。但目前国内的商用型测试仪并非都能够显示脑电噪声水平，这就可能导致不同测试仪之间测试结果产生差异，因为叠加时间越长，脑电噪声越低，得到的反应阈值就越接近行为听阈。所以，结束测试的时机不同，也可能对测试结果产生影响。

由于不同的测试仪采用的刺激声及计算方法有差异，而且有报告显示，这种差异可能导致在不同人群中测试结果不同。所以，在临床应用时，每个实验室或测听室应首先测试一定数量的正常听力结果作为资料库，有利于对将来测试结果的分析判断。

2）假反应问题。Gorga 等（2004）报告，气导耳机给声强度大于 95 dB HL 时，可在全聋患者测试中记录到 ASSR，并称为“假反应”。同年，Small 和 Stapells 报告，骨导耳机给声强度在 40 dB HL 以上时也会出现这种现象。Picton 和 John 对这种现象做了分析，认为这属于电磁假象。当电流通过耳机时产生电磁场，这种电磁波可被电极捡拾，其发生原因类似于模—数转换中的“混迭”（aliasing）现象。Small 和 Stapells 同意这种观点，他们及 Picton 和 John 在报告中均提出了避免出现这种假象的方法。但 2004 年以前的测试仪可能仍会存在这种问题。他们给出的解决方法对 0.5 kHz 处的假反应不能完全消除，因为此处的假反应可能有部分来自前庭电位。

3）刺激声的校准问题。目前 ASSR 的刺激声多用听力级（hearing level of speech，HL）或声压级（SPL）标定，但听力级听阈本是纯音测听得到的行为听阈，而 ASSR 得到的是反应阈值，与实际听阈尚有差距。人耳对不同频率声音的声压级听阈不尽相同，多频同时刺激时，如采用声压级，则每个频率的实际有效刺激强度有差异。所以，这两种声音校准方法都有不足，如何解决也是今后需研究的内容。

4）对实际应用中某些现象的解释。在听力损失人群中的研究证实，对于听力损失较重者，他们的 ASSR 反应阈值与行为听阈非常接近，甚至相同。Picton 认为，之所以会产生这种现象，是因为存在一种“电生理重振”现象。随着刺激强度增加，反应波的振幅增加，当刺激声达到反应阈值后，在听力损失较重者中，反应波振幅的增加速度明显要比正常听力者的反应波的振幅增加速度快，也就是反应波振幅会有突然增加现象，而且这种现象存在于所有感音神经性聋的患者，就像行为测听中的“重振”现象。这种解释是否全面，是否还会有其他可能，将来的研究可能会对此现象有更深入的解释。

5）ASSR 测试结果报告。有些商用型测试仪将 ASSR 测试结果直接以纯音听力图形式打印出来，这可能会产生误导。因为 ASSR 测试结果是得到反应阈值，与真正的纯音听力还有一定的差距，因此，在报告 ASSR 测试结果时，还是要注明反应阈值为好。

总之，ASSR 在听力学诊断方面的应用价值已经被很多报告证实，而且将来可能有其他用途，例如，可以用这种测试方法对新生儿进行听力筛查，因为这种测试可以双耳同时进行，而且得到的是分频结果，与 DPOAE 和 ABR 相比有自己的特点。

二、40 Hz ASSR

1. 定义及电位起源

（1）定义

40 Hz ASSR 又称 40 Hz 听觉事件相关电位（40 Hz AERP），是指给予 40 次/s 刺激率的刺激声，引出的由 4 个间隔 25 ms 左右的准正弦波构成的一组电位，只要刺激声保持不变，这组电位就保持稳定。该反应在 1981 年由 Galambos 首次报告，以后的很多研究使这种测试方法逐步完善。近些年的研究表明，凡是刺激率或调制率为 30~50 Hz 范围的刺激声，所诱发的 ASSR 都被称为 40 Hz ASSR（见图 1-20）。

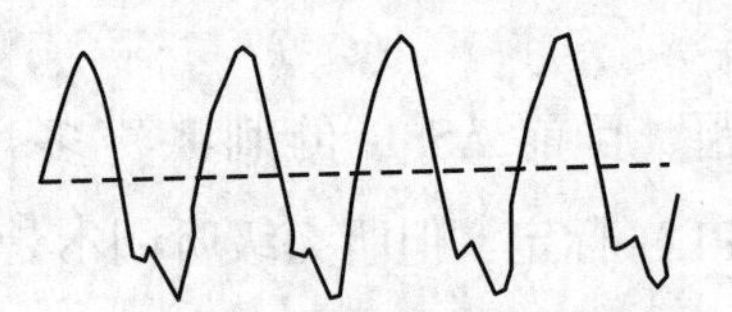

图1-20　正常 40 Hz ASSR 结果

（2）发生源

40 Hz ASSR 的发生源并不十分清楚，多数人认为，其发生源与中潜伏期反应一样来自大脑皮层，但临床和动物实验均证实，颞叶受损，40 Hz ASSR 不受影响，但下丘脑损伤后反应波消失，所以，下丘脑是发生源，但并非唯一发生源。

2. 测试方法

（1）刺激声

常用刺激声为 2—1—2 短纯音，刺激率为 40 次/s，也可以用 40 Hz 左右调制率的调幅音，相比短声 ABR，该种测试属于有频率特异性的测试方法。

（2）测试参数

40 Hz ASSR 测试的电极连接、测试耳机放置与 ABR 相同，但参数设置有如下要求：滤波范围为 30~150 Hz，100 ms 的分析时间窗，叠加 256 次或 512 次。因为是稳态反应，一般临床记录时只考虑反应阈值而不考虑潜伏期。其波形分析是在时阈图上进行的，即记录到 4 个相隔 25 ms 的准正弦波就说明引出反应，这些反应波出现的最低刺激强度就是反应阈值。

3. 临床应用

40 Hz ASSR 的反应阈值是在正常听力者清醒状态下测得的，与行为听阈很接近，可在 10 dB 之内，在应用初期有相当多的研究报告。遗憾的是，睡眠状态下，大部分人 40 Hz ASSR 的反应波振幅降低，麻醉状态下降低更明显。尤其在后来的研究中，陆续有报告发现儿童在睡眠状态下，40 Hz ASSR 表现不稳定。40 Hz ASSR 的这种特性，限制了它的临床应用，因为客观测听的应用对象绝大多数是低龄儿童，测试必须在睡眠状态下才能完成。尤其近些年，多频稳态电位多数情况下可取代过去 40 Hz ASSR 在低龄儿童中的应用。但对成人在清醒状态下的客观测听，40 Hz ASSR 是不错的选择。

多频稳态听觉诱发反应测试操作

一、工作准备

多频稳态听觉诱发反应测试的受试者要求及测试前受试者的皮肤准备、电极的连接与 ABR 测试相同，商用型测试仪所有测试参数如已设定好不必更改。

二、测试步骤

由于目前商用型测试仪采用的测试方法并不统一，一般有以下两种测试程序。

1. 事先设置好测试程序

事先设置一个最大记录扫描次数，每个刺激强度从开始刺激直到出现反应为止；如果没有反应出现，则记录到事先设置的最大扫描次数时测试就会自动停止。这种最大扫描次数设置前提是在满足测试条件下，足够多的扫描以保证背景噪声已降低到足够低的水平，此时没有反应出现，说明受试者听不到这个强度的刺激声，结束测试不会错失可能出现的反应。但完成这个设定的最大次数需要较长时间，当受试者测试状态很安静时，并不一定非等到刺激扫描次数达到这个最大值才停止测试，可以提前结束该强度测试，这样就节省了测试用时。但何时结束测试需要测试者积累一定的测试经验，最好多测一些正常听力者或已知听力状况者，可以帮助测试者了解在实际工作中多少次扫描时就可以结束测试，而不至于影响测试结果。

2. 通过背景噪声水平自主选择结束测试的时机

如果所用的测试仪可以显示背景噪声，则结束测试的时机应根据背景噪声的高低来决定，当背景噪声很低时仍没有反应出现，即可结束测试。由于环境、测试仪、受试者的状态等都可以影响背景噪声水平，所以并不能给出一个具体数值，各个听力检测机构应通过临床实践来确定低噪声水平的范围。国外报告中显示结束测试时的噪声水平为 10～15 nV。国内也有报告指出，测试睡眠状态下的儿童，当背景噪声低于 0.01 μV 时，增加刺激次数，噪声水平下降变慢，此时即可结束该次测试。

培训课程 4 耳声发射

一、耳声发射的概念和分类

1. 耳声发射的定义

耳声发射是一种产生于耳蜗，经听骨链及鼓膜传导释放入外耳道的音频能量。

耳声发射的形式主要是机械振动。这些振动能量来自外毛细胞的主动运动。外毛细胞的这种运动可以是自发的，也可以是对外来刺激的反应，其运动通过柯蒂氏（Corti）器中与其相邻结构的机械联系使基底膜发生机械振动，这种振动在内耳淋巴中以压力变化的形式传导，并通过前庭窗推动听骨链及鼓膜振动，最终引起外耳道内空气振动。由于这一振动的频率多在数百到数千赫兹，属声频范围（20~20 000 Hz），因而被称为耳声发射。顾名思义，这是由耳内发出的声音，其实质是耳蜗内产生的音频能量经过中耳传至外耳道的逆过程，以空气振动的形式释放出来。

2. 耳声发射的分类

依据是否存在外界刺激声信号诱发，以及由何种声刺激诱发，可将耳声发射分为以下两大类。

（1）自发性耳声发射（SOAE）

耳蜗不需任何外来刺激，持续向外发射机械能量，形式极似纯音，其频谱表现为单频或多频的窄带谱峰。

（2）诱发性耳声发射（EOAE）

通过外界不同的刺激声模式引起各种不同的耳蜗反应。依据由何种刺激诱发，又可进一步分为瞬态诱发耳声发射、畸变产物耳声发射、刺激频率诱发耳声发射和电诱发耳声发射。

1）瞬态诱发耳声发射（TEOAE）。是指耳蜗受到外界短暂脉冲声（一般为短声或短音，时程在数毫秒以内）刺激后，经过一定潜伏期、以一定形式释放出的音频能量。由于有一定的潜伏期，也被称为延迟性耳声发射，并且它能重复刺激声内容，类似回声，又称“Kemp 回声”。

2）畸变产物耳声发射（DPOAE）。是指耳蜗同时受到两个具有一定频率比值关系的初始纯音刺激时，由于基底膜的非线性调制作用而产生的一系列畸变信号，经听骨链、鼓膜传入外耳道并被记录到的音频能量。

3）刺激频率诱发耳声发射（SFOAE）。是指耳蜗受到一个连续纯音刺激时，会将与刺激声性质相同的音频能量发射回外耳道，这种耳声发射的频率与刺激频率完全相同。

4）电诱发耳声发射（EOAE）。是指对耳蜗施以交流电刺激诱发出与刺激电流相同频率的耳声发射。这种耳声发射只在动物体上进行。

3. 耳声发射的基本特征

（1）非线性

耳声发射具有随刺激强度增长的输出饱和性，即在低强度刺激下可随刺激强度增加而近乎呈线性增长。当刺激强度增加到 40 dB SPL 时，耳声发射增长减慢并趋于饱和。这是耳声发射的重要特征。

（2）可重复性和稳定性

以时域图形显示的耳声发射存在明显的个体差异，但在个体自身具有良好的可重复性和稳定性时，可连续数年无明显变化。

（3）锁相性

耳声发射的相位取决于声刺激信号的相位，并跟随声刺激信号的相位变化而发生固定的变化。这一特点在 TEOAE 的记录中被用来减少记录伪迹。利用它也可以测量耳声发射的相位及辨别 SOAE。

（4）强度低

耳声发射的强度很低，一般在-5~20 dB SPL，很少超过 20 dB SPL。

（5）频率高

EOAE 和 SOAE 的频率多在 0.5~5 kHz，以 1~3 kHz 为主。

二、耳声发射的产生部位及产生机制

1. 耳声发射的产生部位

（1）耳声发射来源于耳蜗

1）耳声发射的反应阈值可低于主观听阈，是一种神经前反应，而且与突触传递无关。

2）用化学药剂阻断或切断听神经，此时声刺激不能引出神经反应，但仍可记录到耳声发射。

3）耳毒性药物、强噪声、缺氧以及传染病等导致听力损害的因素，均可影响耳声发射。

4）EOAE 具有频率离散现象，即耳声发射的频率越高潜伏期越短。

5）外毛细胞缺失或排列紊乱时，耳声发射缺失或幅值下降。外毛细胞有以下特点。

①形态与位置。外毛细胞呈柱状，位于 Corti 隧道外侧，远离较为固定的螺旋缘基底膜附着处。其顶端有纤毛嵌入盖膜中，底部经支持细胞与基底膜耦合，从而与周围结构建立密切的关系。

②神经支配。90%以上的传出神经纤维与之相连，表明外毛细胞主要接受来自中枢的指令并做出反应。

③结构。外毛细胞内存在肌动蛋白、肌凝蛋白和线粒体等，并有类似肌细胞肌浆网样结构的表面下池；肌浆网样结构和收缩蛋白的存在说明外毛细胞具备产生机械活动的结构基础。

④离体外毛细胞运动形式。一种形式是受胞膜电位去极化状态的影响，表现为胞体长短、体积大小的较缓慢变化；当刺激引起细胞膜去极化时，胞体缩短；而当刺激引起细胞膜超极化时则胞体伸长。这种长度变化所产生的力量可推动重于外毛细胞自身质量数倍的物体。另一种形式是由胞膜两侧离子活动引起细胞纤毛束的快速摆动，其摆动频率可高达数千赫兹乃至上万赫兹，不同部位的外毛细胞有特定的摆动频率。

（2）中耳结构不具备产生耳声发射的条件

鼓膜、听骨链和耳蜗内各结构构成的传导系统是一个机械阻尼系统，在一个被动的机械阻尼系统中，从系统内输出的能量永远不会等于或超过外界输入系统中的能量。实验观察发现，在低声强刺激时，耳蜗产生的耳声发射强度可接近或超过刺激声强度，即由耳蜗输出的能量接近或超出了输入的能量。在一个机械阻尼系统中，如果输入与输出能量相等，即说明该系统中有主动能量来克服系统阻尼。有人认为这一能量来自中耳，但中耳结构中除肌肉外，多为被动活动的结构，不具备主动活动能力，并且中耳肌肉收缩的频率很难达到几百赫兹，更不会同时包含多种频率。因此，发生源不在中耳这一论点已被论证并得到广泛认同。

2. 耳声发射的产生机制

目前，耳声发射产生的详尽机制还不十分清楚，有代表性的耳声发射产生机制学说有两种：基底膜结构的主动反馈机制、基底膜行波的双向性。这两种学说虽有一定的依据，但仍待进一步研究证明。

（1）基底膜结构的主动反馈机制

耳蜗内存在正反馈机制和负反馈机制。典型的正反馈机制表现如下：基底膜活动→外毛细胞纤毛运动→形成感受器电位→外毛细胞活动→基底膜的进一步活动，可导致基底膜发生振动，逆向传递，产生耳声发射。这种正反馈机制除具有放大作用外，还有利于基底膜的精细调节。

（2）基底膜行波的双向性

基底膜行波的运行呈双向性，既可以由蜗底传向蜗顶，也可由蜗顶反向传回蜗底。由于基底膜机械阻抗的不均匀，当行波通过时，其能量运行在这些部位受到阻碍，部分能量可由此处发生折返，逆向传至镫骨底板，经听骨链、鼓膜传至外耳道而形成耳声发射，这种耳声发射产生机制的学说被称为解剖学说。基底膜对相关联的两个声刺激频率产生相互作用，导致行波的运行发生障碍，部分能量折返而形成耳声发射。这种耳声发射产生机制学说被称为功能学说。

（3）外毛细胞的能动性

前面已述外毛细胞的特点，它的能动性可能是耳蜗放大的一个动力源，也是耳声发射的来源之一。

三、耳声发射的测试与记录

1. 测试环境及受试者要求

耳声发射是较弱的音频信号，在测试时要求较低的环境噪声。同时，受试者要保持安静，对于不能配合的儿童，应在其睡眠状态下进行测试。

2. 测试仪器

耳声发射虽然种类不同，形式多样，但测试方法却有许多相似之处。测试硬件均由微型扬声器、高灵敏度麦克风、数字处理板和计算机系统组成。在测试中，由扬声器按照不同方式给声，并由高灵敏度麦克风拾取耳声发射信号，经过一系列处理，提高信噪比，最后以频域或时域的形式显示或记录，从而完成测试。不同的只是各种类型的耳声发射所用的刺激声特征及相应的信号处理方法有差异，这也决定了不同的耳声发射具有不同的特点。

3. SOAE 测试

（1）SOAE 的记录

SOAE 的记录方法比较简单，测试系统内不给出刺激信号，只需将一个含高灵敏度麦克风的探头和一个放大器相连。麦克风将耳蜗自动产生的信号采集放大，滤波后转化为数字信号，并进行时域叠加，降低噪声，提高信噪比，最后转变为频域信号加以显示。

记录到的典型 SOAE 信号为一个或多个近似纯音的单频或多频的窄带谱峰。由于强度极低，人们在主观上不易察觉，其存在多表明 SOAE 邻近频率的耳蜗功能正常，有较高的灵敏度。

（2）SOAE 的基本特征

多数人认为，儿童的 SOAE 引出率和信号幅值都比成人高。成人的 SOAE 出现频率多在 1 000~2 000 Hz，儿童多在 2 000~5 000 Hz（见图 1-21），这可能和中耳与外耳道在两类人群中的差异有关。在听力正常人群中，SOAE 的引出率为 40%~70%不等，即使有轻微的听力损失（25~30 dB HL），也可以引出 SOAE。由于在正常听力人群中的引出率不高，所以，SOAE 基本不用于临床。

4. TEOAE 的测试

（1）TEOAE 的记录

记录 TEOAE 的探头内含有高灵敏度的低噪声微音器和单个微型麦克风。首先微音器捡拾起的信号经放大和高通滤波（300~5 000 Hz），然后送至平均仪进行平均叠加（512~2 048 次），以提高信噪比。一般以延迟触发的方法去除记录开始数毫秒内的强刺激伪迹。最后经 FFT 将时域图转换成频域图进行分析。

记录时，要采取一定的技术消除非耳声发射的伪迹。伪迹是指在测量 TEOAE 时，刺激声进入外耳道后被直接反射的回声信号。在 TEOAE 的记录中，伪迹能否得到良好的控制，是能否得到清晰灵敏记录的关键，目前通常采用如下方法解决。

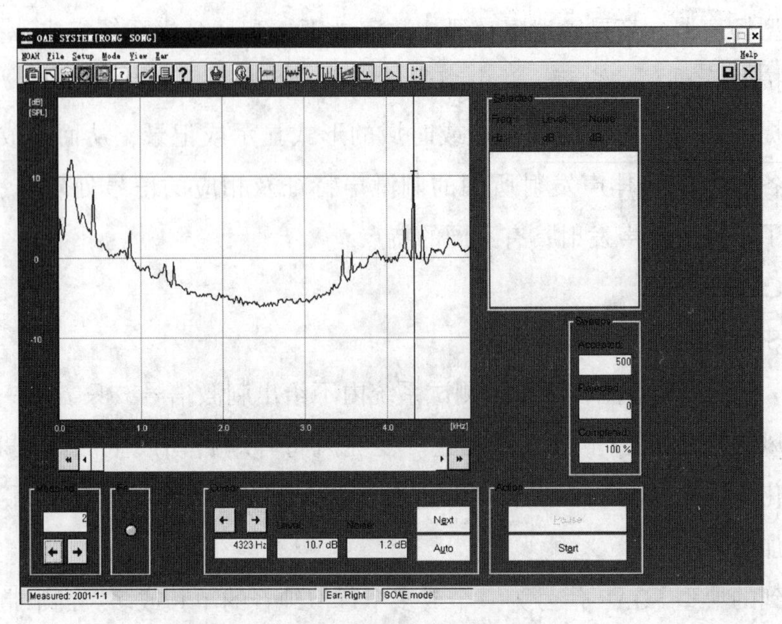

图1–21　正常听力儿童SOAE的测试结果

1）延迟触发。此法的依据是刺激伪迹在5 ms内完全消失，TEOAE有3~5 ms潜伏期。因此，在给声后3 ms内，外耳道中没有耳声发射信号，通过调整采样的时间窗口，彻底去除记录开始数毫秒内的强刺激伪迹，方法简便。

2）利用TEOAE的锁相性和非线性特点进行信号加减处理。先以密相短声刺激并记录一条曲线，再用降低10 dB的疏相短声刺激并记录另一条曲线。对刺激伪迹来说，它的变化是线性的，刺激强度降低10 dB可使其幅度约降低为原幅度的1/3。但对非线性变化的TEOAE来说，刺激强度降低10 dB，其反应幅度将大于原幅度的1/3。此时，将第二条曲线乘以3，两条反应曲线中伪迹幅度正好相等，但相位相反，因此相互抵消。但第二条曲线中的耳声发射部分大于第一条曲线，虽然相位相反，因此并未完全抵消。将两条曲线相加后，会保留下耳声发射信号。

3）运用带通滤波法减低伪迹。由于信号和噪声具有不同频带，因此通过去除噪声对应的频率，便可达到在保持信号的同时有效去除噪声的目的。但信号的频带与噪声的频带可能会有重叠，此种方法可能引起信号的失真。在TEOAE的测试中，带通滤波一般选用300~6 000 Hz，斜率为24 dB/倍频程。

记录时，仪器将平均后得到的反应信号交替存储在两个缓冲器中，记录完成后对比这两条反应曲线，计算它们的相关率及频阈内信号的功率谱。

（2）TEOAE 测试结果的判定标准

TEOAE 测试结果的判定尚未有统一的标准。一般商用型测试仪多从三个方面来判断：信号再生率、TEOAE 强度、信噪比。信号再生率指的是两个缓冲器内 TEOAE 图形之间的相关性，以百分比的形式显示。信噪比指的是 TEOAE 幅度与噪声幅度的比，以 dB 为单位。具体的判定标准如下。

1）TEOAE 反应的信噪比：三个以上分析频率的信噪比≥3 dB。

2）总反应能量≥5 dB（宽频 TEOAE）。

3）波形总相关率：两套缓冲存储器中的信号重复率≥50%。

一般根据上述判定标准由测试者自主判断是否引出 TEOAE。除此之外，记录仪还会显示在外耳道记录到的声信号，经过 FFT 后的频谱图，在这个频谱图中可以清楚地显示出噪声水平和反应信号的总能量。如图 1-22 所示为临床 TEOAE 测试图形，整个图形可分成三部分：左侧图像为反应信号与噪声混合在一起的 FFT 图；右侧图像自上而下分别为记录在两套存储器中的信号 A 和 B、A+B 和 A-B（即噪声水平）；Statistics 区域自上而下分别为两套缓冲器中相同频带反应信号的相关性、耳声发射的强度和采样点的信噪比，Sweeps 区域自上而下分别是总采样数、拒绝数和测试完成百分比。

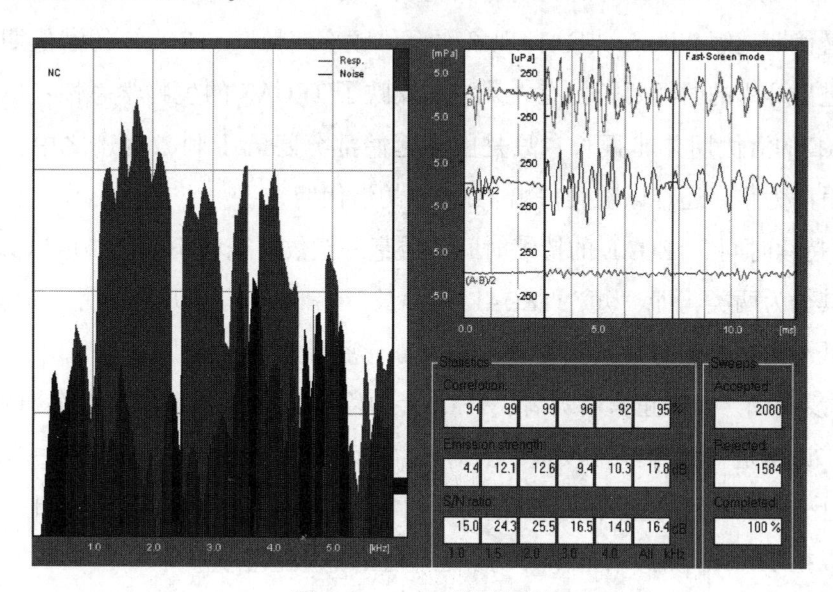

图 1-22　TEOAE 测试图形

（3）TEOAE 基本特征

1）检出率。正常听力的成人检出率接近 100%。有研究证明，当年龄大于 70

岁时，TEOAE 检出率下降。但也有研究显示，只要行为听力正常，无论年轻人或老年人，TEOAE 的检出率无显著差异。新生儿出生 3 天后检出率接近 100%，并稳定在该水平。

2）反应幅值。TEOAE 的反应幅值与刺激强度有关，低强度刺激时，反应幅值呈线性，当刺激强度达到一定水平时，反应幅值不再随刺激强度增加而增加，即耳声发射反应幅值表现出非线性。耳声发射的反应幅值个体差异较大，一般在-5~20 dB SPL。正常儿童的反应幅值比成人高，这可能与儿童外耳道容积、中耳腔容积均比较小有关。有研究显示，1 岁以内婴儿的反应幅值比 1 岁以上儿童高，儿童的反应幅值比成人高。

3）频谱。TEOAE 的频谱与刺激声种类、滤波设置和分析时间窗有关。宽频谱短声诱发的 TEOAE，频谱范围在 0.5~5 kHz，呈多谱峰形，以 1~3 kHz 频段的幅值和检出率最高，这可能与外耳、中耳结构的传导特性有关。窄频谱短纯音诱发的 TEOAE，频率范围较窄，谱峰出现在刺激声的频率附近。由于高频成分潜伏期短，延迟记录时间的设置可以影响高频成分的记录。正常新生儿及婴幼儿 TEOAE 的平均振幅一般大于成人，并有更多的高频成分。

4）潜伏期。TEOAE 的潜伏期与反应频率密切相关，即 TEOAE 的反应频率越高，其潜伏期越短。Kemp 把这种现象称为“频率离散”。TEOAE 的潜伏期比理论上行波进出耳蜗的时间要长，有人认为这反映了 TEOAE 的生物学属性；也有人认为 TEOAE 的潜伏期并非很长，只是因为起始部分隐匿于刺激伪迹之中，不易识别。到目前为止，还难以准确得出 TEOAE 的潜伏期。

5）持续时间。TEOAE 的持续时间从数毫秒至数百毫秒不等，一般以 20 ms 为标准将其分为两类，即“短” TEOAE 和“长” TEOAE。有研究表明，SOAE 出现率的高低与“短” TEOAE 和“长” TEOAE 有密切关系。

6）反应阈。对于正常听力者，TEOAE 的检测阈值低于其对该刺激声的主观感受阈值，说明是一种神经前反应。TEOAE 的反应阈与受试者的年龄有一定关系，40 岁以上 TEOAE 的反应阈呈上升趋势，可能与耳蜗功能退化有关。因此，有人提出，可以把 TEOAE 测试结果作为观察老年性聋的敏感指标。

（4）TEOAE 的影响因素

1）刺激声强度。当刺激声强度为较低刺激时，TEOAE 的反应幅值随刺激声强度的增加而呈线性增加，当刺激声强度达到高等水平（60~70 dB SPL）时，增长出现非线性饱和。

2）对侧声刺激。对侧声刺激可致 TEOAE 的反应幅值降低，同时，也可伴有潜伏期的改变，这被认为是受到橄榄耳蜗系统的调控，但这种调控的意义尚不清楚。

3）药物及噪声。TEOAE 对耳蜗损害的程度非常敏感，耳蜗的轻微损伤就可以导致 TEOAE 反应幅值的下降，甚至消失。使用耳毒性药物或接受短暂的噪声暴露等都可以使 TEOAE 的反应幅值下降。当感音神经性聋人群的听力损失达 30～50 dB HL 时，TEOAE 无法引出。

4）SOAE。如果能够引出 SOAE，则 TEOAE 的反应幅值比较高，频谱成分也多。

5）性别差异和耳间差异。女性 TEOAE 的反应幅值比男性高，右耳 TEOAE 的反应幅值比左耳高，原因尚不清楚。

5. DPOAE 的测试

（1）定义及特点

DPOAE 是指当耳蜗受到一个以上频率的声音刺激时，由于其主动机制的非线性活动特点，会产生各种形式的畸变，即输出能量包括输入成分以外的频率，统称为 DPOAE。

目前，临床常用的 DPOAE 主要使用具有一定频比关系的两个连续纯音对耳蜗进行刺激，所产生的为调制畸变产物，其频率与刺激声（又称原始音，常以 f_1 表示其中的低频音，f_2 表示其中的高频音）有固定关系如 $2f_1-f_2$、f_2-f_1、$3f_1-2f_2$ 等，两个刺激音频率关系设定在 $f_2/f_1=1.1\sim1.5$ 的范围。DPOAE 的信号出现在与两个刺激声相关的固定频率上，有多个频率成分，以 $2f_1-f_2$ 处的检出率及反应幅值最高，便于记录，是最常见的 DPOAE。

研究表明，DPOAE 起源于其原始音 f_1 和 f_2 之间某一特定频率区域基底膜的非线性调制，因为 f_2 或 f_1 和 f_2 的几何均数附近的纯音可对 $2f_1-f_2$ DPOAE 产生最大程度的掩蔽抑制，而相当于 $2f_1-f_2$ 频率的纯音对该处的 DPOAE 影响反而不大，从而认为 $2f_1-f_2$ DPOAE 的产生部位位于 f_1 与 f_2 的几何均数处并靠近 f_2。$2f_1-f_2$ DPOAE 的产生部位也可能与刺激强度有关，低强度刺激时，产生部位靠近 f_2，高强度刺激时，产生部位靠近 f_1 与 f_2 的几何均数处。

（2）记录方法

1）记录仪。探头内包括两个微型扬声器和一个记录耳道声场的微音器。微音器输出经放大、滤波后进行模—数转换，对转换后的数字信号进行 FFT，显示为频域信息的声功率谱。

2）刺激声频率、强度及 DPOAE 的频率。两个原始音的频率分别为 f_1 和 f_2，目前多采用 $f_2 : f_1 = 1.22$ 的比例，强度分别为 L_1 和 L_2。当 $L_1 = L_2$ 且强度较高时（75 dB SPL 或更高），引出 DPOAE 的反应幅值最大，但这时的 DPOAE 主要反映耳蜗的被动活动。为了更好地说明耳蜗的主动精细调节功能，中等强度刺激比较合适，此时采用比 L_2 大 10~15 dB 的强度 L_1 可以获得最大幅值的 DPOAE，临床多用 $L_1/L_2 = 65/55$ dB SPL。引出 DPOAE 的频谱遵循 f_1+n（f_1-f_2）或 f_2-n（f_1-f_2）规律出现（n 为整数），表现为类似纯音的窄带谱峰。

3）DPOAE 的判定标准。将外耳道记录到的声信号进行 FFT，以 $2f_1-f_2$ 周围连续数个采样点的平均值作为本底噪声，以高出本底噪声 5 dB 为确认出现 DPOAE 的标准，或者以 DPOAE 值高出本底噪声 2 个标准差确认出现 DPOAE。

4）健听者 DPOAE 的特性。健听者的检出率接近 100%，不同的实验室报告略有差异，可能是由于设备及技术不同而导致。频谱范围在 0.5~6 kHz，受两个初始音的频率比、强度差的影响，DPOAE 的反应幅值存在很大的个体差异。反应阈在很大程度上受记录系统及环境噪声水平的影响，在噪声控制好的情况下，反应阈可接近听阈。

5）输入/输出曲线。逐渐改变原始音强度，将不同强度得到的 DPOAE 值记录并连接起来就得到输入/输出曲线，它可以很好地反映 DPOAE 的非线性。

6）DPOAE 听力图。以 f_1 和 f_2 的几何均数作为横坐标，纵坐标为 DPOAE 的强度，记录到的多组 $2f_1-f_2$ 值，就构成了 DPOAE 听力图。根据需要选择相邻频率点的间隔，不必拘泥于倍频程或半倍频程间隔。DPOAE 听力图可以使人一目了然地了解各频段以 DPOAE 为代表的耳蜗主动机制的功能情况。

7）对侧声刺激对 DPOAE 的影响。对侧耳给声会降低记录耳的 DPOAE 反应幅值。

8）与纯音听阈的关系。一般认为，当纯音听力在 15 dB HL 以内时，可以引出正常幅值 DPOAE；当听力损失超过 40 dB HL 以上时，不易记录到 DPOAE。并且 DPOAE 能否引出并不仅取决于纯音听力的损失程度，还与病变的部位有关系。

正常听力儿童 DPOAE 的测试结果如图 1-23 所示，左侧为 DPOAE 听力图；右侧上半部为 FFT 结果，可以看到刺激纯音和 DPOAE 的频谱；右侧下半部分别显示 DPOAE 值、信噪比、噪声强度和完成测试情况。

（3）DPOAE 的影响因素

1）年龄。新生儿的 DPOAE 反应幅值高于儿童和成人，但成人随年龄增长，

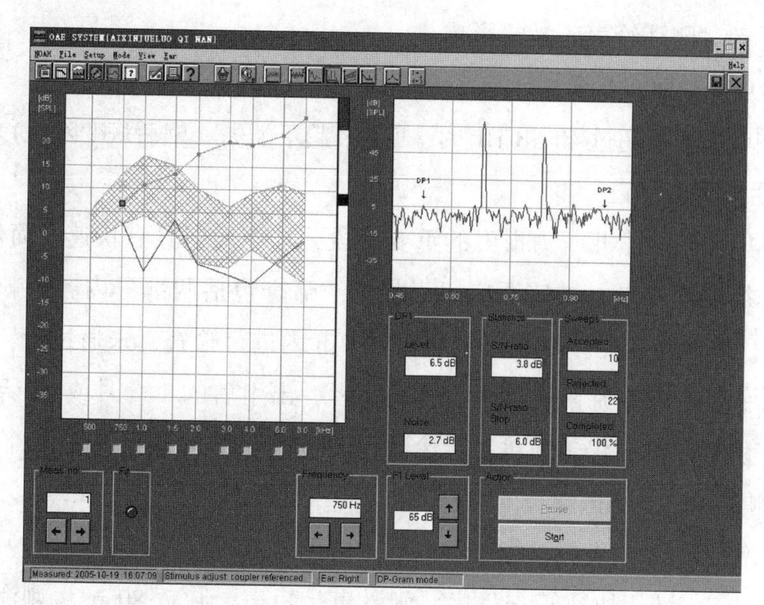

图 1-23　正常听力儿童 DPOAE 的测试结果

DPOAE 反应幅值变化的结论并不一致，反应幅值是否降低还要看听力有无下降。研究显示，即使是正常听力者，老年人在 6 000 Hz 和 8 000 Hz 处的反应幅值要比年轻人低。

2）性别及耳别。性别及耳别对 DPOAE 无显著性影响。

3）药物及噪声。许多药物对 DPOAE 有影响，包括依他尼酸、氨基糖甙类抗生素、阿司匹林等。但观察发现，药物对 DPOAE 的作用在某种情况下小于对其他形式耳声发射的作用，而且这种作用与所用的刺激声强度有关，当使用低强度刺激时，这种作用更为显著。这些药物均使 DPOAE 的反应幅值降低，噪声也可以使 DPOAE 的反应幅值降低，其影响程度和持续时间取决于噪声的性质，并与耳蜗组织形态学变化一致。

四、耳声发射的临床应用

1. 耳声发射的临床特点

（1）耳声发射引出与否取决于耳蜗整体功能是否完整，与外毛细胞功能密切相关。

（2）受外耳和中耳功能影响。

（3）健听者的耳声发射无明显两性差异。

（4）健听者两耳间 EOAE 的反应阈值差值小于 10 dB。

（5）受到对侧耳给声刺激的影响。

（6）SOAE 有种族差异。

（7）当听力损失超过 40 dB HL 时，EOAE 趋于消失（蜗后病变除外）。

2. 新生儿听力筛查

作为早期发现新生儿听力损失的重要手段，耳声发射具有快速、简便、无创、灵敏及操作简单等特点，被广泛应用于临床。筛查包括两部分内容：一是初次筛查（初筛），正常新生儿一般在出生后 48~72 h 内进行筛查，未通过者，出院时接受第二次筛查。二是复筛阶段，未通过初筛者，出生后的 1 个月或 42 天左右需再次接受耳声发射测试，仍未通过者转诊进行诊断性检查。

（1）测试方法及测试参数的选择

不同的测试仪参数设置可能略有差异，常见的参数设置如下。

1）TEOAE。选用快速筛查程序。刺激声是短声，脉宽 80 μs；刺激声的构型为非线性短声，即由三个相等幅值的同相位短声和一个相位相反但振幅是前者 3 倍的短声构成刺激短声；刺激速率 80 次/s；声强通常为 80 dB SPL 左右；信号叠加次数在 50~260 次；测试结果时阈显示；扫描时间为 12. 5 ms；信号延迟 2. 5 ms。

2）DPOAE。初始纯音 $f_2 : f_1 = 1.22$，刺激声强度多采用 $L_1 = 65$ dB SPL，$L_2 = 55$ dB SPL，或者 $L_1 = L_2 = 55$ dB SPL。频率范围为 1~5 kHz。

（2）通过标准

尚无统一标准，一般参照下列标准执行。

1）TEOAE。两套缓冲器中的信号重复率≥50%，总反应能量≥5 dB SPL，5 个分析频率中有 3 个以上信噪比≥3 dB。

2）DPOAE。测试 1 kHz、2 kHz 和 4 kHz 三个频率，两个原始音强度分别为 65 dB、55 dB，通过标准为三个测试频率的信噪比均大于或等于 5 dB。

（3）新生儿 OAE 测试的注意事项

1）环境噪声的控制。可以在安静房间内进行测试，需将测试环境的噪声水平控制在 40 dB（A）以下。

2）测试探头的放置。测试过程中，探头应与外耳道耦合严密，其尖端小孔正对鼓膜。

3）设备的校准。为了保证测试结果准确，应定期检测设备。具体的操作方法和要求为，将连接耳声发射仪的探头插入检测管中，运行 DPOAE 图程序，在 DPOAE 图中不应有可见的畸变产物现象，即使出现瞬时的畸变产物，其能量也不应该大于-5 dB，且经过信号的连续叠加，畸变产物最终应在 DPOAE 图中消失，否则应予以调整。

4）新生儿测试状态。一般在出生 48 h 后开始检测，测试前应先检查、清洁外耳道，尽量排除外耳和中耳的病变。为使结果准确快速，新生儿应处于安静或睡眠状态。检测时间多选定在午后新生儿进食入睡后进行。

5）临床上既可使用 TEOAE，也可使用 DPOAE 进行测试。其结果都是以“pass”（通过）或“refer”（待查）表示，无法判断其听阈。研究表明，不同刺激声声强级对损伤的耳蜗显示不同的敏感性。TEOAE 刺激声的声强级为 80 dB SPL，能鉴别出 20~30 dB HL 的听力损失，而 DPOAE 刺激声的声强级在 70 dB SPL 时，分辨点为35~45 dB HL。TEOAE 和 DPOAE 的测试结果没有同一性，即通过了 TEOAE，并不意味着能通过 DPOAE，反之亦然。相对于 TEOAE 而言，DPOAE 具有较好的频率特异性。

TEOAE 和 DPOAE 的敏感度和特异度略低于 AABR，即 OAE 的假阳性率略高于 AABR。正因为有一定的假阳性率，当采用 OAE 进行筛查，结果显示为“待查”时，可能是仪器或受试婴儿两方面的原因，未通过筛查并不意味着听力损失。在未进行更准确的 ABR 测试之前，无法确切知道其听力情况。另外，部分受试婴儿听力损伤范围恰好在测试频率之外，其结果可能出现假阴性。因此当听力筛查结果为“通过”时，也不能完全肯定其听力没有问题。因为当前听力正常，不能排除进行性和迟发性听力障碍。还有家族性、遗传性听力损失发生于学龄期或更晚。这就需要多方密切配合才有可能早期发现。需要明确指出的是，在现有技术水平上，OAE 技术只能作为一种筛查方法，而不能作为一种听力学诊断手段。

3. 听神经病的诊断

听神经病又称听神经病谱系障碍，是一种耳蜗内毛细胞和听神经突触和（或）听神经本身功能不良所致的听功能障碍。这是一种特殊的耳聋，主要表现为严重听神经功能及脑干功能障碍，耳蜗功能正常，主观听力检查为轻度至中度听功能障碍。这种主观—客观听力矛盾的现象，目前尚难以解释，初步判断可能与听神经纤维脱髓鞘有关。

不同于典型的感音神经性听力损失，听神经病外毛细胞功能正常，典型临床表现为言语理解力受损，而言语觉察阈和纯音听阈可能正常，也可能严重受损。该病有以下共同特点。

（1）听力下降，言语识别率常不成比例地低于纯音听阈。

（2）纯音听阈呈轻度、中度、重度听力损失，并呈现明显的个体差异。

（3）鼓室图为A型，镫骨肌反射消失或反射阈提高。

（4）EOAE正常或轻度改变，同时微音电位也多正常。

（5）ABR无法引出反应或仅能引出潜伏期延长、波幅很低的波Ⅴ或波Ⅰ。

（6）影像学检查无异常。

听神经病发病率较低，发病年龄主要集中在3岁以前的婴幼儿和10~20岁的青少年。关于婴幼儿听神经病的发病，相关报告本病在婴幼儿中的发病率占听力减退高危新生儿的0.23%，我国报告最低确诊年龄为28天。这类听力损失的婴幼儿，用耳声发射筛查时可以通过，但用AABR筛查就无法通过。一般情况下，这类婴幼儿对声音的反应较好，在婴幼儿期很难被发现。因此，有学者强调，对于具有听力损失高危因素的新生儿，最好采用耳声发射和AABR联合听力筛查，并应跟踪随访复查，进一步检测复诊，做到早期诊断，早期干预。

对于此类儿童的干预策略，目前来看应该佩戴助听器并进行语训，但并非所有此类儿童的语训效果都令人满意。

4. 药物及噪声损伤的听力学监测

（1）耳毒性药物

耳毒性药物是指该类药物的毒副作用主要损害第Ⅷ对颅神经（前庭蜗神经）。已知的耳毒性药物有近百种，其中顺铂、氨基糖苷类抗生素的耳毒性在临床上最为常见，这些药物全身或局部用药，均可以经过血液循环进入体内损害听觉系统。为减少耳毒性药物的副作用，指导临床的合理用药，使用EOAE对用药者进行听力学检测是必要的。

（2）噪声

正常听力者在噪声暴露后纯音听阈提高时，TEOAE的反应振幅下降，可引出耳声发射的频率范围变窄。由于耳声发射的变化先于纯音测听等主客观测试，且这种变化发生于耳蜗毛细胞尚未出现形态学变化之前，并且由于耳声发射具有测试反应客观、准确、可重复性强及测试时间较短等优点，所以，使用这种方法对接触噪声人群进行大规模筛查和监测具有实际价值。

5. 老年性聋的研究

老年性聋是指由于年龄增长导致听觉器官衰老、退变而出现的双耳对称、缓慢的感音神经性听力减退，是人类自然老化的结果。对老年人进行测听检查的目的是了解其听功能状态，排除传导性和其他因素所致的感音神经性（蜗前性和蜗后性）听觉障碍，了解其听觉感受言语的能力，并根据测试结果制定合理的康复措施。在对 TEOAE 的研究中发现，当不考虑听阈因素时，老年人的引出率明显比年轻人要低，但考虑了听阈因素后，如果听力正常，老年组和年轻组之间 TEOAE 的反应幅值无显著差异。DPOAE 的研究结果并不统一，有报告显示耳声发射的检出率和反应幅值随年龄的增加而逐渐降低，但也有报道显示，这种降低一定伴随着听力下降，如果听力正常，年轻人和老年人的测试结果应无明显差异。总之，OAE 这一特殊的研究方法对探讨老年性聋的发生和发展有很高的实用价值，也是临床常用的手段。

EOAE 操作

一、工作准备

1. 连接测试设备

当前多数商用型测试仪都是通过 USB 接口与计算机相连，在计算机上进行测试操作。每次测试前应确认主机电源已接通，USB 接口连接正常。

2. 检查设备功能状态

查看开机后电源指示灯是否显示正常，点击测试软件快捷方式能否顺利进入测试程序。如两者均正常，则可以开始测试。否则，应重新检查设备连接后再测试。

二、工作程序

1. 设置测试用各项参数

（1）TEOAE

刺激声为短声或短纯音，短声持续时间为 80 μs，强度为 80 dB SPL，频率范围为 1~4 kHz。短纯音具有频率特异性，给声速率为 80 次/s 或 50 次/s。TEOAE 的图形为时域图，延迟触发时间在 3~5 ms，持续时间约为 15 ms。

（2）DPOAE

初始纯音 $f_2 : f_1 = 1.22$，刺激声强度多采用 $L_1 = 65$ dB SPL，$L_2 = 55$ dB SPL。频

率范围为 0.5～8 kHz。

2. 完成测试的条件

由于耳声发射是外耳道内记录到的音频信号，极易与耳道内的噪声相混淆或被掩盖。其强度很低，多为-5～20 dB SPL，过强的环境噪声将影响耳声发射的记录。为了最大限度地减少噪声的影响，在记录耳声发射时，有如下要求。

（1）控制环境噪声

记录耳声发射时的环境噪声尽量控制在 40 dB（A）以下，一般来说，测试最好在隔声室进行。

（2）受试者状态

受试者应取舒适体位，尽量保持安静和平静呼吸，避免活动和吞咽等动作。如果是家长怀抱儿童，一定要使儿童的身体处于比较舒展的状态，以避免因体位不适导致的呼吸粗重。对不配合的儿童可使用镇静催眠剂，这不会影响测试结果。

（3）防止摩擦噪声

对连接探头的电缆应注意避免与受试者身体或其他物体摩擦产生噪声。

（4）排除电、声干扰

应注意去除电干扰，注意仪器的电屏蔽和机壳的接地。采用带通滤波、平均叠加和锁相放大等技术进一步处理信号。

（5）正确摆放探头

在测试过程中，探头应密闭置于外耳道，其尖端小孔正对鼓膜。注意不要使麦克风或扬声器的孔道堵塞。婴幼儿的外耳道壁较软，探头容易脱落，所以应使其侧卧，外耳朝上以有利于固定探头。常规的耳声发射记录设备一般带有探头检查程序，应在开始检查前运行该程序，确保探头在耳道内耦合正确。在检查测试过程中也应间断重复使用该程序以检查探头位置是否发生变化，防止因探头移位影响记录结果的准确性。探头与外耳道严密耦合既可有效降低环境噪声，又可防止低频刺激能量的损失。

3. 进入测试程序

进入 TEOAE 或/和 DPOAE 测试程序（具体步骤见本培训课程“三、耳声发射的测试与记录”相关内容）。

4. 记录、分析测试结果

按照各种商用型测试仪的操作要求分步骤完成测试并出具报告。

三、注意事项

1. 测试环境

由于耳声发射的音频能量较低，因此要求在相对安静的环境中进行测试。

2. 防止人为噪声干扰

避免受试者及陪同人员产生的声响，如衣物摩擦、呼吸过重等。因此，受试者应保持呼吸通畅，陪同者应保持安静。

3. 探头的位置

测试前应清理外耳道，正确放置探头，使其正对受试者的鼓膜，避免耵聍以及外耳道壁对测试准确性的影响。

4. 正确看待耳声发射的结果

耳声发射技术作为一种听力学筛查的方法，由于其对听力损失评估的定量性较差，因此要结合其他听力学测试结果综合分析，才能做出正确的诊断。

男童，7 岁，因对言语反应迟钝就诊。经询问病史得知，男童既往对声音反应正常、言语发育正常、个别音不够清晰，但近段时间家长感觉男童对言语不能理解。纯音检测，双耳在 1 kHz 以上频率听力基本正常，但 1 kHz 以下频率在 50 dB 左右，声导抗测试显示，双耳鼓室导抗曲线均为 A 型，但镫骨肌反射没有出现。进行双耳 DPOAE 测试，各采样点 DPOAE 的反应幅值正常（见图 1-24）。进行 ABR 检测，双耳 100 dB nHL 未引出任何波形（见图 1-25）。

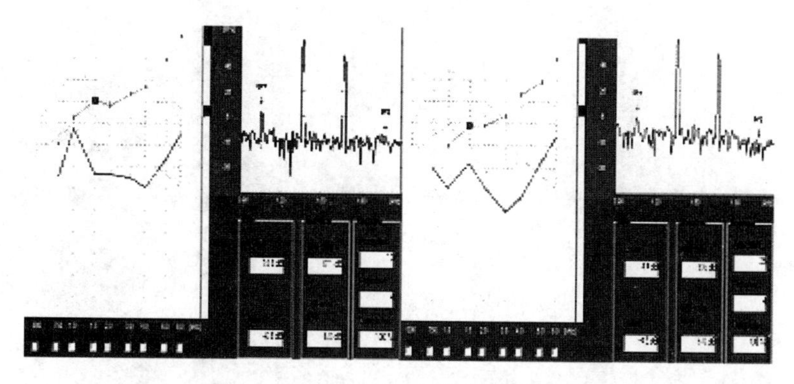

图 1-24 双耳 DPOAE 测试结果均正常

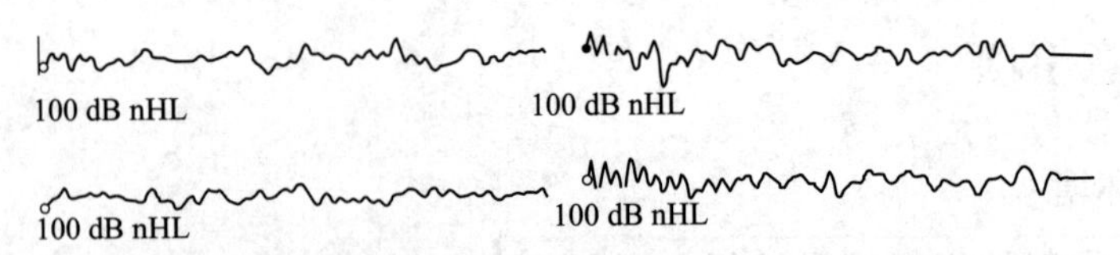

图 1-25　ABR 结果显示双耳 100 dB nHL 无反应波

根据上述检查结果，该男童的诊断结果为双侧听神经病。

职业模块 2 助听器调试

培训课程 1　真耳—耦合腔差值测试

培训课程 2　助听器增益高级调试

培训课程 3　骨导助听器调试

培训课程 1

真耳—耦合腔差值测试

一、真耳—耦合腔差值测试的原理及应用

真耳分析是助听器验配流程中重要的一步，这是因为除了纯音听阈外，人耳耳道声学特性、助听器声学耦合套件、受话器与鼓膜的位置距离等都会影响佩戴者最佳目标增益，而这些变量最终会决定佩戴者鼓膜附近的声压级，如果未经过真耳分析，就会影响助听设备的可听度、舒适度和获益度。所以，助听器验配应考虑个体差异，即通过真耳分析，消除耳道声学变化带来的误差，确保言语声的放大具有持续的可听度（穆勒，2014）。

由于客观且高效，美国听力协会（American Academy of Audiology，AAA）、美国言语语言听力协会（American Speech-Language-Hearing Association，ASHA）、英国听力协会（British Society of Audiology，BSA）等都强烈建议验配工作中使用真耳分析测试。在实际应用中，真耳分析测试一般有两种形式：真耳分析（探管麦克风测试）和基于耦合腔的验证。基于耦合腔的验证，是在测得真耳-耦合腔差值（real ear to coupler difference，RECD）后，将助听器与耦合腔连接，测得助听器在2cc 耦合腔中的频响曲线，加上 RECD 值以及麦克风位置效应（microphone location effect，MLE），得到真耳频响曲线，从而间接指导调试工作。

1. RECD 的原理

RECD 是指在同一输入信号条件下，人耳鼓膜处的声压级（真耳响应，即真耳未助听增益）与耦合腔中测得的声压级（2cc 耦合腔响应）之差（以 dB 为单位）。在穆迪（Moodie）的理论中，真耳目标频响曲线需要用个体特异的声学转换值转换为 2cc 耦合腔目标频响曲线。RECD 值是同一信号下探测管麦克风测定的真耳值和 2cc 耦合腔测得的值在各个频率点上的差异，也是每个个体儿童唯一的声学修正值。

2. RECD 的种类

RECD 有标准 RECD 值和个体实际 RECD 值两种。

（1）标准 RECD 值

标准 RECD 值是通过测定一群正常儿童外中耳的 RECD 值得出的平均值，与年龄有关，一般分为以下几个年龄段：0~12 个月，13~24 个月，25~48 个月，49~60 个月以及大于 60 个月。选配时如果不知道儿童的 RECD 值，那么输入儿童的年龄，计算机就会自动选择与儿童年龄相匹配的 RECD 预估值（见图 2-1a）。

（2）个体实际 RECD 值

个体实际 RECD 值反映个体耳的实际情况，其值能够精准反映因个体耳道、年龄、助听器外形等不同因素对 RECD 值影响（见图 2-1b）。

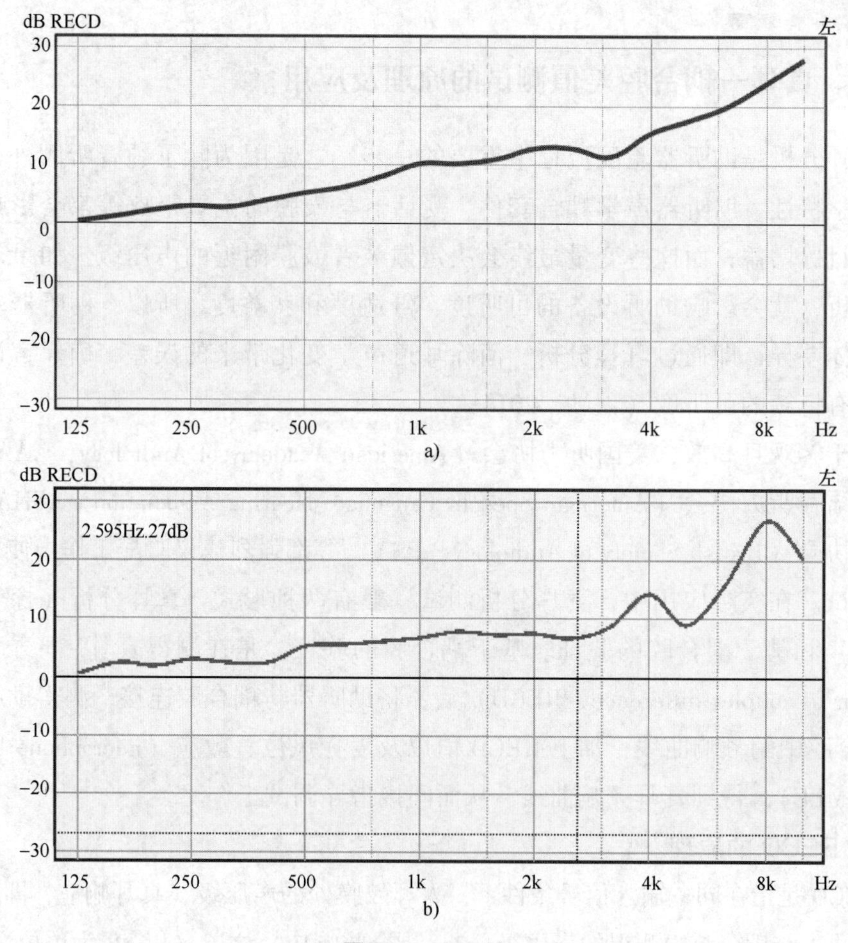

图 2-1　RECD 值

a）标准 RECD 值　b）个体实际 RECD 值

注：为与屏幕截图保持一致，此处保留 1k，2k，4k，8k 表述。

两类 RECD 值各有适用范围。标准 RECD 值适用于没有真耳分析设备或儿童无法配合的情况，可以快速得到 RECD 预估值；不足之处是不能反映出个体实际 RECD 值，而且对于早产儿和体重不足的婴幼儿来说标准 RECD 值并不准确，耳部畸形的儿童耳道频响特性也无法用标准 RECD 值表示，急性化脓性中耳炎以及咽鼓管功能异常等因素都会影响 RECD 值。

3. RECD 的应用

由于婴幼儿耳道尚未发育完全，其耳道共振相对于成人，共振峰移至高频，会有更多的高频放大（见图 2-2），在助听器调试时务必注意。此外，婴幼儿在验配时往往都没有言语习得基础，无法像成人一样主观描述验配效果，所以更需要进行真耳分析。由于婴幼儿无法配合或配合时间有限，因此基于耦合腔的验证特别适用于婴幼儿，并被认为是儿童助听器验配推荐实践的一部分（AAA 和 BSA）。此外，RECD 还可用于将听阈从听力级转换成声压级，确保婴幼儿听力的准确预估，这是因为婴幼儿的耳道大小和形状使其用于得到听力级的校准因子（RETSPL，基准等效阈值声压级）有别于成人。

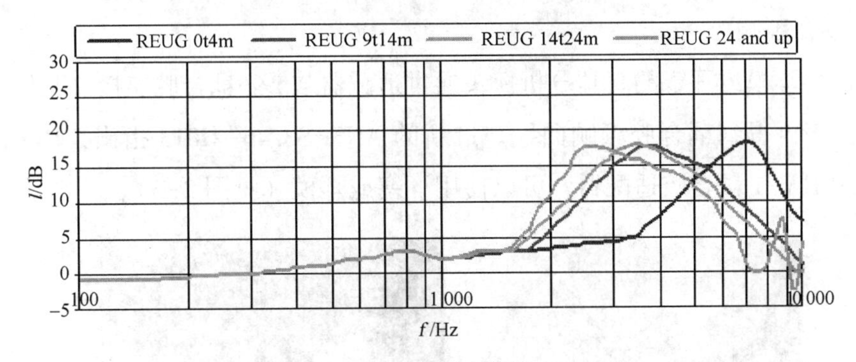

图 2-2 不同年龄人群的 REUG

注：0t4m、9t14m、14t24m、24 and up 分别为年龄 4 个月、年龄 14 个月、年龄 24 个月、年龄 24 个月以上。

此外，在为成人验配助听器时，以下几种情形也适合基于耦合腔的验证。情形一，用于有些无法配合进行真耳测试、具有复杂需求、重度和极重度成人听力损失患者；情形二，对于所有调试，在患者佩戴助听器前先利用耦合腔进行预调试，可以最大程度减少真耳佩戴的调机时间；情形三，用于助听器最大声输出的安全验证；情形四，用于助听器高级性能演示以及排除故障。

二、RECD 的测试方法

针对同一刺激声，分别测试真耳值和耦合腔值，二者相减可得到 RECD 值。

1. 真耳响应

将真耳分析的探头挂在患者耳郭上，将探管和连接耳塞或耳模的 RECD 传声管放入患者耳道近鼓膜处，播放刺激声，得到真耳频响曲线（见图 2-3）。

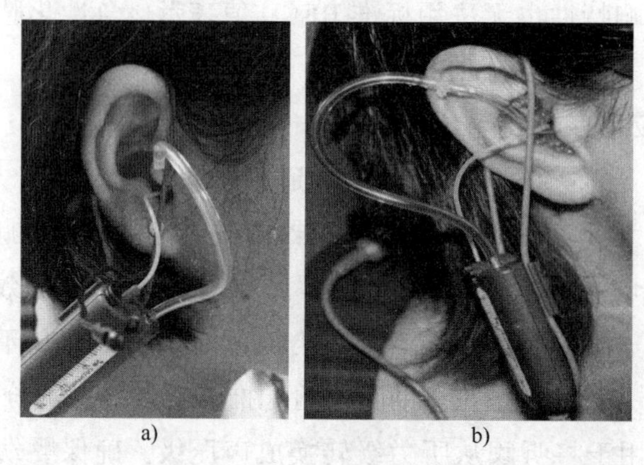

a)　　b)

图 2-3　真耳响应测试

a）耳塞　b）耳模

2. 耦合腔响应

将连接耳模或耳塞的真耳分析探头通过适配器与 2cc 耦合腔连接（见图 2-4），播放刺激声，得到耦合腔频响曲线。最新的 ANSI S3.46—2013 指出，RECD 测试需要使用 HA-1 耦合腔适配器，可以使用耳塞或耳模（见图 2-5）。

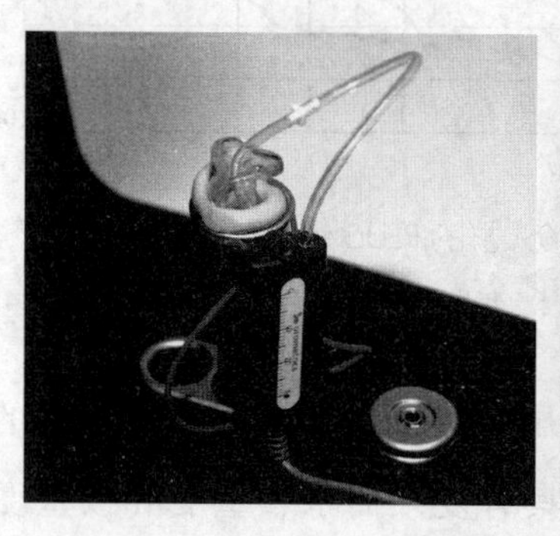
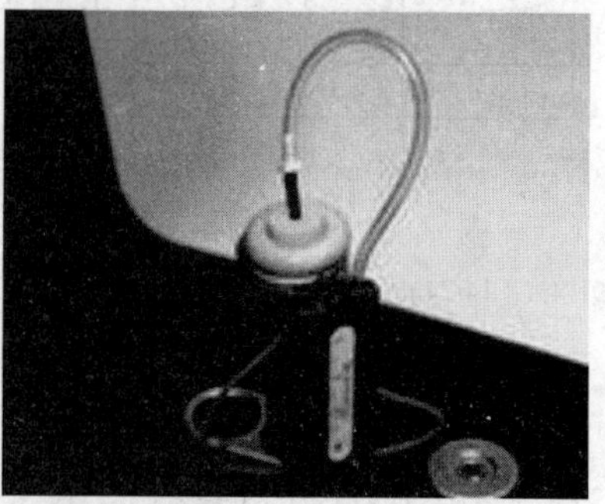

图 2-4　耦合腔响应测试

3. RECD 曲线

设备自动将真耳频响曲线与耦合腔频响曲线相减，得到 RECD 频响曲线（见图 2-6）。如果真耳分析软件和助听器验配软件均安装在诺亚（NOAH）平台，RECD 结果可以保存至诺亚平台并直接导入助听器验配软件中，无须再次手动输入。

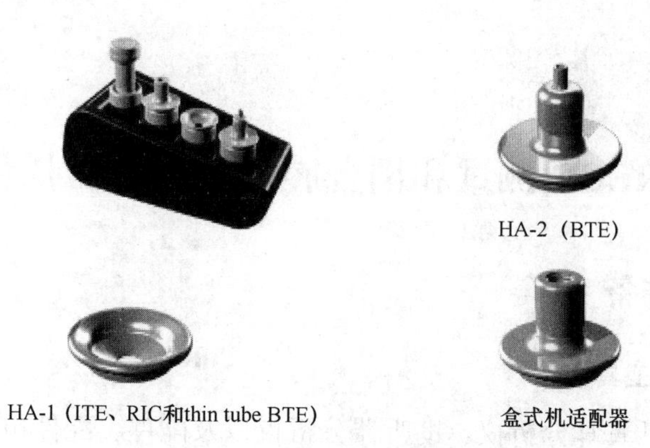

图 2-5　2cc 耦合腔适配器

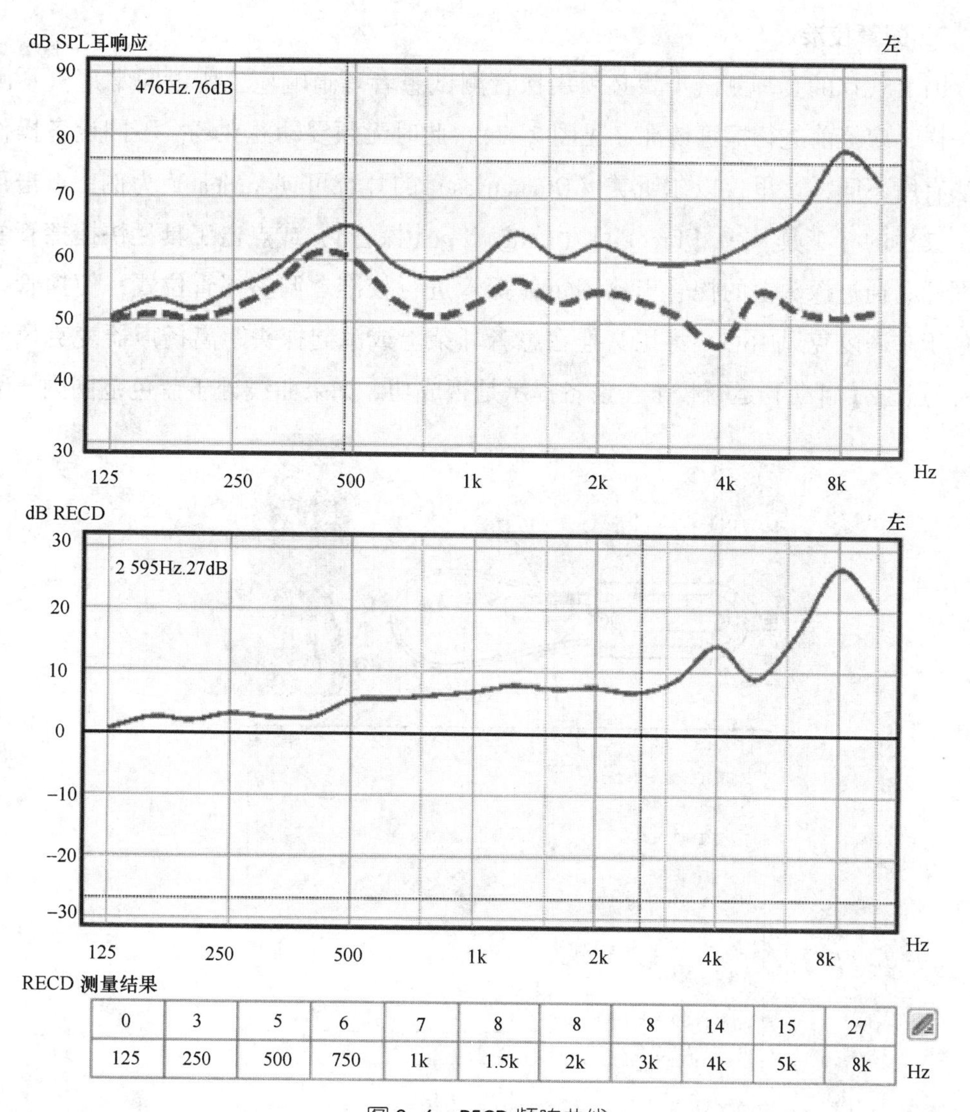

0	3	5	6	7	8	8	8	14	15	27	
125	250	500	750	1k	1.5k	2k	3k	4k	5k	8k	Hz

图 2-6　RECD 频响曲线

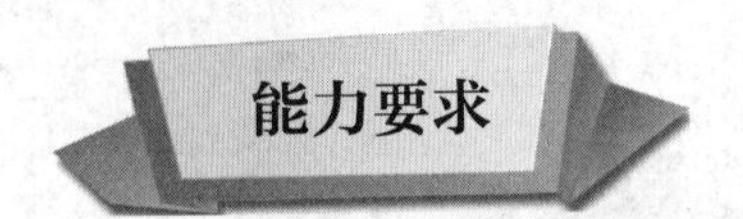

RECD 测试和耦合腔调试助听器操作

一、工作准备

1. 准备测试工具

测试工具包括真耳分析仪、助听器分析仪以及配件，配件包括 2cc 耦合腔、适配器、RECD 传声管、耳塞或耳模、探管和电耳镜等。

2. 探管校准

因 RECD 的真耳测试步骤必须用探管测试患者耳道响应，所以同常规真耳测试一样，应提前进行探管校准（见图 2-7），此时无须婴幼儿在场。不同设备操作方法有所不同，这里仅以尔听美（Otometrics）的耳睿可（Aurical）为例。点击顶部工具栏的【工具】→【FreeFit】（校准）→【探管】，或点击工具栏快捷探管校准图标。通过探头上的探管卡槽固定住探管进行校准。调整探管位置，使探管末端位于参考麦克风中心。将探头挂在患者耳朵上或举起探头距离扬声器麦克风约 1 m。点击【启动】运行校准，设备提示是否成功。如果曲线处于蓝色范围内，表

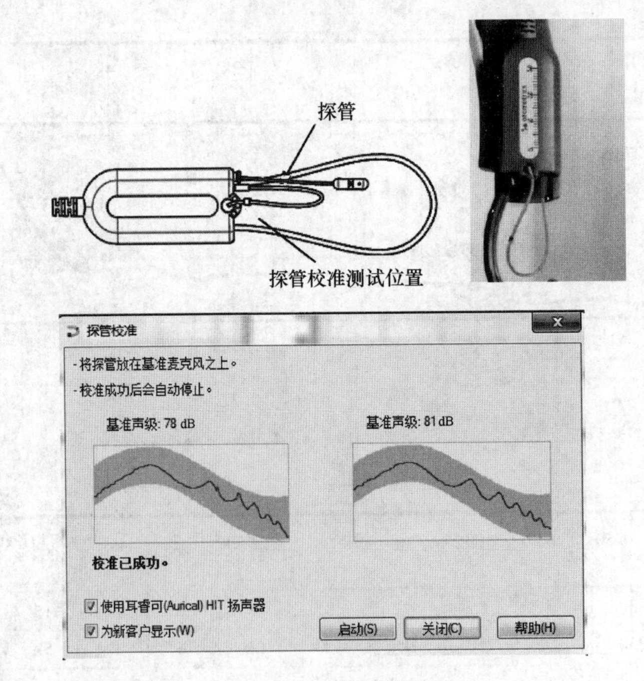

图 2-7　探管校准

示校准成功；如因探管扭曲、缠绕、耵聍堵塞等原因导致校准失败，需重新调整再次测试。建议为每位患者使用新的探管。

3. 耦合腔校准

因 RECD 的耦合腔测试步骤必须用到耦合腔麦克风来测试耦合腔响应，所以应提前进行耦合腔麦克风校准（见图 2-8），此时无须婴幼儿在场。不同设备操作方法有所不同，这里仅以尔听美（Otometrics）的海特箱（HIT box）为例。点击顶部工具栏的【工具】→【耳睿可（Aurical）HIT 校准】→【参考麦克风】，使参考麦克风与耦合腔麦克风无限接近但不碰触，盖上测试箱盖，点击【启动】开始校准。设备将提示是否校准成功。

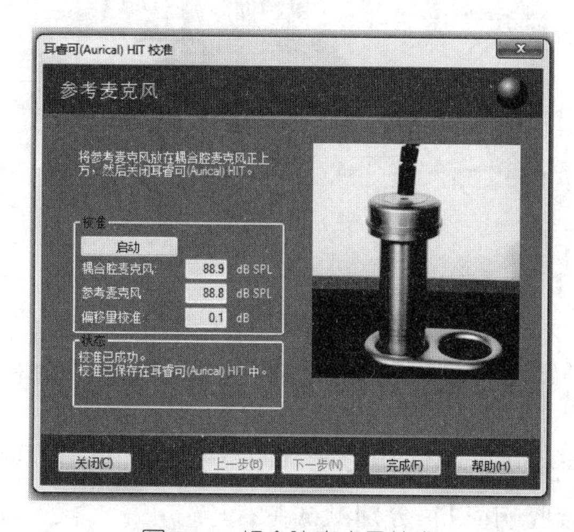

图 2-8 耦合腔麦克风校准

4. 医患沟通

嘱咐患者或婴幼儿家长："探管插入时可能会有点痒，不过不会对耳朵造成伤害。"测试过程中家长需保持不动，不说话，不吞咽。测试需在婴幼儿睡着或安静的状态下进行，婴幼儿可以坐在家长腿上家长用手抱住，探头挂在家长肩膀上（见图 2-9）。

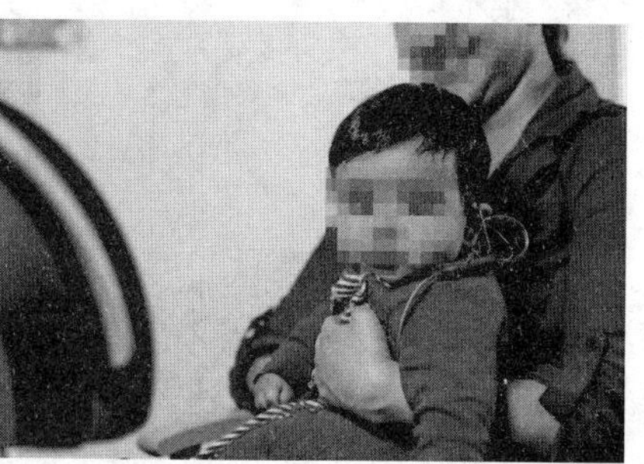

图 2-9 婴幼儿测试位置

二、工作程序

1. 耦合腔测试

（1）将信号发生器（Aurical 通过探头发送刺激声）与 RECD 传声管相连。

（2）RECD 传声管的另一端与患者的耳模或泡沫耳塞相连。

（3）耳模或耳塞通过胶泥与耦合腔适配器连接。

（4）耦合腔适配器与 2cc 耦合腔相连（见图 2-10）。

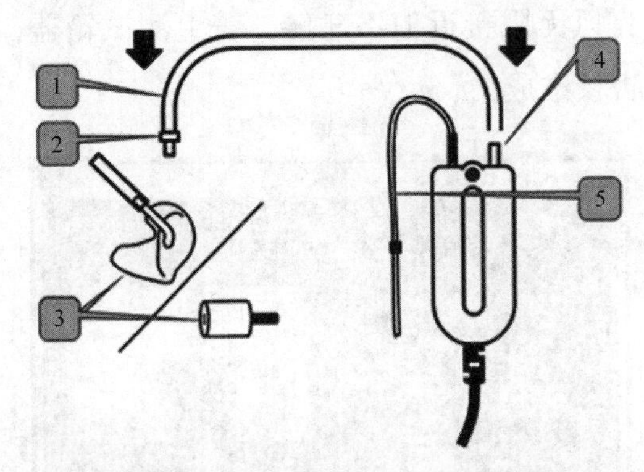

图 2-10 耦合腔适配器与 2cc 耦合腔相连接

1—RECD 传声管 2—RECD 转换头 3—耳模或泡沫耳塞 4—传声管接口 5—探管

（5）在软件中选择对应的 RECD 类型，即 HA-1 适配器+耳模或耳塞（见图 2-11）。

（6）点击【耦合腔响应】，分别测试左右耳。

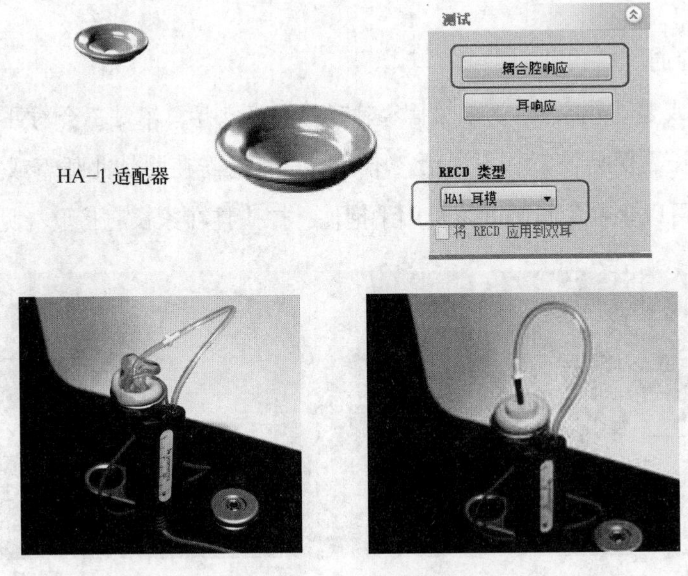

图 2-11 RECD 类型设置

这里有三个注意事项：第一，ANSI S3. 46—2013 推荐 RECD 测试使用 HA-1 耦合腔适配器；第二，利用胶泥缠绕耳塞或耳模出声孔外周，使其与 HA-1 适配器出声孔持平，按压胶泥密封固定，检查所有衔接处防止漏声；第三，观察耦合腔测试结果数值（见图 2-12），若低频（如 125 Hz 和 250 Hz）数值过低，表示存在漏声的风险，需要检查衔接处的密封程度。

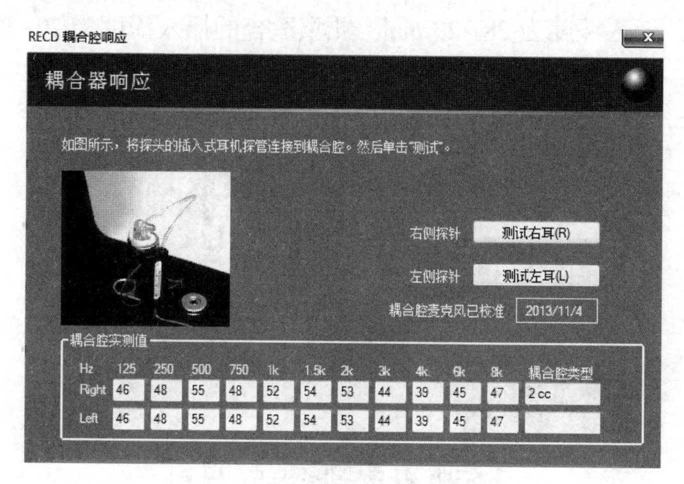

图 2-12　耦合腔测试结果

如果先前已经进行过 RECD 测试，且耳模或耳塞没有更换，也可采用先前存储结果。

2. 真耳测试

（1）耳镜检查

用电耳镜或视频电耳镜检查患者外耳道（见图 2-13）。取出大块耵聍或清理过多分泌物，查看患者耳道大小、长度和走行，采用耳模或选择适合大小的泡沫耳塞连接 RECD 传声管。

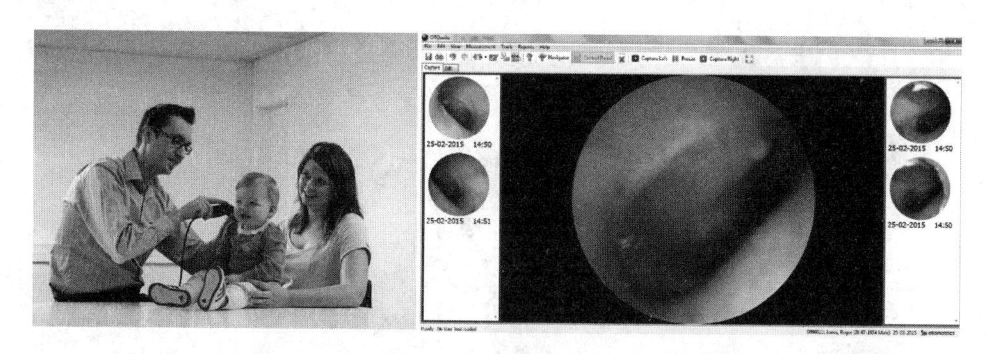

图 2-13　耳镜检查

（2）量取探管插入深度

同常规真耳分析一样，探管末端应距鼓膜 5 mm 以内。由于婴幼儿多使用定制耳模，因此实际工作可结合具体情况，采用以下两种办法量取探管插入深度。

1）绝对量取法。根据患者年龄和耳道情况，移动探管上的游标位置，以量取适合患者的探管插入深度（见图 2-14）。一般成年男性适合的插入深度为 30 ~ 31 mm，成年女性适合的插入深度为 28 ~ 29 mm，儿童适合的插入深度为 20 ~ 25 mm。

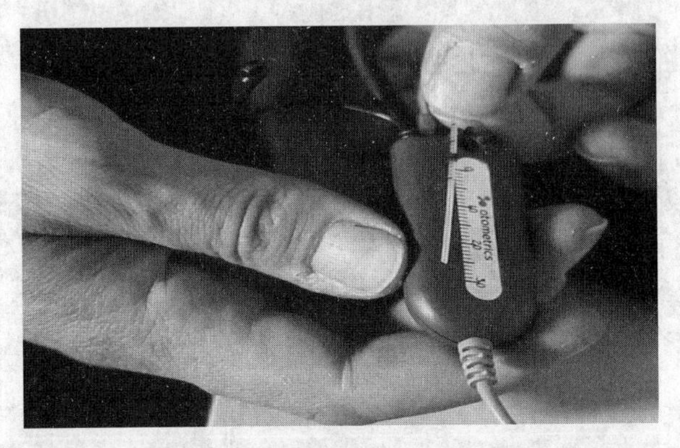

图 2-14　探管插入深度绝对量取

2）相对量取法。探管插入深度以超过耳塞或耳模出声孔末端 2 ~ 3 mm 为宜。为了防止患者突然动头导致探管滑出，可以用医用胶带或食品保鲜膜将探管与耳模或耳塞捆绑（见图 2-15）。

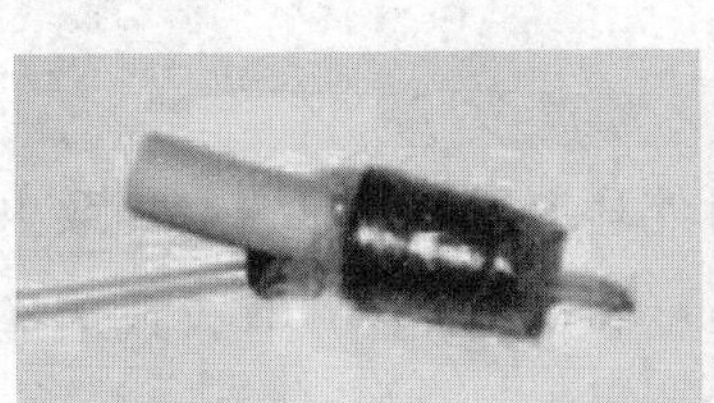
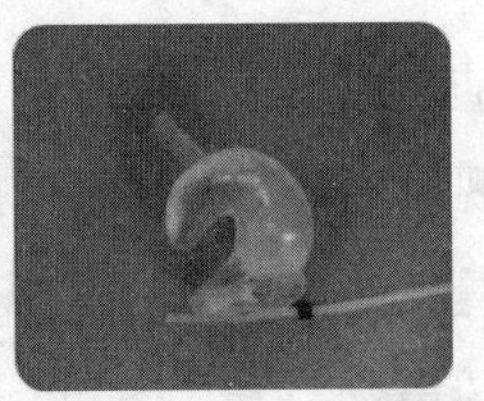
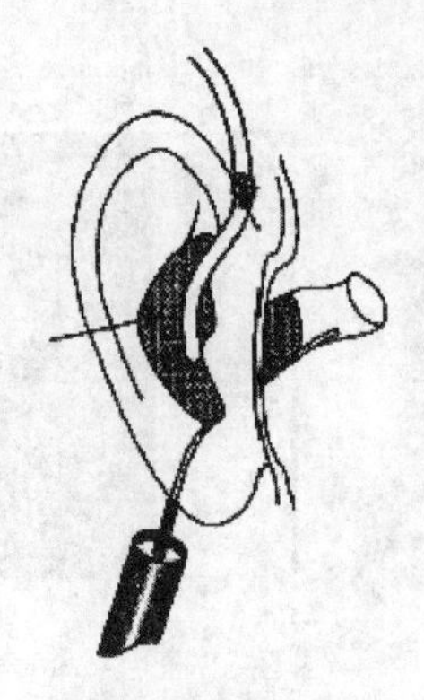

图 2-15　探管插入深度相对量取

（3）测试真耳响应

将探头挂于患者耳郭，婴幼儿往后下方牵拉耳郭，成人往后上方牵拉耳郭，使耳道拉直。将探管和连接 RECD 传声管的耳模或泡沫耳塞先后或一同放入患者耳道。注意泡沫耳塞的外侧部分应按测听时的插入深度放置，耳塞放入前先用手捏细，放好后其自然回弹，起到密封耳道的作用。点击【耳响应】（见图 2-11），完成测试。注意测试过程中应保持安静，避免碰触探头，影响测试结果。如果受试者为婴幼儿，测试完成后可以先让婴幼儿离开，并留一名家长在其身旁，以保持其安静。

3. RECD 结果保存

系统自动将真耳响应与耦合腔响应结果相减，得到 RECD 曲线并显示于屏幕上（见图 2-16），同时存储在软件中。

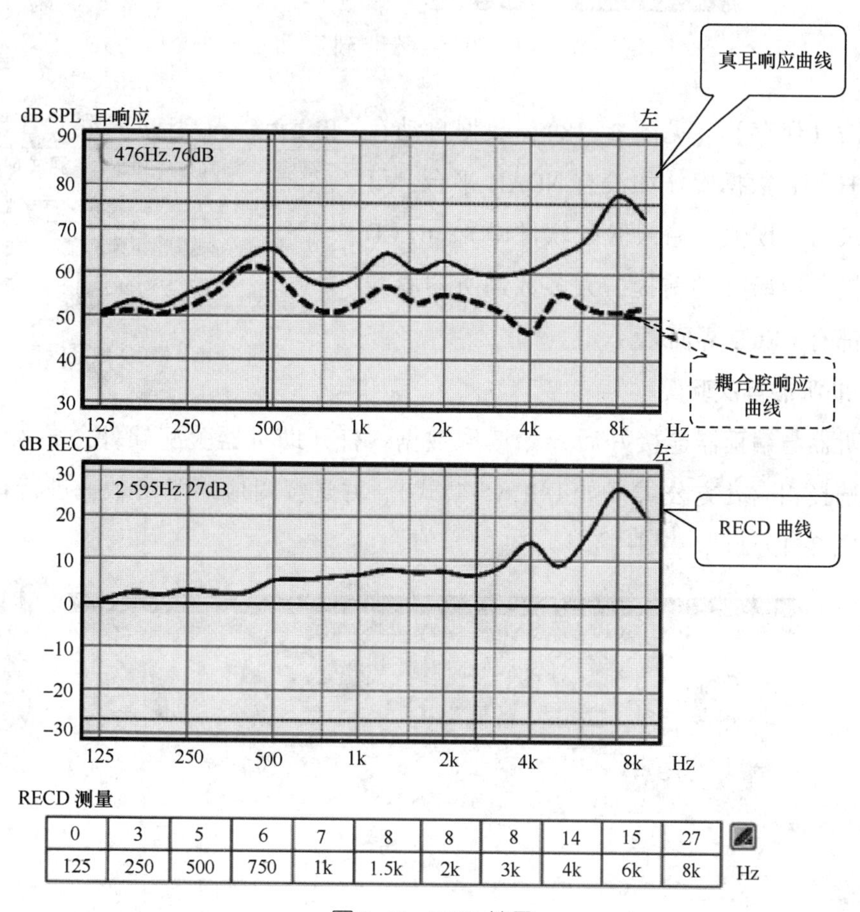

0	3	5	6	7	8	8	8	14	15	27	
125	250	500	750	1k	1.5k	2k	3k	4k	6k	8k	Hz

图 2-16　RECD 结果

如果患者无法继续配合完成另一侧耳的测试，可以将已测耳的结果复制到另一侧耳。在【编辑】菜单中选择对应需求，或勾选【将 RECD 应用到双耳】（见图 2-17）。

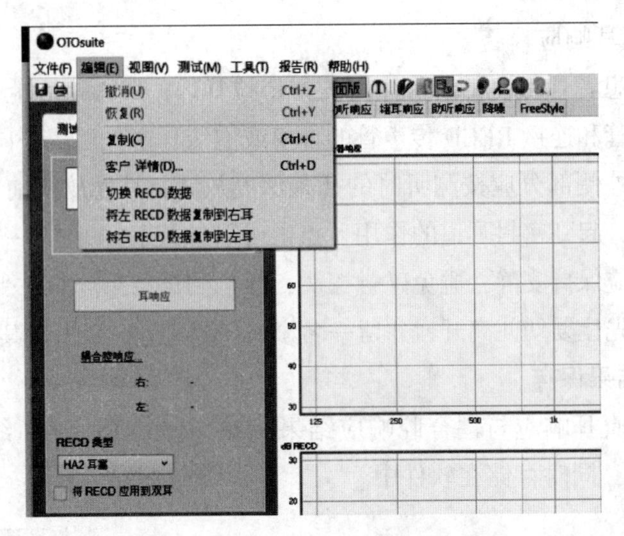

图 2-17　将已测耳结果复制到另一侧耳

点击【保存】（见图 2-18），数据自动存到 NOAH 平台数据库（如没有 NOAH 平台，可手动记录 RECD 值并输入验配软件中）。RECD 测试是耦合腔验证的前提，大多数助听器验配软件中都有 RECD 界面。

图 2-18　RECD 数据保存

4. 助听器首次验配

助听器与编程器连接好后开始读取数据。打开助听器验配软件，导入 RECD 数据。选择相应处方公式（如 DSL v5 公式），并选择对应声学参数，进行首次验配（见图 2-19）。

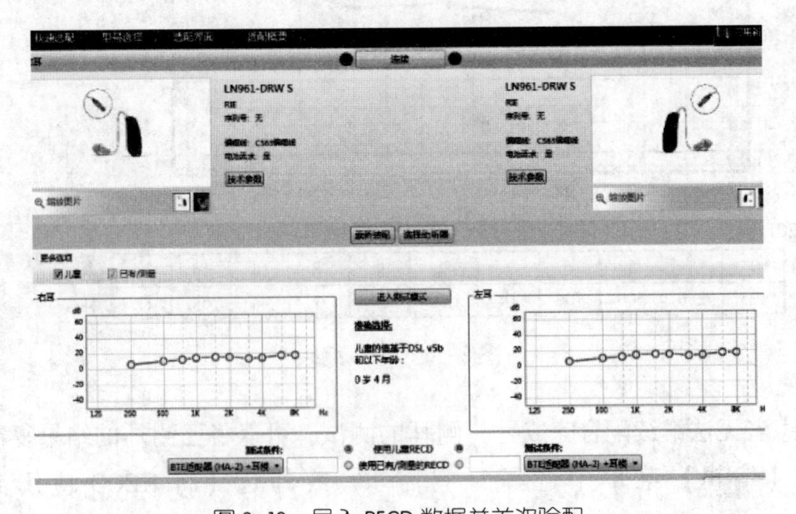

图 2-19　导入 RECD 数据并首次验配

5. 耦合腔验证和调节

(1) 助听器连接

根据助听器外形，选择对应的适配器，将助听器与 2cc 耦合腔连接（见图 2-20、图 2-21）。常规耳背式助听器用 HA-2 适配器，定制机、RIC 和细声管耳背式助听器用 HA-1 适配器。

图 2-20　耳背式助听器连接耦合腔

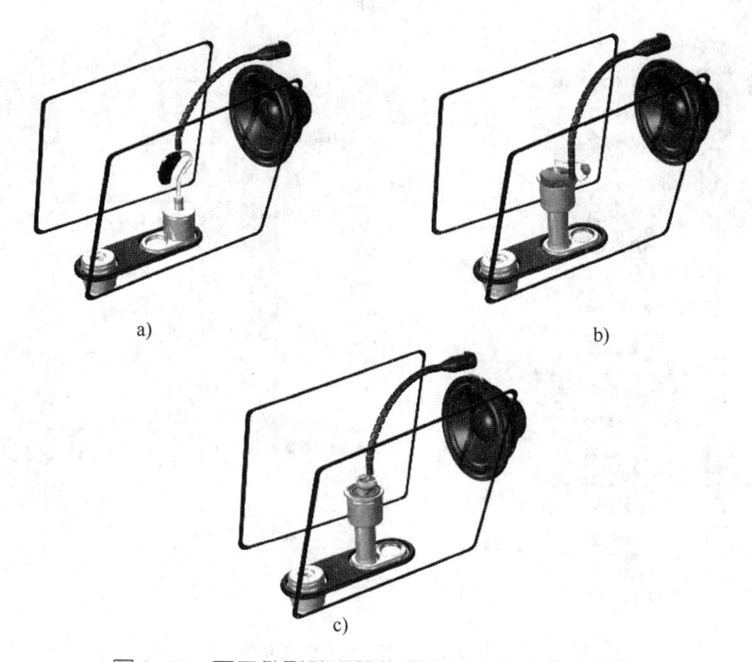

图 2-21　不同外形助听器的测试箱耦合腔连接方法

a）耳后式/耳背式助听器　b）RIC 助听器　c）耳内式助听器

（2）真耳分析软件设置

进入 REAR 测试模块，点击【控制面板】，测量方式选择耦合腔。为了让目标值更加贴合患者，打开【验配详情】，设置好各种相关参数，包括处方公式、助听器参数（外形、通气孔、声管、佩戴深度、压缩速度等）、患者信息（年龄、性别、声调/非声调、助听器使用经验）（见图 2-22）。

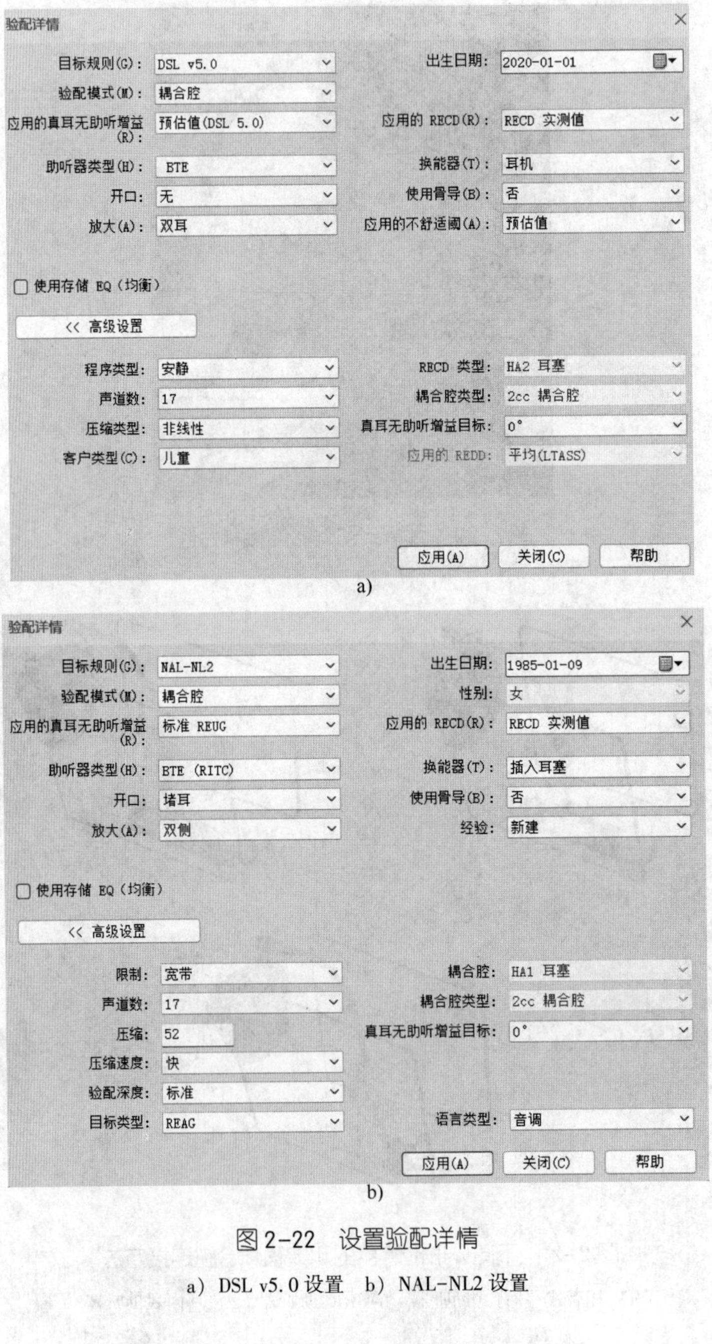

a)

b)

图 2-22　设置验配详情

a）DSL v5.0 设置　b）NAL-NL2 设置

（3）耦合腔验证

根据测试目的，设置好刺激声强度和类型。

1）常规验证。分别进行小声（50/55 dB SPL）、中声（65 dB SPL）和大声（75/80 dB SPL）国际言语测试信号声（ISTS）信号声的验证。根据实际曲线与目标曲线差值，调试助听器的增益、最大声输出（MPO）和压缩参数等（见图 2-23）。可使用真耳分析软件中的置顶功能，将真耳分析界面和助听器调试界面同屏呈现，使调试和验证同步进行，提高效率。

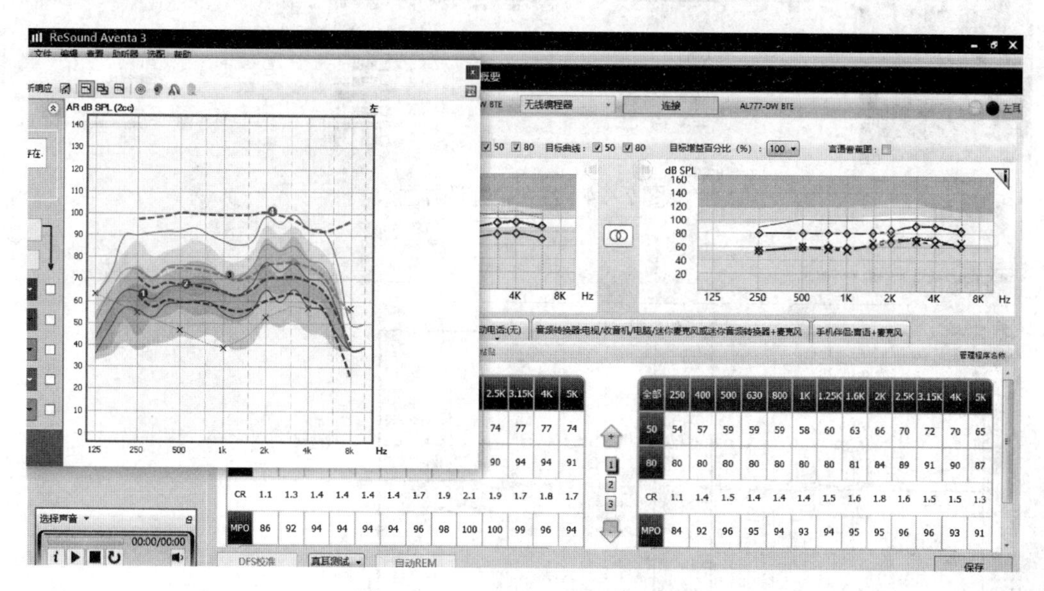

图 2-23　基于耦合腔的验证调试

2）真耳助听响应（REAR）85/90 验证。在测试箱内可实现助听器最大输出能力的验证，即 MPO 测试，现通常称为 REAR 85/90。输入声强度一般为 90 dB SPL，测试声类型常为扫频纯音，助听器调至患者可调最大音量。其目的在于确保放大后的信号在助听器日常使用中不超过患者的不舒适阈，确保放大后的信号不会达到可能损害患者残余听力的强度，同时确保助听器有足够的净空增益以保证助听器具有合适的可听度和感知大声响度层次感的能力，避免助听器处理较大声音时产生饱和或失真。实际工作中可选择进行此项测试（见图 2-24）。

6. 结果解读

结合包括林氏六音、言语识别测试和调查问卷等在内的主观评估以及真耳分析软件提供的言语可懂度指数（speech intelligibility index，SII）解读结果（见图 2-25），然后向患者或其家长进行耦合腔验证的结果说明，并预约下次随访时间。

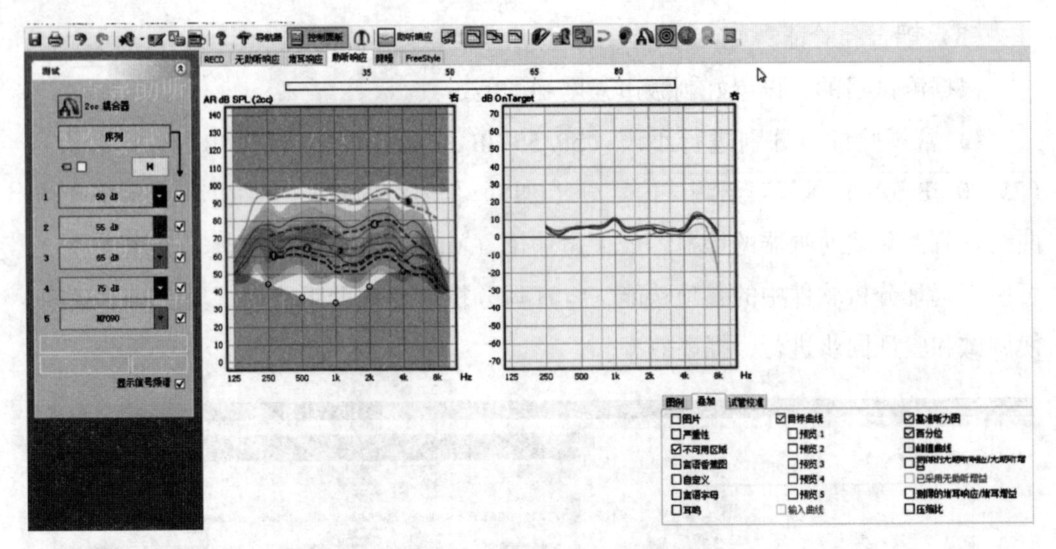

图 2-24　耦合腔验证界面

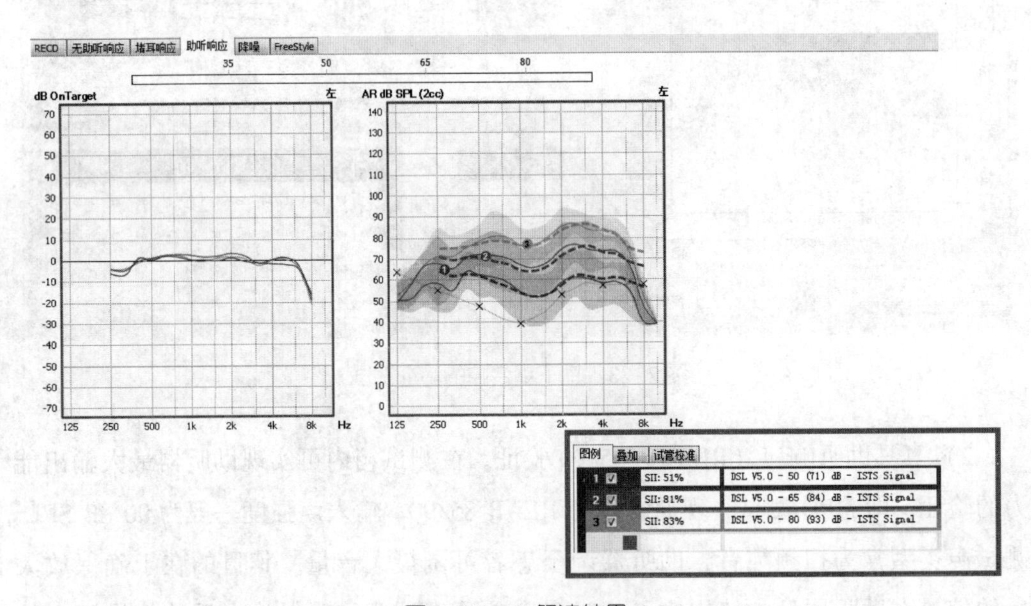

图 2-25　SII 解读结果

三、注意事项

1. 助听器与耦合腔连接时，要将参考麦克风与助听器麦克风对齐，避免测试误差。

2. 耦合腔适配器依助听器外形而定（见图 2-26）。对于连接耳钩的耳背式助听器，应选择 HA-2 适配器；对于细声管耳背式助听器、RIC 助听器和定制式助听器，应选择 HA-1 适配器，并用黏胶将其与耦合腔相连。对于细声管耳背式助听器和 RIC 助听器，为了避免声音振动导致声管振动，产生不必要的干扰噪声，应单独取一小块黏胶球裹住声管，机身也要用黏胶固定，达到减轻共振的作用。

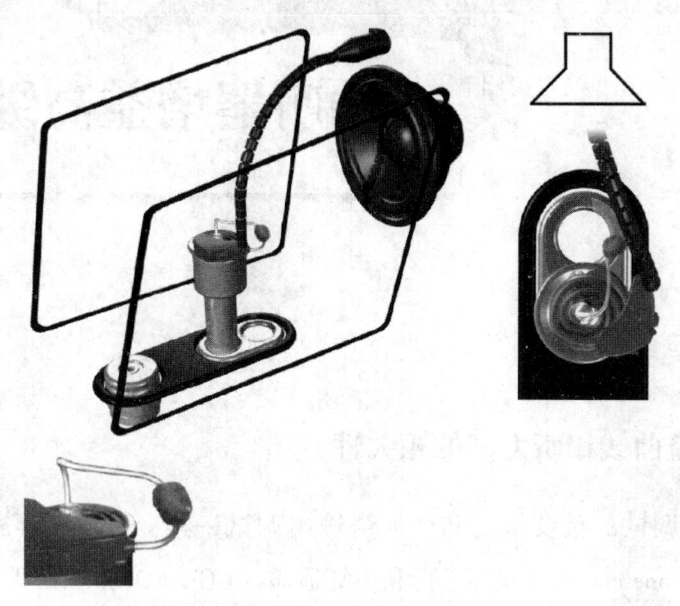

图 2-26 RIC 助听器和细声管耳背式助听器的连接

3. 判断有无声音泄漏。当 RECD 曲线 1 000 Hz 以下频率部分为负值，尤其低于-5 dB 时，常提示真耳响应测试时密封不严，产生原因有耳塞尺寸不合适、耳模存在通气孔等，需要重新调整后再进行真耳响应测试，从而得到符合标准的 RECD 曲线。

4. 对于无法合作的患者，可以使用软件 RECD 预估值。如果可以顺利测完一侧耳，可将测试得出的 RECD 值复制到对侧耳，此时效果比软件 RECD 预估值好。

5. 对于婴幼儿，由于其耳道还在发育，应该定期进行 RECD 测试。当助听器无故啸叫或漏声，常提示需要更换耳模时，应重测 RECD 值。

培训课程 2

助听器增益高级调试

一、增益曲线和听力图的相关性

增益曲线调试的重要依据和最大声输出调试一样，即气导（air conduction，AC）、骨导（bone conduction，BC）和不舒适阈（UCL/LDL）三条听力曲线必须在听力图上得到反映。

气导、骨导、不舒适阈曲线根据数值的大小、曲线形状的不同而存在着复杂的相关性。在面对复杂或特殊的听力图时，这些相关性对增益曲线的调试起着重要的作用。

1. 气导曲线的影响

不同频率、不同强度的气导听阈对言语可懂度、言语清晰度和言语舒适度起着重要的作用。如图 2-27 所示，元音（如 a、e、o）主要集中在低频区；辅音和清辅音（如 g、k、f、s）集中在中频、高频区。言语中仅发出元音或辅音是无法让人听懂的，只有元音和辅音同时存在并达到平衡才可能提供清晰的语言。

中频、高频区对言语可懂度有着突出贡献，低频区贡献较少。表 2-1 中，频率范围为 250~500 Hz 言语能量达 42%，但言语可懂度只有 3%；频率范围为 500~1 000 Hz、1 000~2 000 Hz 的言语能量合计只有 38%，但言语可懂度合计可达 70%。

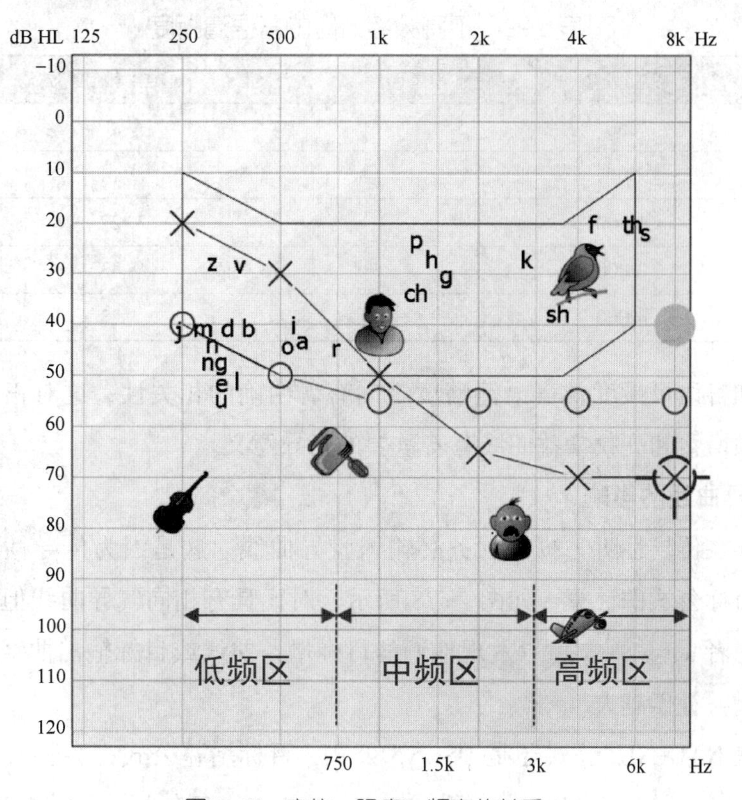

图 2-27 音位、强度、频率的关系

表 2-1 不同频率范围言语能量与言语可懂度的关系

频率范围/Hz	言语能量/%	言语可懂度/%
62~125	5	1
250~500	42	3
500~1 000	35	35
1 000~2 000	3	35
2 000~4 000	1	13
4 000~8 000	1	12

通过对声音进行滤波，得到了不同频率对应的言语清晰度，见表 2-2。显然，中频、高频赋予了较高的言语清晰度，1 000~2 000 Hz 频率段言语清晰度合计达 55%，低频元音区的言语能量提供的主要是声音的音色和质感。

表 2-2　不同频率对应的言语清晰度

频率/Hz	言语清晰度/%
250	8
500	14
1 000	22
2 000	33
4 000	23

频率和言语可懂度及言语清晰度之间有着明确的相关性，这对正确调试低频增益、中频增益和高频增益曲线有着重要的指导意义。

2. 骨导曲线的影响

如果存在传导性听力损失，务必输入骨导曲线。这是因为传导性听力损失会影响增益目标公式的计算。如图 2-28 所示，对比具有相同气导曲线但不同骨导曲线的三位患者 a、b、c，可以发现他们的目标增益曲线或目标输出曲线不同。骨导值越低，增益补偿越大。

无论是 NAL-NL2 公式还是 DSL v5 公式，目标增益公式都会将气导和骨导的差值（air to bone gap，ABG）计算在内，但具体方法存在差异。对于 NAL-NL2 公式的计算，除了考虑感音神经性损失成分，还会加上 75%的 ABG（见图 2-28）。对于 DSL v5 公式，会将舒适阈上限（upper level of comfort，ULC）预估值提高 ABG 的 25%，所以大多数听力图增益修正变化较为有限，取决于听力损失程度，助听后言语目标增益和输出修正值最大将在 ABG 上增加 5~9 dB（见图 2-29）。

3. 不舒适阈曲线的影响

对于任何输入强度，患者个体的不舒适阈不会影响 NAL-NL2 公式的目标增益和输出。但 DSL v5 的目标增益和输出与患者个体的响度不舒适阈有关，这包括小声、中声和大声。

二、真耳分析结果与助听器调试关系

1. 真耳分析调试原则

在 250 ~ 6 000 Hz 范围内，助听器真耳响应曲线应尽可能调至目标曲线的±5 dB 内；此外，实际曲线的斜率与目标曲线的斜率之差也应在±5 dB/倍频程内；若整体输出曲线形状或患者反馈与此明显相悖，助听器验配师应判断是否保持增益在允差之外，并在报告单中注明其原因。

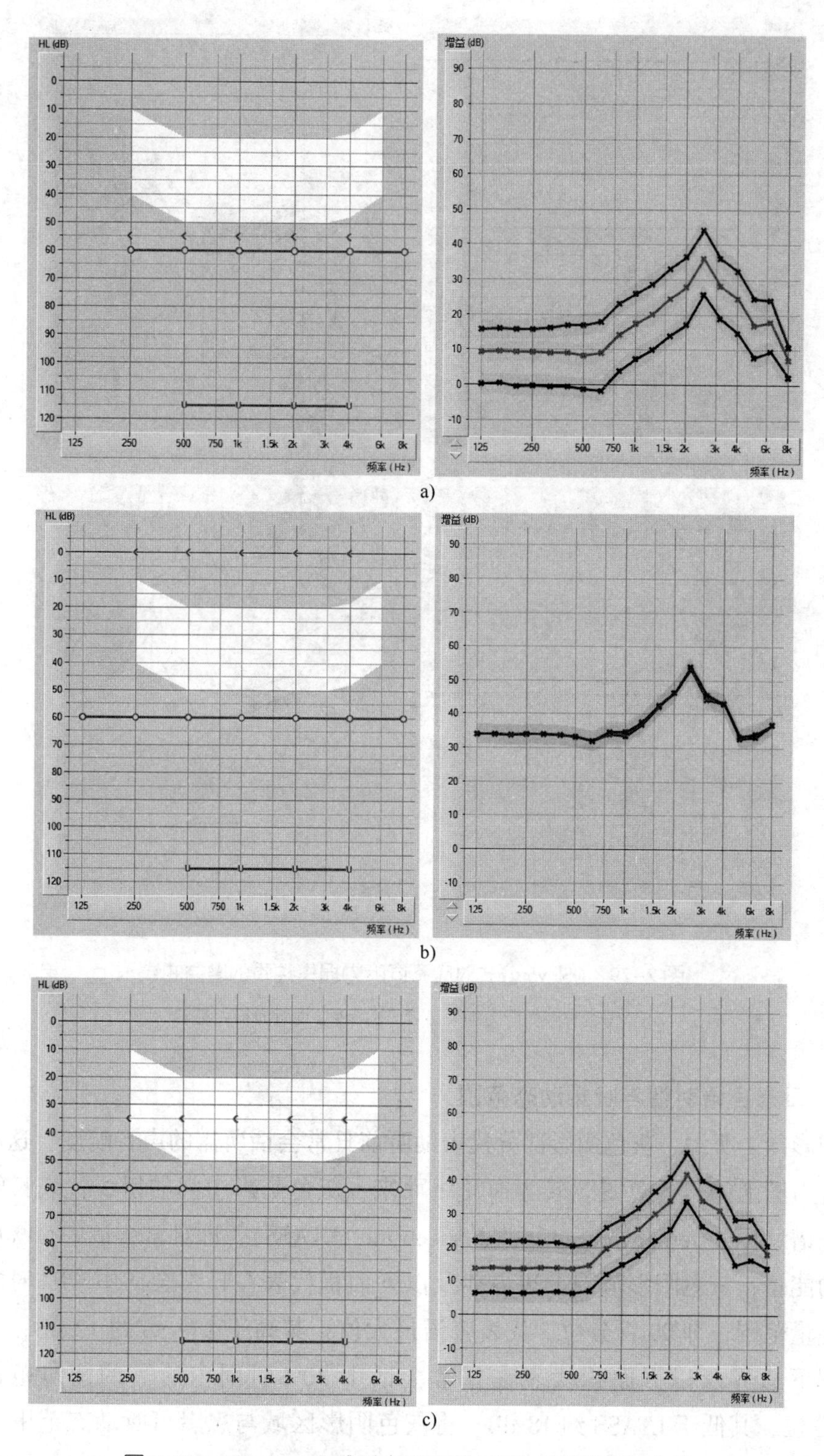

图 2-28 NAL-NL2 公式对应不同听力损失性质的增益曲线

a）感音神经性听力损失患者 b）传导性听力损失患者 c）混合性听力损失患者

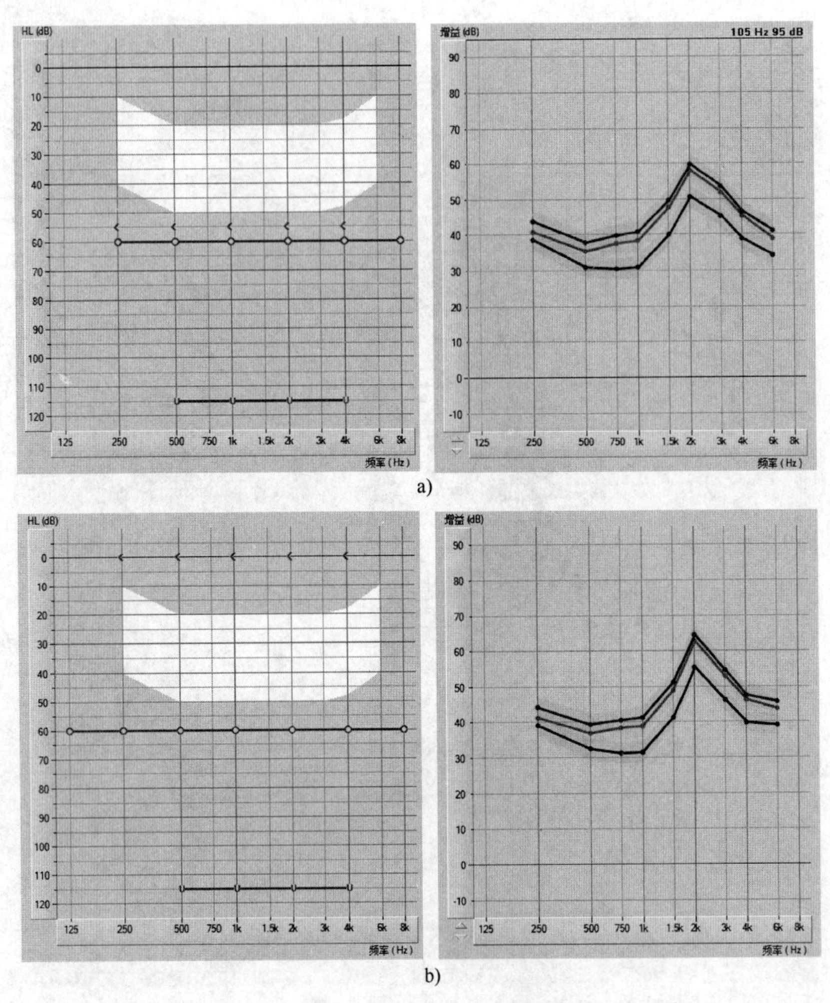

图 2-29　DSL v5 公式对应不同听力损失性质的增益曲线

a）感音神经性听力损失患者　b）传导性听力损失患者

2. 日常言语对话与听觉动态范围

如彩图 1 所示，灰色阴影部分代表助听前日常会话所需的声音响度，这是由听力级听力图上的“香蕉图”转为声压级而来：灰色阴影中间的粗线代表长时平均言语频谱（long-term averaged speech spectrum，LTASS），即日常会话中 50%时间内对应的能量；灰色阴影范围上边界线及以下面积代表在日常会话中 99%时间内所需的能量范围，即 99 百分位，代表言语最大值，其高于 LTASS 约 12 dB；灰色阴影范围下边界及以下面积代表在日常会话中 30%时间内所需的能量范围，即 30 百分位，其低于 LTASS 约 18 dB。将灰色阴影区域与患者可听动态范围（听阈和不舒适阈曲线之间的区域，见彩图 2 阴影边界）作比较，可以直观体现残余听力范围是否达到日常会话的要求。

观察彩图 1，该患者完成助听器首次验配后进行 65 dB SPL 强度 ISTS 信号声的 REAR，经调试后助听器处于患者偏好的聆听强度。中间橙色实线为助听后 LTASS，橙色阴影上边界及以下面积代表助听后 99 百分位，橙色阴影下边界及以下面积代表 30 百分位。可以看出，对于 65 dB SPL 言语声能量，未助听前对于 1 500 Hz 以内的声音只有一半可听，而助听后大部分声音都超过患者听阈曲线。百分比分析在以下两方面尤其有用：①提醒我们有关“香蕉图”压缩的效用；②提醒我们即使当平均强度的言语信息落入或低于患者听阈时，也可能会有不少信息被患者听到。如彩图 2 所示，从彩图 2a~彩图 2c 分别代表某患者 50 dB SPL、65 dB SPL 和 80 dB SPL 三种刺激声强度的 REAR 结果，从图形和备注信息可以看出，分别有 17%、44%和 68%的言语声能量可被患者听到，相较 LTASS，百分比分析可以看到言语声动态范围的全貌，更能反映实际聆听情况。此外，软件可以显示各强度刺激声各倍频程助听后的实际压缩比，如 4 kHz 处，小声、中声和大声的压缩比分别为 1、1.4 和 1.8，可以看出小声的线性放大，大声的压缩，中声和大声的增益与验配软件的显示值有一些差别，也证实了真耳分析验证的意义。

百分比分析是一种非常有用的工具。通过灰色区域和不同强度之间的差异，向患者和陪同亲友展示患者耳道中测量的助听前和助听后声压级的变化，无疑是一种客观、有效、直观且有代入感的方法。

3. 压缩设置

助听器放大的主要目的是获取言语，即小声可听、中声舒适、大声安全。小声言语强度一般在 50~55 dB SPL，中声在 60~65 dB SPL，大声在 75~80 dB SPL。从小声到大声，言语强度动态范围为 30 dB（50~80 dB SPL）或 20 dB（55~75 dB SPL）。现代大多数助听器都是宽动态范围压缩（wide dynamic range compression，WDRC）线路，压缩拐点一般为 50 dB SPL 或更低。目标匹配度会受到 WDRC 释放时间的影响。不同品牌助听器的设置有所不同，例如某个品牌验配软件在选择 NAL-NL2 公式时，释放时间短，即快压缩；而选择厂家专利公式时释放时间长，即慢压缩。

彩图 3a 和彩图 3b 所示分别为一例患者的听力图和 NAL-NL2 公式的目标值，刺激声为 ISTS，蓝色、绿色和棕色分别为 55 dB SPL、65 dB SPL 和 75 dB SPL 强度下的目标 LTASS 曲线，阴影区域分别为对应强度的 30%~99%能量范围。该患者的听力图是非常典型的高频下降型，低频中度、高频重度或极重度听力损失。初看 4 kHz 的目标曲线，可能会担心助听器是否具有足够的可听度，并考虑 4 kHz 以上开启移频功能。虽然移频开启与否最终会尊重患者本人的意见，但这个案例可以考虑。观察2~4 kHz范围，三次输入刺激声强度范围为20 dB（55~75 dB SPL），三条目标REAR的LTASS范围平均为10 dB，提示该频率范围内言语声压缩比为2∶1。由此猜测助听器的压缩释放时间短，即快压缩（也许验配软件显示压缩比为2∶1，但WDRC慢压缩时有效压缩比为1.3∶1左右）。如果先验证小声且慢压缩释放时间长，即使将压缩比调为最大（通常为3∶1或4∶1），大声75 dB SPL可能也不容易匹配。

挤压"香蕉图"，以将不同强度的言语声都匹配，此时更适合采用快压缩。

4. 百分比分析

为ISTS信号研发的百分比分析非常类似。如和润Holube（2015年）分析，30百分位代表小声，65百分位代表中声，99百分位代表大声。以上两种分析方法都没有使用1百分位，因为更容易受到测试环境背景噪声的影响（并且大多数测试环境中的背景噪声不容易测得）。由此，99百分位与30百分位之间的差值，即为动态范围或言语信号的"香蕉图"。Holube（2015年）提供了ISTS分析的说明，图2-30a和图2-30b为同一助听器不同压缩设置下针对ISTS信号的LTASS和输出百分比分析。两图放大信号的范围（30百分位至99百分位之差）不同，甚至LTASS也不同。图2-30a为快压缩，相较图2-30b的慢压缩，其将言语动态范围压缩得更窄。如果患者本身听觉动态范围较窄，验配首要目标是保持助听器整体增益不变，仅调整时间常数（Holube，2015年）。

百分比分析可以很好地观察助听器对言语信号放大的影响过程，如快压缩和慢压缩对于信号幅度压缩的差别。然而，部分助听器验配师认为这是一种"验配方法"，一种替代NAL-NL2或DSL v5目标公式的方法，然而并非如此。很多助听器验配师会误以为真耳分析的目的是把全部言语声调至患者可听的程度（如30百分比的小声应该不低于患者听阈）。因为大多数来验配的听力损失类型都是高频下降型（此情况常见于高频区域）。这个想法存在问题，具体有以下两个原因（Mueller，2017）。

（1）每位助听器用户都有自己偏爱的响度强度。当调整频响曲线时，助听器验配师必须确定并区分哪些响度应该精准匹配，哪些应该合理匹配。如果增加了大量的高频放大，可能会超过响度极限，患者遂调低增益。但调低音量的副作用就是把中低频的可听度也拉低了。对于大多数听力损失类型，不建议为了 4 000 Hz 的可听度而牺牲 2 000 Hz 的可听度，因为后者对于言语可懂度和言语清晰度更重要（见表 2-1 和表 2-2）。

（2）对于所有听力损失类型，存在有效可听度的说法，即超过该值的可听度对言语识别不再有作用，反而会使言语理解力变差。

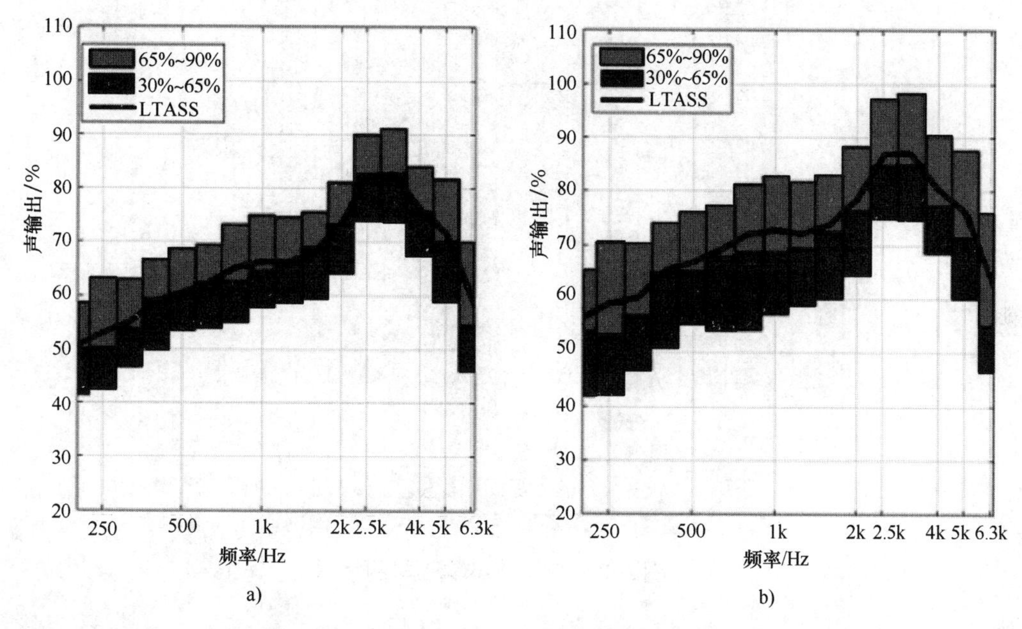

图 2-30 助听器不同压缩设置下输出百分比分析

a）释放时间短 b）释放时间长

案例 2-1

可听度很重要，但有时候过于强调可听度也许适得其反。如彩图 3 所示听力图，该患者 4 kHz 听阈下降显著（95 dB HL，耳道声压级约为 110 dB）。此外，观察 4 kHz 频点 NAL-NL2 公式的 LTASS 目标值，除了 75 dB SPL，其他两个强度都低于听阈。类似这种情况可能会让很多助听器验配师纠结是否需要把增益调上去，使该频率实际曲线与目标曲线吻合，即保证言语尽量可以听到，即使已经到达助听器的临界反馈值。其实从彩图 3 中目标值可以看出，NAL-NL2 的研发团队明显不认为完全匹配是明智的，原因有以下三点。

（1）重点是不能只考虑 LTASS 是否匹配，而是要观察助听后言语频谱的全貌。由于言语信号峰值高于 LTASS 10 dB，实际上部分言语信息是可听的。图 2-31 中，如果只关注 LTASS，则 3 000 Hz 或 4 000 Hz 的平均言语频谱不可听。

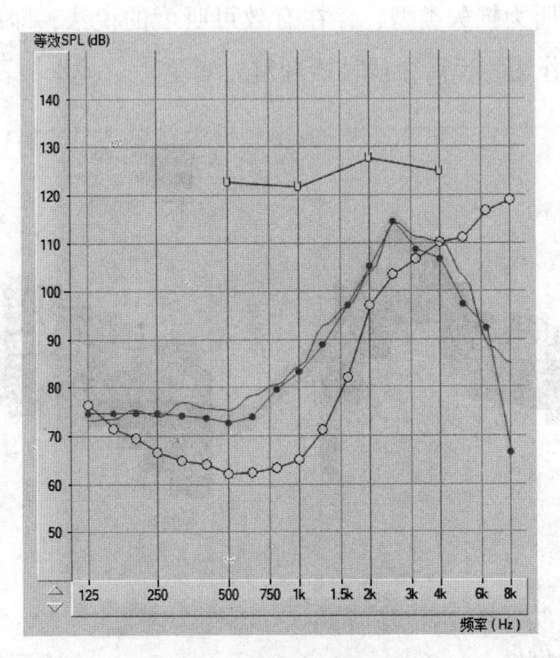

图 2-31　典型 REAR 调试举例

如图 2-31 所示典型 REAR 调试举例。阈值由听力级转换成耳道的声压级。放大后言语（65 dB SPL 输入）以平均 LTASS 和范围（30 百分比至 99 百分比）表示。患者听阈、不舒适阈和公式目标值同时显示在图中。

（2）所有患者都有自己偏爱的响度强度。高频增加过多会使整体响度增加，如果增加高频前整体响度已经合适了，那增加高频后会让言语声过大。此时将促使患者调低音量（整体增益），从而降低比 4 000 Hz 可听度更重要的频率范围，即 1 500~3 000 Hz 的可听度。核心要义是使整体声音信号响度尽可能有效，做到这点首先要使最重要言语频率的信号可听度达到最大化。

（3）有效可听度是指增加可听度直至开始降低言语理解度的临界值。NAL-NL2 目标公式的算法意在考虑这个问题。

以上三点尤其适用于下降型听力图，可能同时适用于其他听力损失类型的获得性听力损失的成人，但不适用于婴幼儿。

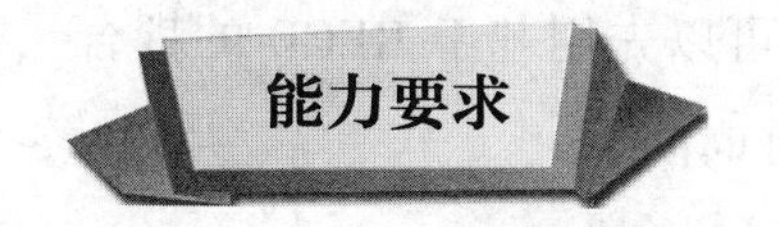

参考真耳分析结果调试助听器操作

一、工作准备

1. 输入患者听力信息

男性，52 岁，因幼年患过腮腺炎，左耳全聋，右耳听力近 5 年下降，其听力图如图 2-32 所示。

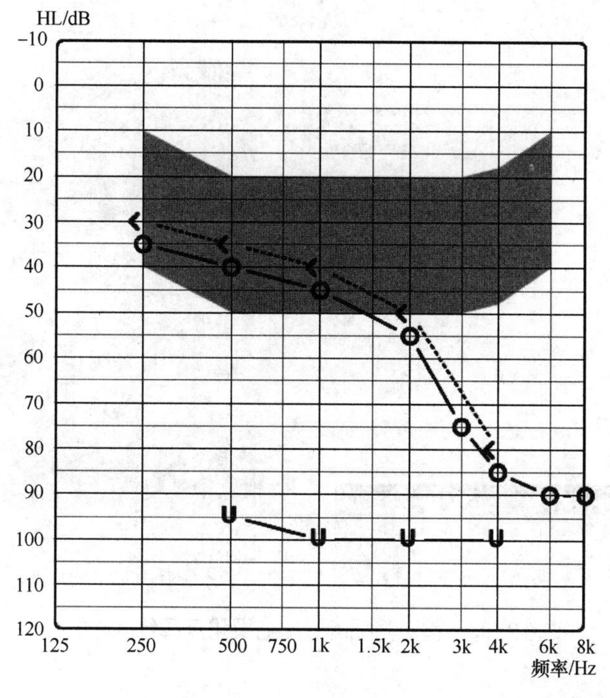

图 2-32　某患者听力图

2. 助听器预选和预调试

选择 NAL-NL2 公式，首次佩戴，音调，耳背式助听器，16 通道。

3. 验证方式选择

根据患者情况选择佩戴探管麦克风的真耳测试还是基于 RECD 的耦合腔验证。对于能配合验配的大龄儿童和成人，首选真耳测试，因为可以考虑到开放耳效应以及实际佩戴深度、助听器麦克风位置效应等。如遇不能配合或无法配合验配的患者，可选择基于 RECD 的耦合腔验证方法。此外，对于定制式助听器或定制耳模的 RIC 助听器，在厂家制作完成后、患者调试前，可以先用基于 RECD 的耦合腔验证做预验证和调试，最大程度减少患者调机和验证时间。

4. 患者咨询沟通

充分做好患者及亲友陪同人员的沟通工作，包括流程、重点环节、注意事项的介绍等。

二、工作程序

1. 首次验配和首次探管麦克风测试

观察小声、中声和大声三条 REAR 或 REAG 曲线与目标公式的偏差情况，如图 2-33 所示。

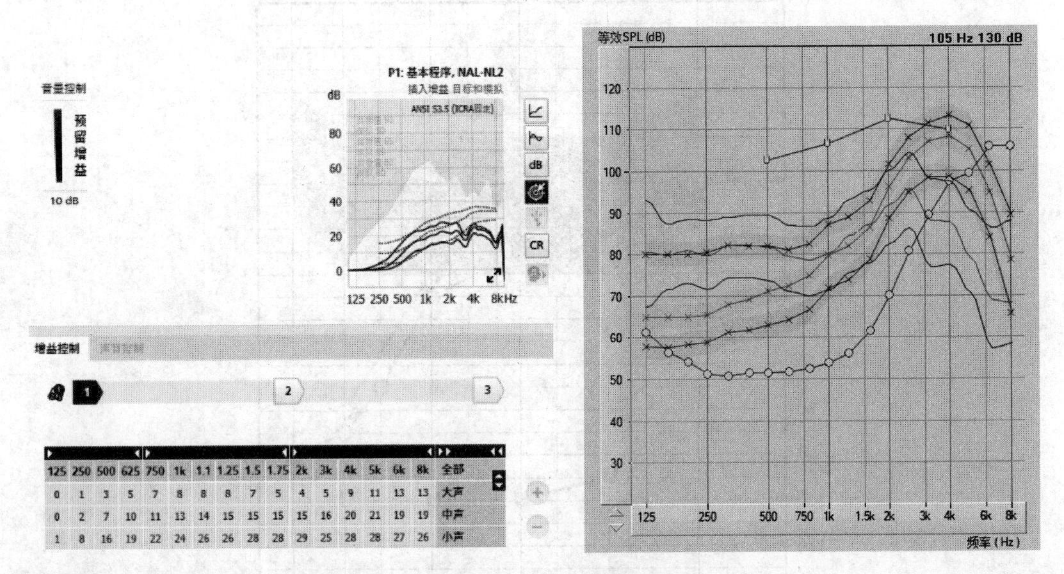

图 2-33　首次验配的验配结果和真耳分析结果

2. 根据结果进行助听器调试（增益、曲线、压缩、MPO）

回到助听器验配软件，调节各频率不同强度的增益，使实际 REAR 或 REAG 与目标值差值处于±5 dB 以内，如图 2-34 所示。

3. 结果讲解和聆听指导

在咨询过程，借助真耳分析和助听器验配软件，以浅显易懂、直白明确的语言告知患者和其亲友助听器目标公式、目标放大曲线、实际放大曲线分别是什么；实际曲线与目标曲线的偏差情况如何；最佳匹配需要做出哪些调整；最佳匹配后的优点和问题分别是什么；目标匹配能给患者带来最佳的可听度，但也要考虑到患者佩戴助听器的经验（如有经验，还要考虑到以前助听器的线路、压缩等情况），在可听度和舒适度之间找到平衡，以达到最佳的言语理解力和佩戴意愿。

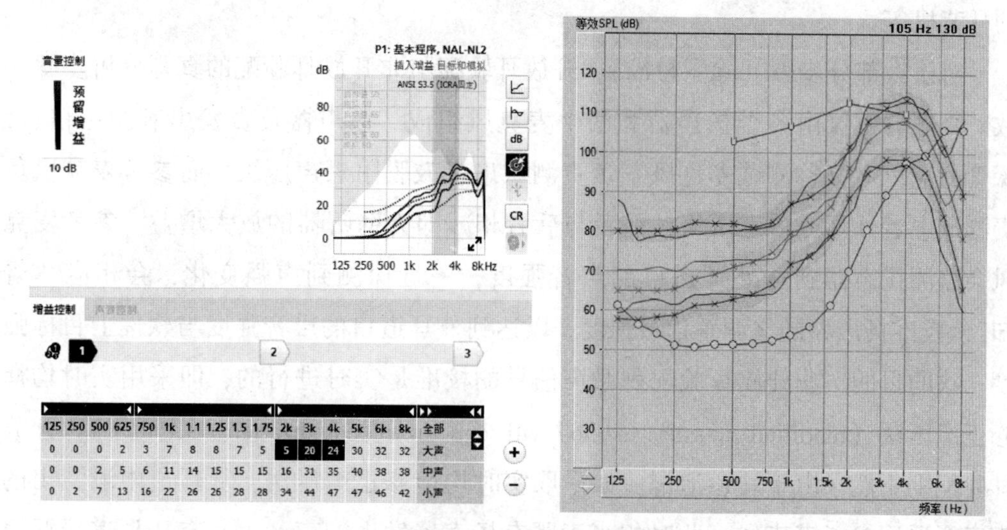

图 2-34　经过调试后的验配结果和真耳分析结果

三、注意事项

1. 高频目标匹配

对于初次佩戴的高频听力损失类型患者，如果完全按照目标公式把高频（如 4 kHz）都补偿到位，患者可能会认为音调太尖锐，把音量调低从而影响言语频率的可听度，抑或不愿佩戴或减少佩戴时间，即抽屉助听器。这些都是助听器验配师应该考虑到的实际问题。通过咨询让患者和家属了解高频补偿的好处在于清晰度和嘈杂环境下言语理解力的提升，不能一味看重舒适，助听器的目的就是改善助听听阈，提高助听后的言语理解力。对于新用户，可采取的方法是在整体实际曲线与目标曲线吻合的前提下，把整体音量适当降低 6~10 dB，随着佩戴时间的加长，患者逐渐适应放大声，遂逐渐增加音量，3~6 个月后可以与目标匹配。对于陡降型听力损失类型的患者，可以适当放弃 4 000 Hz 及以上频率的可听度，保全 500~2 000 Hz 的言语可听度，切实可行地提高患者言语理解力。

2. 开放耳验配

在如今助听器市场中，开放耳验配占比非常高。狭义的开放耳验配是指佩戴开放式助听器，包括 RIC 助听器和细声管耳背式助听器。广义的开放耳验配是指耳道声学耦合套件与患者耳道之间存在一定空隙，导致患者同时听到放大后的声音和未放大的声音，这包括几种情况：①开放式/半开放式耳塞的 RIC 或细声管式耳背机；②带通气孔的耳模耳背机/RIC 和定制机；③患者耳道直径大于耳塞直径的耳背机等。

对于大部分步骤（除了校准），开放耳验配与非开放耳验配的真耳分析步骤一致。真耳分析仪由一个扬声器和两个麦克风组成。扬声器负责发出刺激声信号，探管麦克风（又称测试麦克风）负责测试患者鼓膜附近声压级，而参考麦克风负责测试患者外耳道口声压级，前者与后者相减即为助听器的放大增益。参考麦克风会监测扬声器到达外耳道口的声音强度，一旦探测到声强变化，会相应“告知”，校准扬声器随之调整信号强度，以达到外耳道口的声音强度与软件上目标强度一致的目的。非开放耳验配刺激声信号的校准是实时进行的，即采用实时均衡修正声压法（modified pressure method with concurrent equalization，MPMCE）。开放耳验配则不然，由于耳道泄漏，如采取实时均衡修正声压法，从耳道中泄漏出的声音会返回参考麦克风，此时相当于既有扬声器发出的声音，又有从耳道泄漏出的放大声，这必然会“迷惑”参考麦克风，从而使扬声器实际发出的声强减小，导致测得的增益减小（但实际上不小），这会让助听器验配师误以为增益不够，从而错误地把音量调大，最终造成不舒适甚至啸叫的情况。所以开放耳验配需要采用存储均衡修正声压法（modified pressure method with stored equalization，MPMSE）。

开放耳验配技巧：①探管麦克风厂家一般都有开放耳校准选项，可以快速进行开放耳校准；②当使用存储均衡修正声压法时，确保患者保持头不动，一旦头部位置改变，要重新校准；③虽然对于封闭验配推荐使用实时均衡修正声压法，但只要保证患者头部位置不变，也可使用存储均衡修正声压法；考虑到实际验配中开放耳验配较常见，可以使用存储均衡修正声压法校准，省去判断是否开放的过程。

培训课程 3 骨导助听器调试

一、骨导助听器的作用和工作原理

骨传导听觉的概念，即振动物体可以传递声音的现象，最早是由吉罗拉莫·卡尔达诺（Girolamo Cardano）提出的，并在 16 世纪首次被书面描述。原始的物件，如棍子或矛，很早就作为听力损失患者的辅助设备，通过敲击地面产生振动传递信息。随着技术的进步和 20 世纪初碳粒式麦克风的发展，骨传导装置被设计成将声音信号转换为机械信号以振动乳突骨。早期的设备是用头带或眼镜固定的，尽管设备笨重，声音传输效率低，但事实证明是有效的。这些早期研究为现代骨锚式助听器的发展奠定了基础。1977 年，瑞典的安德斯·蒂尔斯特伦（Anders Tjellström）和他的同事首次利用骨整合螺钉植入经皮钛装置。骨整合的概念是活骨细胞与钛种植体之间的直接接触，由布伦马克（Branemark）提出，最初用于牙科种植体。20 世纪 80 年代，第一种骨锚式听力设备开始广泛商用，从那时起，传导性听力损失（CHL）、混合性听力损失（MHL）和单侧听力损失或单侧耳聋（SSD）患者开始从这些设备中受益。

骨传导听觉的基本原理并不难理解。声波通过空气分子振动将能量传递给颅骨，由于耳蜗是嵌在颞骨中的骨性结构，是颞骨的一部分，因此颅骨的振动能量会传递到耳蜗，继而形成耳蜗基底膜的行波运动以刺激耳蜗毛细胞，最终与气传导听觉相同/兴奋听神经。关于骨传导听觉发生的详细生理机制仍在不断研究中。古德（Goode）及其同事总结了骨传导的 5 条通路，分别为①外耳道声辐射；②中耳听小骨惯性；③耳蜗淋巴液惯性；④耳蜗壁受压（或内耳受压）；⑤脑脊液压力传递。其中，耳蜗淋巴液惯性被认为是最重要的骨传导通路。

骨导助听器运用了上述原理，将声波转换成颅骨振动。自 Tjellström 及其同事的首次尝试以来，已经发展出大量骨导助听装置，目前已投入临床使用的骨导助听装置主要分为植入式设备和体佩式设备（见图 2-35）。这些装置不仅用来帮助那些患有传导性听力损失或混合性听力损失且不能从传统气导助听器中受益的人群，还用于单侧聋患者。

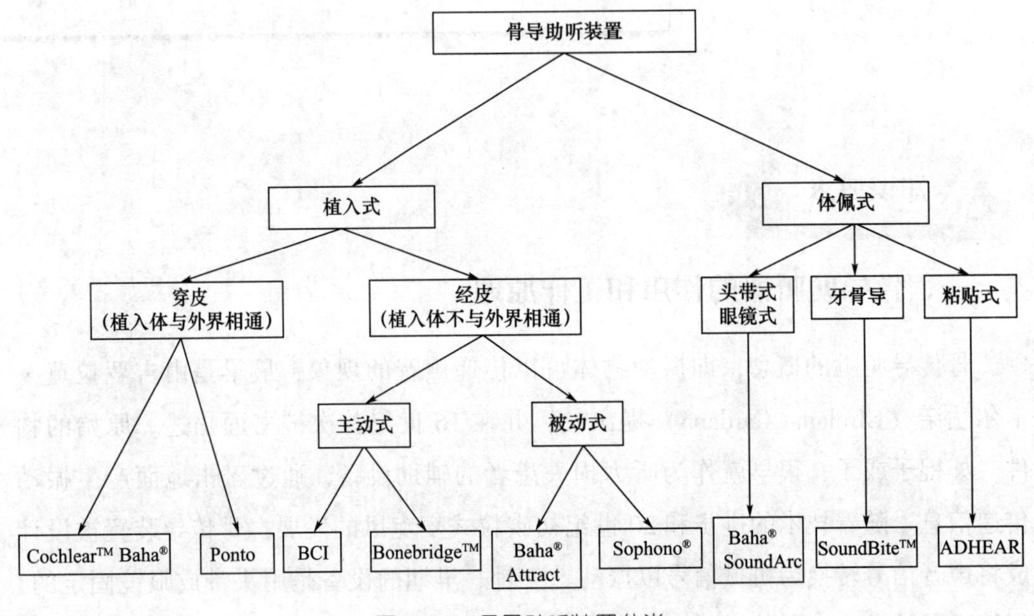

图 2-35　骨导助听装置分类

植入式骨导设备通过手术植入的骨传导装置将声波转换为机械振动，机械振动通过与颅骨直接接触传导到内耳。根据是否有皮肤穿透基台，可将骨导助听装置广泛分为穿皮骨导装置（有皮肤穿透基台）和经皮骨导装置（无皮肤穿透基台）。

1. 穿皮骨导装置

穿皮骨导装置直接穿透皮肤接触颅骨，对振动的传导有着明显的优势，允许在所有可听频率下有效传输信号，而不必遭遇皮肤和软组织阻抗。目前临床可用的穿皮骨传导装置包括 Oticon Ponto 系统（Oticon Medical AB，Askim，Sweden）和 Cochlear™ Baha®系统（Cochlear Bone Archored Solutions AB，Mölnlycke，Sweden）（见图 2-36）。一般来说，这些设备包括具有骨融合特性的植入物（钛螺钉）、穿皮桥基和外部声音处理器。钛螺钉通过手术固定于患侧乳突骨质，穿皮桥基附着于钛螺钉上，当钛螺钉和颅骨融合后（成人一般为术后 3 个月，儿童为术后 3~6 个月），再将声音处理器吸附在穿皮桥基的另一端。声音处理器通过拾取外界的声音信号，通过电磁转换装置转化为机械振动，引起钛螺钉的高效振动，振动通过颅骨和颌骨传入内耳，从而产生听觉。钛螺钉和穿皮桥基可以耦合并植入在一起。

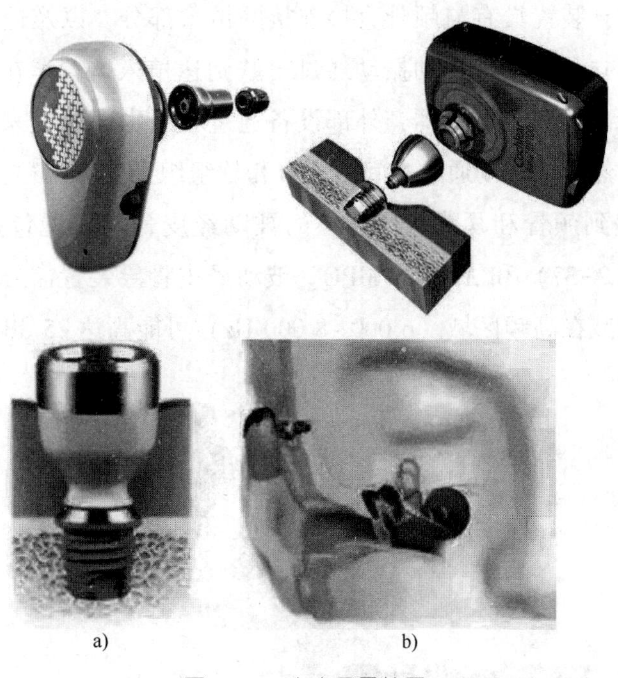

a)　　b)

图 2-36　穿皮骨导装置

a）Ponto　b）Cochlear Baha®

2. 经皮骨导装置

经皮骨导装置旨在避免穿皮骨导装置相关的美容问题和皮肤并发症，同时仍能提供足够的声音传输。经皮骨导装置由外部的声音处理器和内部的骨导植入体组成。植入物放置的位置和方式与穿皮骨导装置相同。一块磁铁附着在植入物上，皮肤在植入物顶部闭合，避免了穿皮组件。一旦切口愈合并发生骨整合，外部装置就可被激活。虽然经皮骨导装置的皮肤并发症不如穿皮骨导装置常见，但将外部装置固定到位并有效传输声音所需的磁力仍可能导致中间皮肤和软组织产生疼痛和刺激。当出现这种情况时，可以降低磁铁强度以减少施加在皮肤上的压力，指导用户减少日常佩戴时间或停止使用设备，直到症状改善。如果施加的压力大于患者的毛细血管压力，则皮肤可能因供血不足发生坏死。库珀（Cooper）等人的一项系统综述报告了 13. 1%的轻微软组织并发症的发生率，这些并发症可自行恢复或使用较弱的磁场力度解决。较严重的并发症被定义为需要积极治疗的并发症，如术后血清肿、血肿、伤口感染、皮肤溃疡和裂开。

经皮骨导装置可进一步分为被动经皮骨导装置和主动经皮骨导装置。

（1）被动经皮骨导装置

被动经皮骨导装置具有与颅骨直接连接的植入部分，以及通过磁铁固定于对应植入位置的独立外体，其驱动振动通过皮肤到达植入装置。在被动系统中，振动发生在皮肤外部的声音处理器，外部设备通过吸引内部磁铁来固定，并随着声音输入而振动。然后，振动通过中间的皮肤和软组织到达内部磁铁和骨导植入体，从而将振动传递到颅骨和耳蜗。代表性的被动经皮骨导装置包括 Baha® Attract、Sophono®（见图 2-37）和 Alpha 2 MPO。被动经皮骨导装置需要隔着皮肤传递振动信号，信号衰减在高频区域（6 000~8 000 Hz）可能高达 25 dB。

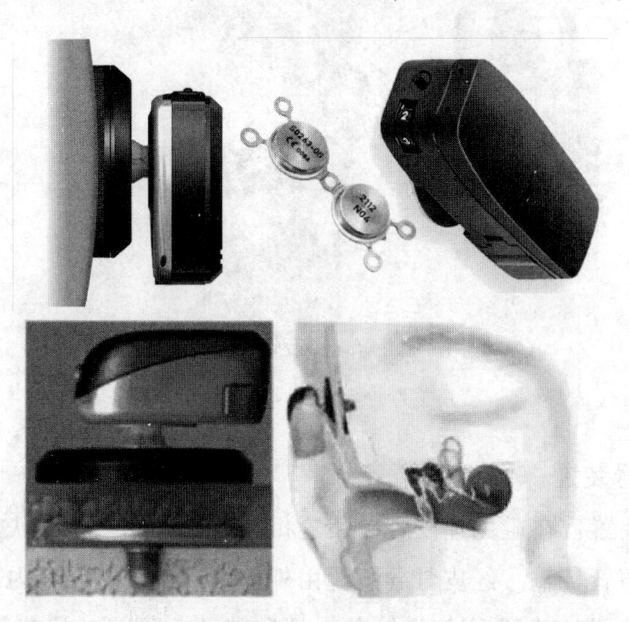

图 2-37　Baha® Attract 和 Sophono®被动经皮骨导装置

（2）主动经皮骨导装置

主动经皮骨导装置旨在最大限度发挥穿皮和被动经皮骨导装置的优势，同时避免皮肤并发症和软组织信号衰减。主动经皮骨导装置包含一个外部声音处理器和骨导植入体。声音处理器由耳机、信号处理器、电池和磁铁组成，骨导植入体由接收线圈、声音转换器和骨导漂浮质量传感器组成（见图 2-38）。植入的骨导植入体放置在乳突或颅骨磨制出的凹槽里，用两个钛钉固定在颅骨上，这些传感器由磁线圈连接。使用类似于耳蜗植入物的技术，声音处理器通过转换器将声音转换成电磁信号，由内部接收线圈将电磁信号传递给内部植入的骨导传感器，后者将声音能量转换为振动能量，这样声音信号就能通过骨导传递给耳蜗。由于内部装置负责对颅骨产生机械力，因此不会发生软组织信号衰减，并且可以显著降低磁铁强度。对于主动系统，外部处理器是静态的，仅负责传输电子信号，振动发生在植入设备。代表性的主动经皮骨导装置有 Bonebridge™（见图 2-38）和 BCI。

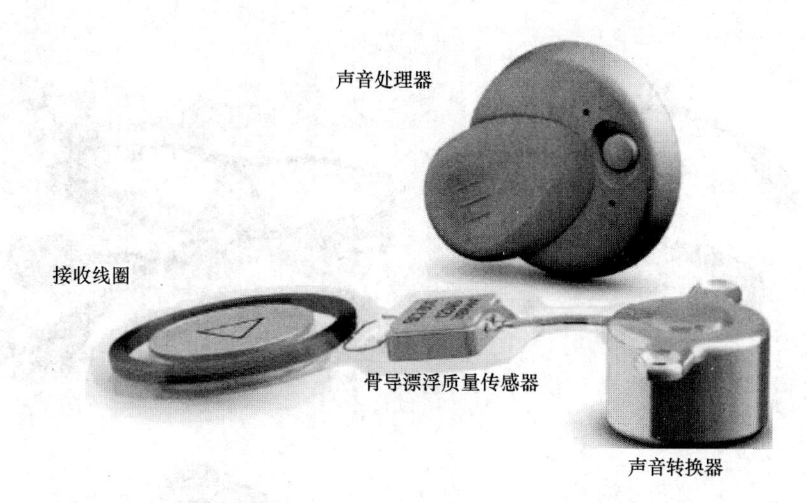

图 2-38 Bonebridge™主动经皮骨导装置

3. 体佩式骨导装置

体佩式骨导装置通过头带、软带、黏合剂、眼镜或其他连接机制连接患者。外部设备与皮肤接触，响应声音而振动，并通过完整的皮肤和软组织将振动信号传输到颅骨，从而实现骨传导听觉。当信号穿过软组织时，这些设备会受到信号衰减的影响，尤其是在高频处。根据连接机制的不同，将设备固定到位，有效传输声音所需的力可能会限制佩戴时间。代表性的体佩式骨导装置包括 Cochlear™、Baha® 5 系列、Ponto 3 和 4 系列，以及 Alpha 2 MPO ePlus™（见图 2-39）。除此之外，还有通过黏合剂将骨导传感器固定在乳突皮肤部位的助听器 ADHEAR（见图 2-40），黏合剂一次可使用 3~7 天。音频处理器连接到黏合剂并根据声音进行振动，驱动振动信号通过皮肤和软组织传输到下面的骨骼。由于助听器通过黏合剂固定而不是直接压迫于皮肤上，因此不会导致压迫性不适。另一种较特殊的体佩式骨导装置是 SoundBite™牙骨传导助听装置（见图 2-41）。它是一种牙科器械，旨在通过牙齿将振动信号传输到颅骨。使用该装置时感受到的力远低于牙齿正常感觉到的力，用于单侧耳聋或传导性听力损失患者。SoundBite™包括一个放置在上颌磨牙颊面上的口中压电换能器（口内机）和一个佩戴在听力较差耳朵上的装置（耳背机），该装置由耳后换能器和耳道内的麦克风组成。耳背机装置主要收集听力损失侧的声音信号，通过转换为数字信号并经过特有的算法优化处理后，通过近场无线方式将信号传送到口内机。口内机装置将无线信号转换为振动信号，上颌牙齿与牙槽骨（本身是颅骨的一部分）紧密连接，相当于一个天然的基座，可将振动信号几乎无损耗地通过颅骨传导到耳蜗（完全不经过皮肤和软组织）。

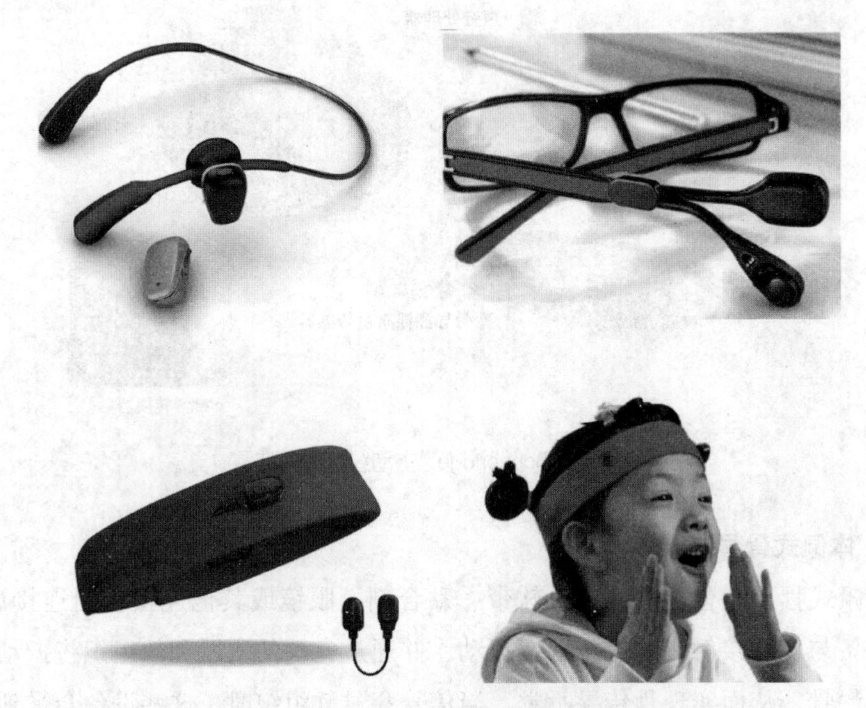

图 2-39　头带和眼镜体佩式骨导助听器

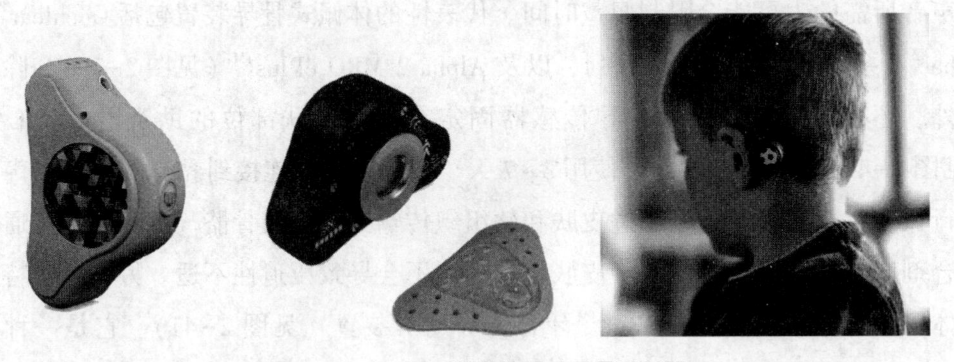

图 2-40　ADHEAR 粘贴体佩式骨导助听器

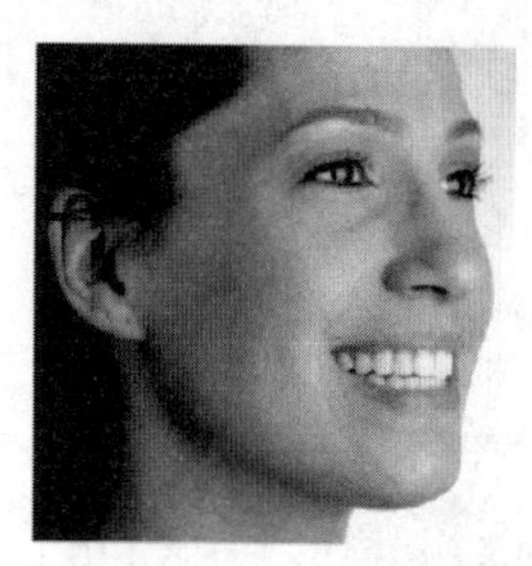

图 2-41 SoundBite™ 牙骨传导助听装置

二、骨导助听器的适应证

骨导助听器主要适用于传导性或混合性听力损失患者以及单侧聋患者，尤其适用于由外耳道闭锁/狭窄、中耳先天畸形、慢性化脓性中耳炎、反复化脓性中耳炎等引起的双侧或者单侧听力损失患者，以及气导助听器无效的患者。对于单纯传导性听力损失患者，气骨导差至少为 30 dB 更有可能受益于骨锚式装置。单侧聋患者对侧正常听力耳的平均纯音阈值（pure tone average，PTA）应大于或等于 20 dB HL，感音神经性听力损失程度取决于处理器的功率。

穿皮骨导助听器的具体适应证：①传导性听力损失/混合性听力损失，平均骨导听阈小于 65 dB HL，如先天性外中耳畸形，慢性化脓性中耳炎术后听力改善不佳，外耳道闭锁、外耳道湿疹、无法佩戴气导助听器、听骨链中断或固定等；②单侧重度或极重度感音神经性聋，如听神经瘤术后、梅尼埃病、突发性聋、手术外伤导致全聋等，健耳气导平均听阈高于 20 dB HL。穿皮骨导助听器可能产生的并发症：①钛螺钉和周围骨组织融合失败；②穿皮桥基周围皮肤软组织肉芽、瘢痕增生和感染；③植入体脱落或取出。

经皮骨导助听器的具体适应证：①外耳道闭锁或中耳炎导致的传导性聋或混合性听力下降，传导性聋或混合性聋平均骨导阈值小于 45 dB HL；②单侧重度感音神经性听力下降，但对侧耳听力正常（平均听阈小于或等于 20 dB HL）；③颅骨具有一定的厚度，不适用于颞骨未完全发育。经皮骨导助听器可能产生的并发症：①因植入部位较深，术中损伤乙状窦及脑膜可能引起出血或脑脊液漏；②术后可能出现耳鸣、头痛、眩晕等；③头皮下血肿及皮瓣坏死。

植入式骨导助听器手术禁忌证，除了常见的耳科手术禁忌证外，还应注意准植入者是否对植入材料过敏，如有相关的过敏史，则为手术禁忌；蜗后病变及中枢病变导致听力损失也是手术禁忌；待植入处皮肤有难以治愈的活动性炎症则禁止植入。

各式骨导助听装置的适配听力范围和声音处理器性能见表 2-3。

表 2-3　各式骨导助听装置的适配听力范围和声音处理器性能

种类	型号	声音处理器	适配听力范围	频率范围	90 dB 峰值输出	60 dB 峰值输出	处理延时	核磁共振兼容
穿皮骨导装置	Ponto	Ponto 3	骨导 PTA≤45 dB	200~9 500 Hz	124 dB	107 dB	6 ms	3T 及以内
		Ponto 3 大功率	骨导 PTA≤55 dB	260~9 600 Hz	128 dB	116 dB	6 ms	
		Ponto 3 超大功率	骨导 PTA≤65 dB	260~9 600 Hz	135 dB	125 dB	6 ms	
		Ponto 4	骨导 PTA≤45 dB	200~9 500 Hz	124 dB	108 dB	8 ms	
	Baha® Connect	Baha® 5	骨导 PTA≤45 dB	250~7 000 Hz	117 dB	105 dB	4. 5 ms	3T 及以内
		Baha® 5 大功率	骨导 PTA≤55 dB	250~7 000 Hz	123 dB	113 dB	4. 5 ms	
		Baha® 5 超大功率	骨导 PTA≤65 dB	250~7 000 Hz	133 dB	121 dB	4. 5 ms	
		Baha® 6 Max	骨导 PTA≤55 dB	200~9 700 Hz	121 dB	108 dB	<6 ms	
被动经皮骨导装置	Alpha 2 MPO	Alpha 2 MPO ePlus™	骨导 PTA≤45 dB（≤35dB 最理想）	125~8 000 Hz	120 dB	110 dB		3T 及以内
	Baha® Attract	Baha® 5	骨导 PTA≤45 dB	250~6 300 Hz	114 dB	104 dB	4. 5 ms	1. 5T 及以内
		Baha® 5 大功率	骨导 PTA≤55 dB	250~7 000 Hz	125 dB	115 dB	4. 5 ms	
		Baha® 5 超大功率	骨导 PTA≤65 dB	250~7 000 Hz	134 dB	123 dB	4. 5 ms	
		Baha® 6 Max	骨导 PTA≤55 dB	200~9 250 Hz	121 dB	108 dB	<6 ms	
主动经皮骨导装置	Osia®	Osia® 2	骨导 PTA≤55 dB	400~7 000 Hz			<6 ms	不兼容，植入磁体必须移除
	Bonebridge™	SAMBA 2	骨导 PTA≤45 dB	250~8 000 Hz	117 dB		8 ms	1. 5T 及以内
体佩式骨导装置	ADHEAR	ADHEAR	骨导 PTA≤45 dB	250~8 000 Hz	124 dB		10 ms	外部装置须移除

经（穿）皮骨导装置的手术植入是在局部或全身麻醉下通过各种皮肤切口进行的。目前，标准是使用单阶段手术，伤口愈合不良或骨矿化不良的情况下，可以考虑两阶段手术。通常术后三个月激活声音处理器并将其加载到桥基上，但最近的文献研究了术后一到两周甚至一天早期激活的作用，同时不牺牲植入物的稳定性。经（穿）皮植入最显著的缺点是存在潜在的不良皮肤反应、器械挤压和需要翻修手术。报告的并发症发生率差异很大，似乎受到手术技术、外科医生经验、患者年龄和易于感染或伤口愈合不良等因素的影响。过去经皮植入桥基的手术通常需要植皮，后来植皮不再常规进行，从而从整体上改善了美容效果，减少了植皮并发症。但皮肤不良反应仍然是经皮植入最常见的并发症，可以使用霍尔格斯（Holgers）分类法进行分类（见表 2-4）。2016 年，穆罕默德（Mohamad）等人发表了一篇系统综述，其中包括 30 项已发表的研究，报道的皮肤并发症发生率从 9. 4%至 84%不等。Kiringoda 和 Lustig 在 2013 年进行的一项荟萃分析包括 2 310 个植入体，并列举了 2 级或更高级别皮肤并发症的发生率，从 2. 4%至 38. 1%不等。翻修手术的发生率在成人或混合人群中为 1. 7%至 34. 5%不等，在儿童中为 0 至 44. 4%不等。被动经皮骨导装置中使用骨锚式听力处理器可以连接测试带。建议考虑放置骨锚式助听器的患者进行植入前测试，以帮助患者了解此类设备的益处、音质以及骨传导设备的效用。

表 2-4　Holgers 皮肤并发症分类

级别	描述	处理
0	无刺激感	清除上皮碎片（如有）
1	轻微发红	局部治疗
2	红色微湿组织（无肉芽肿）	局部治疗
3	红色潮湿（可能有肉芽组织）	翻修手术指征
4	感染	需要移除皮肤穿透植入物

三、骨导助听器调试原则

骨导助听器调试需要遵循的两个基本原则是个体化调试和安全化调试。

1. 个体化调试

个体化调试主要指根据年龄、听力相关病史、骨导听阈、颅骨发育程度、使用习惯等个体因素为患者选择最为合适的骨导助听器样式及功能设置。比如，对于儿童患者，建议采用软带式佩戴方式、全向性麦克风，关闭音量控制器和开关按钮，开启适合语训的程序（如FM）。在软件编程时，针对“软带”模式会有额外的增益补偿以抵消皮肤和组织造成的增益衰减。此外，对所有患者，建议进行内置骨导听阈测试。声音（振动）经过皮肤和组织会发生能量衰减，尤其在高频，但衰减程度因人而异。如果不进行内置骨导听阈测试，而是采用听力计测出的骨导听阈结果，软件会给予一个固定的增益补偿。内置骨导听阈测试的结果则包含了个体用户皮肤和组织对个体骨导装置的增益衰减，因而根据内置骨导测试结果进行选配能够得到个体化的增益补偿。

2. 安全化调试

安全化调试是为了防止患者过度暴露于高强度声音或振动下而对身体造成不适。一般情况下，对于听力正常的受试者来说，65 dB HL是一个舒适的听力水平，100 dB HL则太响。对于传导性或混合性听力损失患者，响度不适程度可能略高。与气导助听器选配调试类似，骨导助听器最好具有接近响度不适水平的最大振动输出（maximum force output，MFO），以充分利用残存的听力动态范围。但由于所有骨导助听器的MFO都受到机械限制，因而实际会影响助听后的动态听力范围。声反馈管理也是保障安全佩戴助听器的一个重要功能，它能够将潜在的过度放大进行抵消或转移，因而建议常规开启。经皮骨导助听装置由于体外声处理器和体内植入体间的连接会造成对皮肤和组织的压迫，导致压迫处疼痛或缺血，因而建议持续留意压迫处的皮肤状况，依情况调整佩戴时间和实施必要的皮肤护理。

四、骨导助听器与验配设备的连接方法

与气导助听器一样，骨导助听器可以通过有线连接（HIPRO）或者无线连接（NOAHlink）的方式与验配软件相连通（见图2-42）。

五、骨导助听器验配软件的使用方法

骨导助听器验配软件跟气导助听器验配软件类似，既可以独立运行，也可以在NOAH平台下应用。验配流程也基本类似，只是骨导助听器编程软件有些特殊的选项。本节以Oticon的Genie Medical验配软件为例，介绍骨导助听器验配软件的功能和使用方法。

1. 打开软件

在计算机桌面或NOAH平台下打开Genie Medical软件。

2. 软件主界面

该软件的主界面包含的主要功能区如图2-43所示。

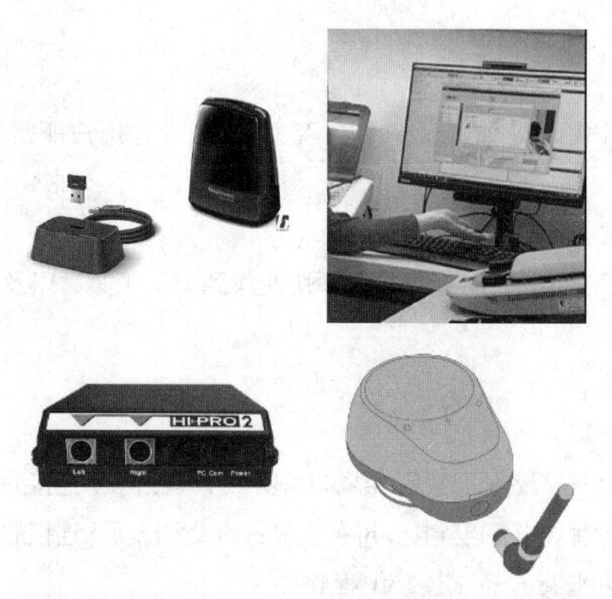

图 2-42　骨导助听器与验配软件间的有线和无线连接方式

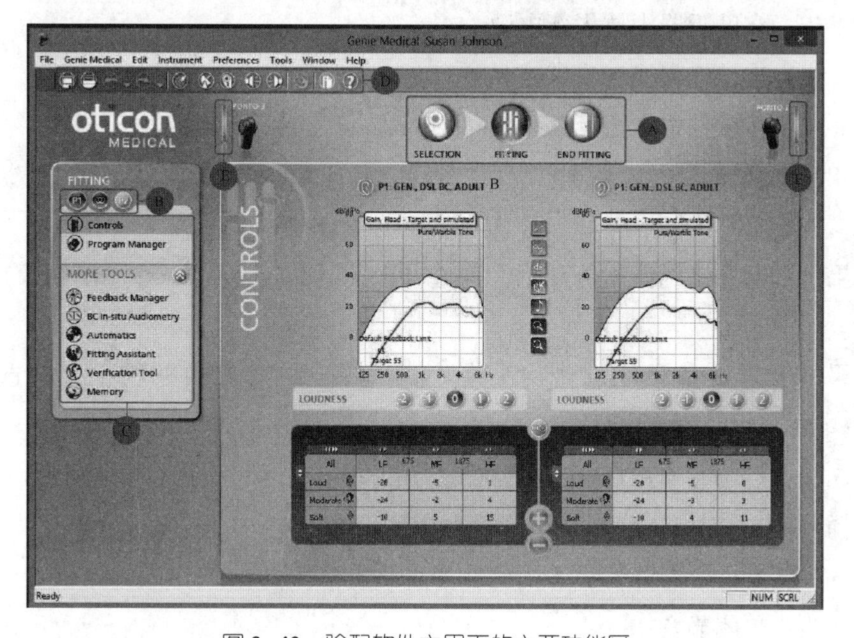

图 2-43　验配软件主界面的主要功能区

图 2-43 中 A 区为选配步骤导航，引导助听器验配师逐步完成验配步骤。

(1) 选择

选择骨导设备和选配类型（如是否单侧聋，是否软带佩戴）。

(2) 调试

测量个体的声反馈限制，执行戴机骨导听力测试，增加或改变程序，评估设置和精细调节。

（3）完成

确定用户操作需求（如音量调节是否关闭），设置用户所需的无线多媒体连接，保存设置。

B 区为程序选择。

C 区为任务栏，可以让助听器验配师快速找到调试工具，以及快速回到当前验配步骤。

D 区为工具栏。

E 区为连接状态。

（1）绿色表示骨导设备已连接，屏幕上显示的设置已写入连接的设备并已保存。

（2）黄色表示骨导设备已连接，屏幕上显示的设置已写入连接的设备，但未保存。

（3）灰色表示骨导设备未连接编程软件。

3. 骨导助听器编程基本步骤

第 1 步：在助听器中放入新电池。

第 2 步：连接编程线（有线连接）。

第 3 步：在软件中点击【Detect and Continue】（探测和继续）。

第 4 步：选择选配类型。

（1）单侧聋

如果助听器用来刺激对侧耳蜗，勾选【Single-sided deafness】（单侧聋）。

（2）软带

如果助听器准备戴在软带、头带、测试带、眼镜或粘贴物上，勾选【Soft band】（软带）。

第 5 步：点击【FITTING】（选配），在【Choose setting】（选择设置）对话框里，选择【Genie Medical】（精灵医学）。

第 6 步：将助听器静音，并固定在患者头上。

第 7 步：关闭静音。

第 8 步：点击【Feedback Manager】（声反馈管理）。

第 9 步：点击【Start】（开始），测量佩戴者的声反馈限制。

第 10 步：点击【BC In-situ Audiometry】（骨导内置测听）。

第 11 步：测试各个频率的骨导听阈。

第 12 步：进入【Controls】（控制）界面，通过评估增益设置效果来判断是否需要调节增益。

第 13 步：点击【END FITTING】（完成选配）。

第 14 步：点击【Save Program and Exit】（保存程序并退出）。

选择符合患者的听力损失类型【Conductive/Mixed（传导性/混合性），Single-sided deafness（单侧聋）】和连接方式【Abutment（基座对接）/Soft band（软带）】（见图 2-44）。这一步非常重要，因为软件预算的增益量会因听力损失的不同而有所变化，比如对于传导性聋，会增加增益来克服传导性“障碍”，更接近线性放大；而当存在感音神经性听力损失（即混合性聋），增益要确保小声能听见，大声不会太吵，更接近非线性压缩放大。当使用软带连接进行骨导内置测听时，得到的阈值结果包括感音神经性损失部分（耳蜗）+皮肤衰减值；当面对单侧聋患者进行骨导内置测听时，得到的阈值结果包括感音神经性损失部分（耳蜗）+颅骨衰减值。

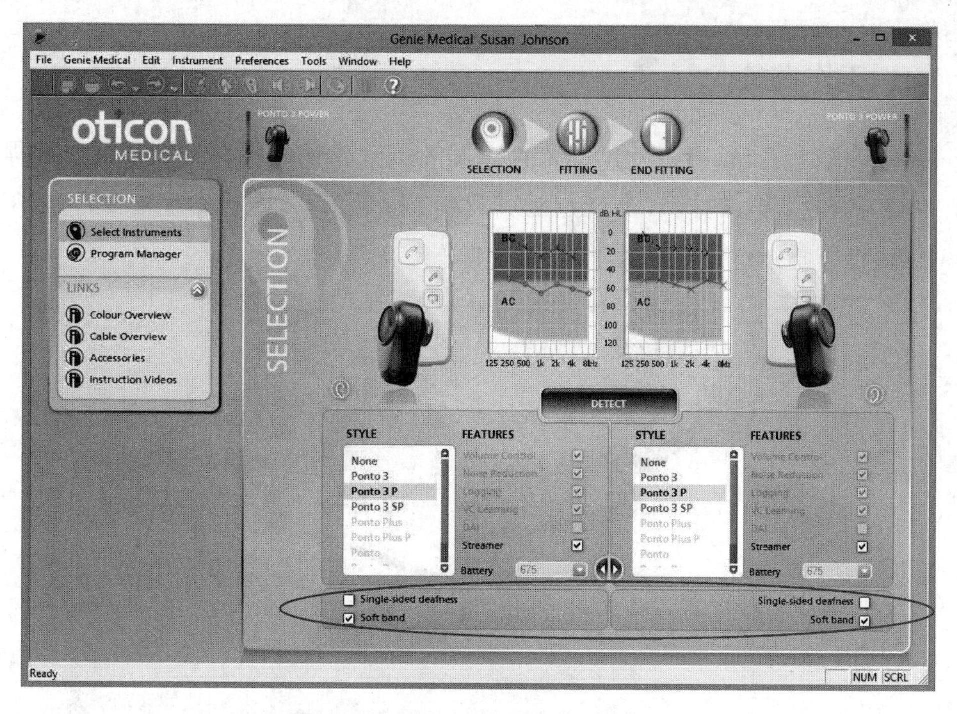

图 2-44　选择助听器类型和佩戴方式

为了能提供足够的增益，处方公式需要考虑骨导内置测听阈值中的传导性因素，而不完全是感音神经性因素。简而言之，如果该选项没有正确勾选，就无法提供足够的增益。

勾选【Single-sided deafness】（单侧聋），界面上将显示好耳侧的频响曲线。勾选【Soft band】（软带）表示患者使用软带或头带佩戴骨导助听器，或者是助听器验配师在骨导植入术前用测试带为患者演示骨导听声效果（见图 2-45）。

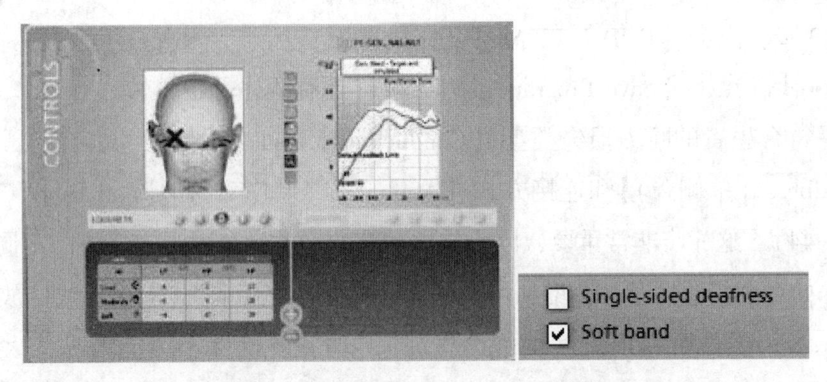

图 2-45　软带佩戴方式对应的调节界面

一、工作准备

在调试前，应先检查骨导助听器电量是否充足。使用配套的编程线，编程线接口和骨导助听器上的接口要红点对齐（见图 2-46）。检查编程器 HI-PRO 或 NOAH-Link 上指示灯是否显示连接正常。

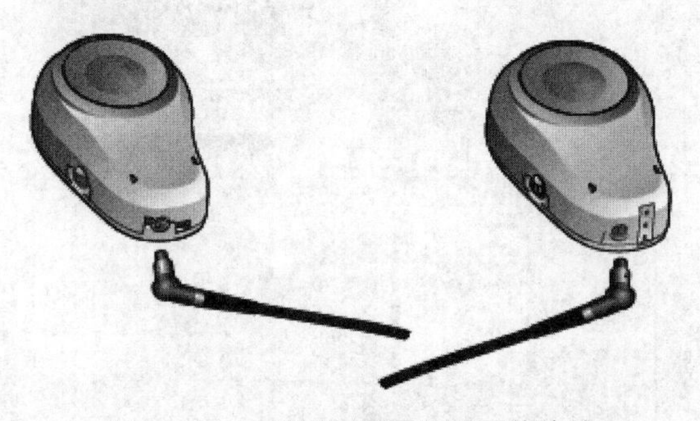

图 2-46　编程线与骨导助听器的连接

二、工作程序

1. 根据患者骨导听力损失程度设置助听器增益曲线

当骨导听阈输入或者测试完成后，打开软件的增益调试界面。骨导助听器的增益曲线设置方法和原则跟气导助听器一致，略有不同的是，骨导助听器的目标增益计算公式列表中增加了针对骨导放大的选项，如改良的 NAL 公式和 DSL BC 公式（见图 2-47）。改良的 NAL 公式提供的增益幅度基于既往文献和内置骨导测听结果，因为耳蜗处没有听力损失，所以对传导性听力下降采用线性放大；对混合性听力损失采用很小幅度的压缩放大以补偿感音神经性听力下降的部分；对单侧聋则采用降低低频放大的同时增加高频放大，这是因为低频声没有头影效应而高频声会发生较大的耳间衰减，去掉多余的低频放大能够减少对好耳侧的干扰，增加高频则能够提高言语分辨率。

图 2-47　目标增益计算公式选项

原始 DSL 公式旨在使助听器输出达到正常感觉级，原理是将自然听觉范围与患者残余听力动态范围进行压缩匹配。DSL BC 公式是基于最新的 DSL v5.0a［i/o］版本，该公式按 4 个阶段计算目标增益：扩展、线性、压缩和输出限制，对双耳和单耳选配有不同的修正值，对儿童和成年人的目标增益计算也有所区别。

增益调节界面如图 2-48 所示。骨导助听器增益调节步骤如下。

第一步：选定需要调节的增益曲线（小声、中声或大声，抑或整体调节）；

第二步：选择需要调节的频率（低频、中频或高频）；

第三步：通过软件中的调节指示箭头增加或者降低增益幅度。

2. 根据听障者骨导听力损失设置 MFO 曲线

在【Controls】（控制）界面，找到 MFO 调试界面（见图 2-49）。MFO 的调试跟增益调试类似，也是分多频段的。MFO 通常设置至最大值以提供尽可能宽的听声范围，但有些患者（如双侧耳道闭锁）倾向于较低的 MFO，这时可以将 MFO 调低几分贝，等患者适应之后逐渐调高 MFO。

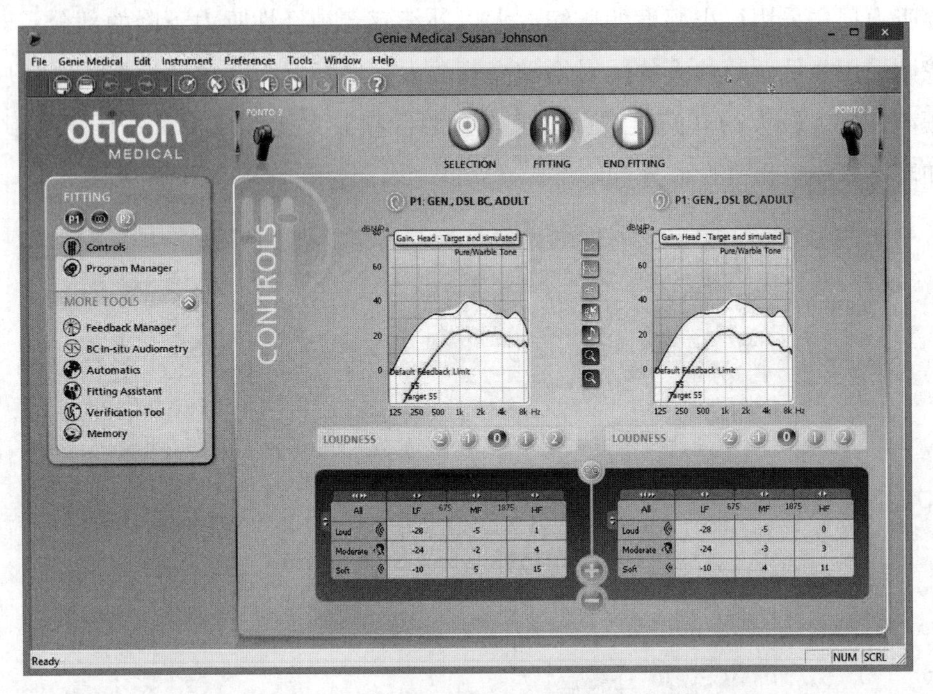

图 2-48　增益调节界面

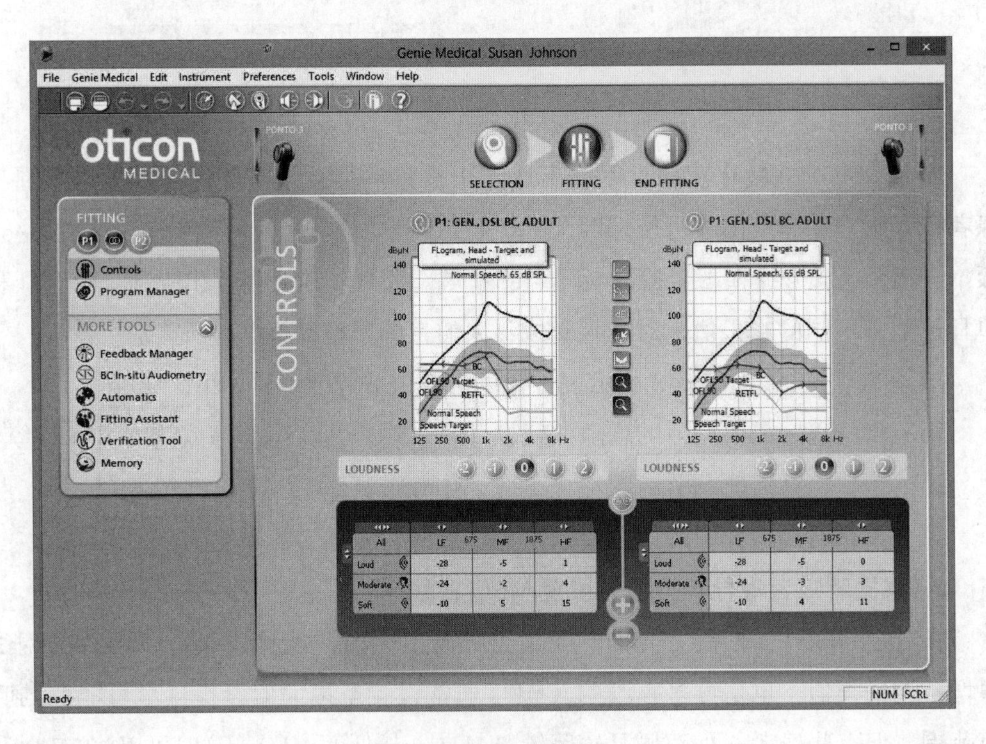

图 2-49　MFO 调节界面

3. 进行骨导助听器声反馈分析设置

即使初始验配没有发生啸叫，仍然推荐按常规进行声反馈分析测试。如果使用编程线，请确保编程线没有碰到声处理器，否则会影响测试结果或引起啸叫。

在选配工具列表中找到【Feedback Manager】（声反馈管理）（见图 2-50），点击【Start】（开始），软件即开始探测声反馈。通常声反馈系统包含两个内容——声反馈探测和动态声反馈抵消（DFC）。声反馈探测主要测量用户声反馈极限，它直接决定了骨导助听器 MFO，有时也被用来优化音量调控功能。动态声反馈抵消采用先进的相位消除和移频等技术来防止过高的输出。

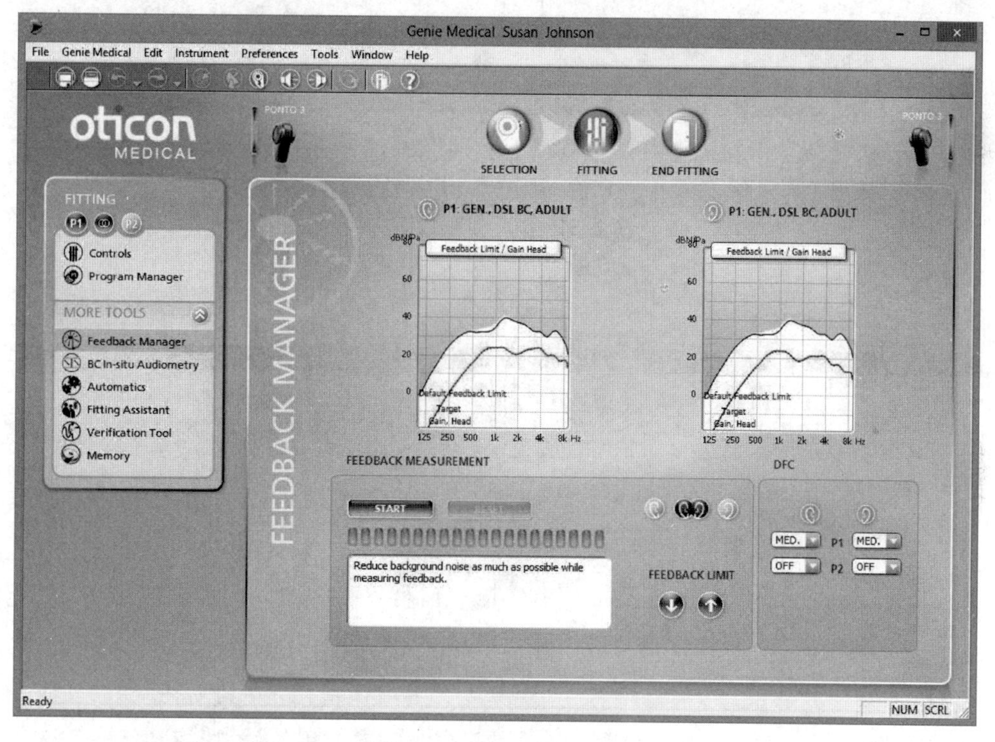

图 2-50　声反馈管理界面

声反馈测试完成后（见图 2-51），验配软件会根据用户能否安全提高音量来评估反馈盾功能是否激活。

在软件上可以看到声反馈限制区域（见图 2-52），增益可以被增加到声反馈限制以上，此时声反馈风险会增加。

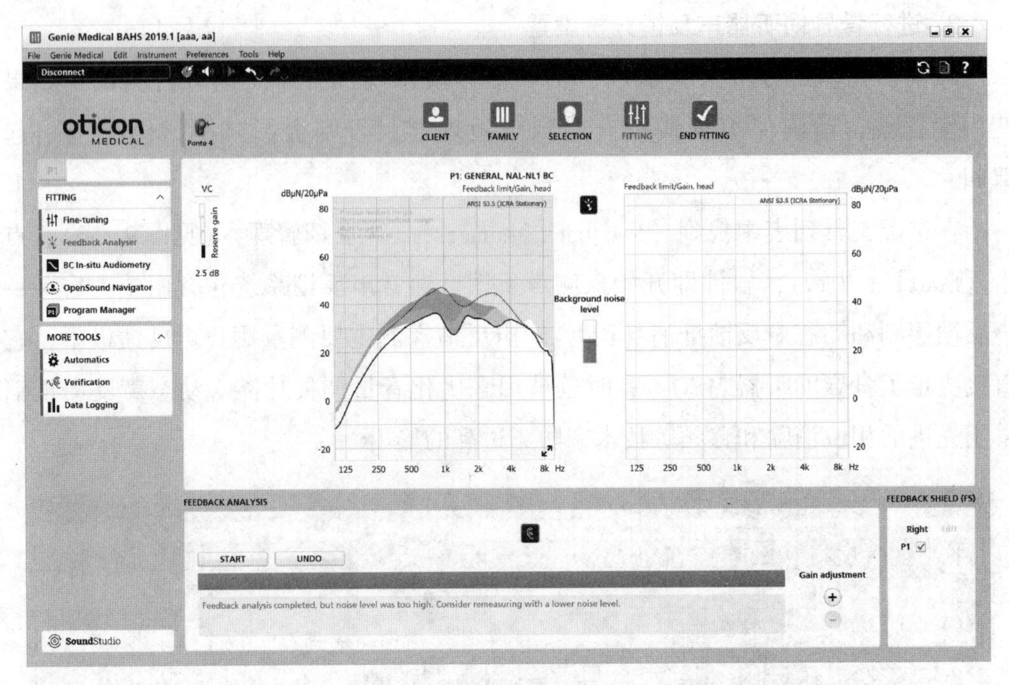

图 2-51　声反馈测试完成

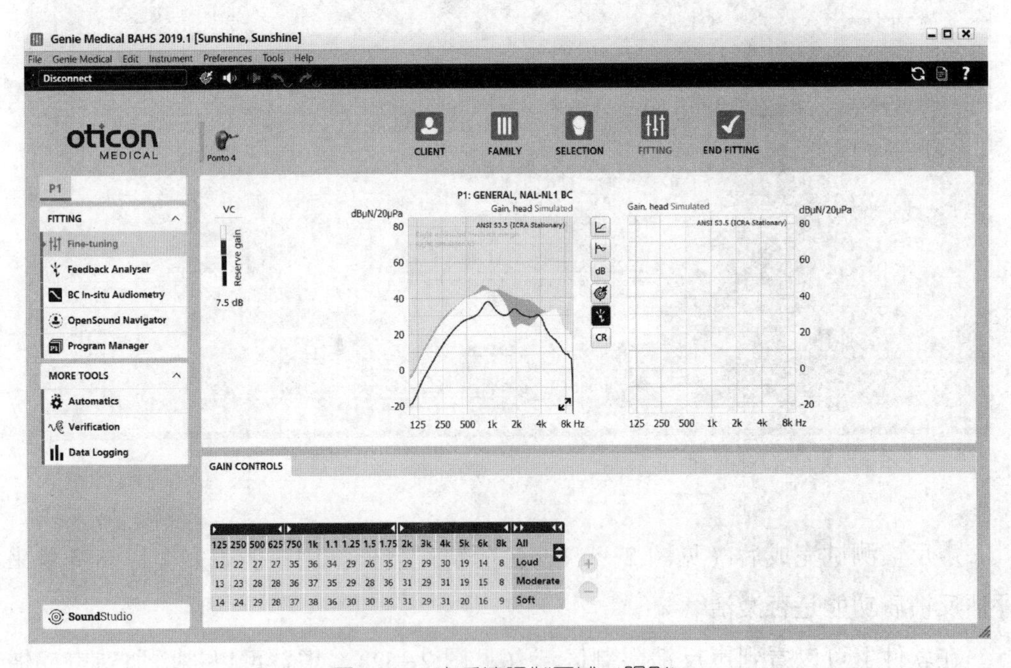

图 2-52　声反馈限制区域（阴影）

如果声反馈限制非常低（即不引起啸叫的最大增益比较低），则需要考虑是否需要一个更长的桥基以增加麦克风与传感器间的距离（见图 2-53），或者进行皮肤处理。

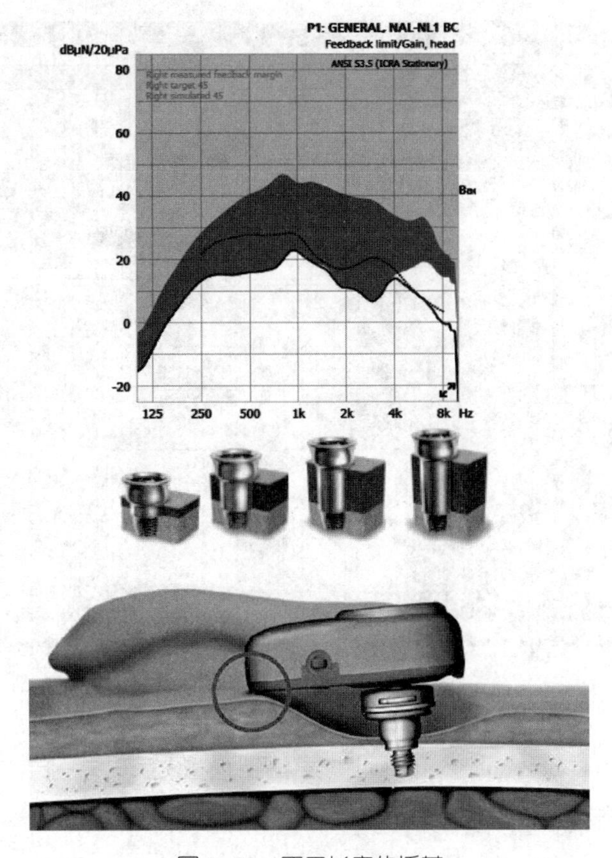

图 2-53　不同长度的桥基

4. 依据骨导听力曲线特征进行程序设置

通常骨导助听器默认开启 1~2 个听力程序，但调试中可为用户手动开启 1~4 个听力程序，用户通过按骨导助听器上的特定按钮在程序间切换。各程序可选的声音转换方式包括①麦克风（M）；②电感（T）/直接音频输入（DAI）/调频（FM）；③电感（T）/直接音频输入（DAI）/调频（FM）+麦克风（M）。程序 1 通常包含全自动指向性麦克风和自动降噪（见图 2-54）。

5. 根据听障者需求进行无线听力辅助设备（电话、电视等）的连接

将骨导助听器与其他无线设备连接的基本步骤如下。

第 1 步：在【End Fitting】（结束验配）界面，选择【Streamer】（串流器）；

第 2 步：点击【Connect Line】（连接线）；

第 3 步：点击【Setting】（设置）；

第 4 步：将串流器与电脑相连；

第 5 步：选择【Linked】（已连接）；

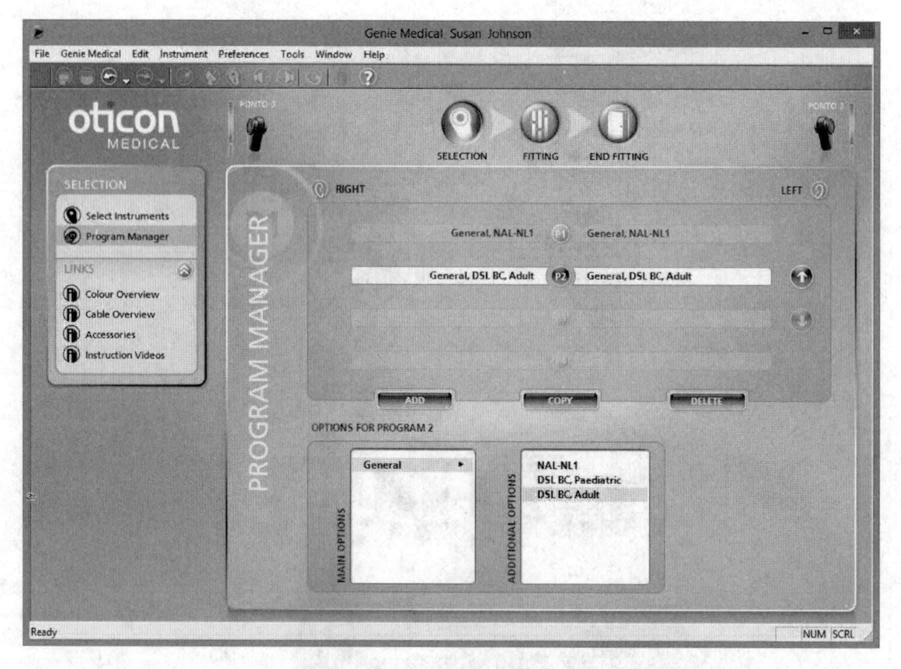

图 2–54　听力程序管理界面

第 6 步：关闭【Streamer Settings】（串流器设置）；

第 7 步：点击【End Fitting】（完成选配）；

第 8 步：通过 Hi-PRO 或 NOAH-Link 输入或读取串流器序列号；

第 9 步：点击【Save Program and Exit】（保存程序和退出）。

三、注意事项

1. 使用骨导助听器需要听障者有相对较好的骨导听阈（骨传导正常或骨导听力损失较轻），这样才能保证效果比较理想。需要手术植入的骨导助听器要求骨导平均听阈值小于或等于 65 dB HL，非植入型骨导助听器要求骨导平均听阈值小于或等于 55 dB HL，这样才能保证骨导助听器的效果。

2. 骨导助听器的振动器必须紧靠颅骨，垂直于颅骨表面。需要提前告知听障者长期如此佩戴按压皮肤，可能会导致与骨导助听器相接触的皮肤部位变硬，引起疼痛、不舒适感。可建议听障者适当调整佩戴时间。

3. 正常的听觉频率范围为 20~20 000 Hz，言语频率主要集中在 250~8 000 Hz。骨导助听器对 3 000 Hz 以上声音的补偿力度相比气导助听器会有所欠缺，需评估观察听障者对高频言语的分辨情况。

职业模块 3 验证与效果评估

培训课程 1　噪声环境下言语识别测试

培训课程 2　言语可懂度及语言能力评估

培训课程 1 噪声环境下言语识别测试

知识要求

一、噪声环境下言语识别的概念和意义

1. 噪声环境下言语识别的概念

人能有效地识别言语，依赖于听觉系统多通道信息传入形成的中枢听觉神经系统内在冗余度和言语信号本身含有的丰富的外在冗余度。噪声干扰可使言语外在冗余度下降，听觉系统障碍可使听觉内在冗余度减少，中枢听觉神经系统健全的人可以听明白外在冗余度减少时发音不清晰的言语；内在冗余度减少时中枢听觉神经系统不健全的人可以听明白发音清晰的言语，只有减少声音的外在冗余度才能检查中枢听觉神经系统的听功能障碍。

噪声环境下言语识别测试是在言语识别测试材料中加入背景噪声，通过减少言语信号的外在冗余度增加对输入言语信息分析处理难度设计的特殊检查方法。

2. 测试目的和意义

在现代社会，噪声环境下的言语理解及交流是一项最基本的技巧，日常生活和工作中的交流多是在噪声环境下进行的。许多研究表明，与正常听力人群相比，感音神经性听力损失人群面临的最大障碍是在噪声环境下的言语识别与理解。一些听觉功能低下听障者在纯音听阈及安静环境下的言语识别能力都在正常范围，但在日常噪声环境下表现出言语识别障碍。噪声环境下言语识别测试能快速可靠地预测和评估助听装置的效果以及评价听觉功能低下听障者的听力损伤程度。因此，噪声环境下言语识别测试也逐渐被人们重视，各种测试材料也随之开发出来，并日臻完善。

进行噪声环境下言语识别测试的意义如下。

（1）能够评价受试者佩戴助听器后在日常生活环境中对言语理解程度的听觉功能状态。

（2）能够判断助听器编程调试的合理性及补偿效果是否达到合理优化。

（3）通过评估可了解听觉中枢对复杂声音信息的处理能力。

（4）为助听器进一步编程调试及听觉训练计划的制定提供依据。

二、不同噪声类型对言语识别测试的影响

噪声环境下言语识别测试的背景噪声包括白噪声（white noise，WN）、言语噪声（speech noise，SN）、嘈杂语噪声（babble noise，BN）等。

1. 白噪声

白噪声是指功率谱密度在整个频域内连续并且均匀分布的噪声。早期的言语识别测试多使用白噪声，随着数字信号处理技术的发展，白噪声逐渐被其他更能反映日常生活状况的噪声所取代，但由于其仍用于与其他噪声的比较，因此仍起着重要的作用。

2. 言语噪声

言语噪声是模拟语音包络特征的经过滤波的稳态噪声或根据测试材料的长时频谱特征合成。同一信噪比条件下，噪声频谱与言语长时频谱越接近，其对言语清晰度的影响越大，言语噪声条件下的言语识别得分（speech recognition score，SRS）结果较稳定，对听力损失敏感者首选进行竞争性言语噪声下的言语测听。

3. 嘈杂语噪声

嘈杂语噪声是近年应用较多的一种语音噪声，由 8~12 人同时讲话录制而成，其频谱与言语长时平均频谱接近。与稳态噪声相比，多人嘈杂语噪声更能反映日常交际场景。但嘈杂语噪声具有较高的波动性，因此在使用多人谈话声为干扰噪声时，绘制每句话的心理测量函数，并逐个调整每句的同质性，就显得尤为必要。

同一噪声下，信噪比越小识别率越低，信噪比越大识别率越高。不同噪声下，50%识别率水平时的信噪比有明显差别，言语识别得分在使用白噪声时最小，在使用嘈杂语噪声时最大，说明不同噪声对言语接受的影响不同。

广华平等通过测试正常人、耳蜗性聋听障者，以及曹永茂等通过对传导性聋听障者的测试发现，在不同的噪声环境下，言语识别得分不同，识别率由高到低

的顺序为言语噪声、白噪声、嘈杂语噪声。

三、噪声环境下言语识别测试的操作方法

1. 固定信噪比测试方法

分别测试几个固定信噪比下的言语识别得分，如 Garin P. 等使用鸡尾酒会声音作为背景噪声，强度固定在 55 dB SPL，测试时信噪比分别为-5 dB、0 dB、+5 dB，测试结果为不同信噪比下受试者的言语识别得分。

2. 自适应性测试方法

自适应性测试使用适应性方法，噪声强度固定，不断调整言语声给声强度（即调整信噪比）来寻找受试者的言语识别阈，如噪声下言语测试（hearing in noise test，HINT）中，噪声强度固定在 65 dB（A），双耳同时给出噪声和言语声时，初始给声强度（信噪比）为 0 dB，然后按一定的方法不断提高或降低言语声的强度，找到受试者的言语识别阈。

四、噪声环境下言语识别测试结果分析

1. 言语识别得分

安静环境下测得的言语识别得分结果在诊断病变性质部位、评价交谈能力和疗效及评定康复效果方面有重要意义。在噪声环境下检查言语识别得分，对评估噪声性听力损失耳的交谈能力、助听器的选配和评价等有实用价值。将在不同言语声强度下测得的言语识别得分连成言语识别曲线，可以发现言语识别曲线随信噪比的改变而改变。不同类型的听力损失（如传导性、蜗性、蜗后性）相当于受不同噪声的干扰，言语识别曲线受到相似的影响。当信噪比不利于言语识别时，在相同信噪比下，感音神经性听力损失耳比正常耳的识别率更差。使用不同类型的噪声在相同的信噪比下，言语识别得分不相同，以多人谈话声为背景，不仅识别率会明显降低，而且检查表中“易懂的”检查项也变得难懂。在安静环境中等效的不同词表，在多人谈话声下则不再等效。有人比较正常青年人和噪声性听力损失者在多人谈话声中的言语识别得分，两组得分虽都有所下降，但差异很大。

2. 言语识别阈

言语识别阈（speech recognition threshold，SRT）是指对某种言语识别测试材料聆听者能听懂 50% 言语信号所需的最低言语级。在言语识别测试中，言语听力

级表示言语信号级，言语听力级是以基准言语识别阈为 0 dB HL，即对大量 18~25 岁正常受试者按规定的方法和用规定的测试材料，测得他们听懂 50%言语信号时的最低言语级（言语识别阈）。这些正常受试者言语识别阈的平均值，即为基准言语识别阈。这种适应性的测试方法可避免最高效应和最低效应的出现，使测试结果更加可靠，并能得到与 *P-I* function 曲线（强度-得分曲线，根据不同信噪比得到的言语识别得分绘制成的曲线）同样的效果，同时缩短了测试时间，满足了临床测试简便易行和高效可靠的要求，但是对测试材料的同质性要求较高。

五、噪声环境下儿童言语识别测试的方法和结果分析

言语识别测试是一个综合的听觉功能评估，言语识别测试方法开发针对性较强。儿童的自身特点有别于成人，体现在听觉系统发育程度、心理状态、视觉、智力、反应能力等方面，这决定了对儿童言语识别测试内容、形式设计和测试结果记录分析等应结合内外部因素具体考虑。第一，内部因素包括儿童的年龄、词汇量、理解能力、学习能力、自我控制能力、有无其他疾病或残疾等儿童自身的情况。在选择测试项目、测试手段等时要根据儿童自身的特点进行。第二，外部因素包括测试过程中反应方式的设计、测试人员的测试技巧等。评价儿童言语感知能力不易直接测试，需要儿童配合参与测试过程，在设计上要使用较明确的反应方式。如果儿童不能明白测试要求或不能、不愿参加，则得到的测试结果必然不能准确反映真实情况。

奥尔森（Olsen）和马特金（Matkin）指出，儿童可接受词汇的选择、恰当反应方式的设计、强化技巧的应用都是影响儿童言语识别测试稳定性和变异性的因素。儿童言语识别与年龄有关，受词汇量、语言能力和决断能力限制，因此成人言语识别测试的方法不适用于儿童。针对儿童发育特点，评价儿童言语听辨时，尤其是噪声环境下的言语听辨能力，必须考虑以下几点。

1. 给声方式

目前常采用录音给声（事先录制好测试材料，然后用播放设备播放声信号）和现场监控口语给声两种方法，但存在一定争议。其中录音给声又分为耳机给声和声场给声两种。录音给声易于建立统一的给声模式和有利于声场校准，多次测试有良好的一致性、可靠性和较高的可比性。现场监控口语给声易于掌控和实施，接近生活实际，更适合儿童。噪声环境下言语识别测试由于需要控制信号和噪声强度，一般采用录音给声方式。如采用现场监控口语给声方式，口语测试声一般

控制在 70 dB SPL，可在规定的距离依据所需要的信噪比设定噪声强度，如要求信噪比为 10 dB，可将噪声强度标定为 60 dB。

2. 测试形式

儿童的测试形式分为开放式测试和封闭式测试。封闭式测试是指给儿童固定数目的备选答案，使儿童从中选择听到的声信号内容，这种测试方式的优点是对受试儿童要求较低，其可不具备说或写的能力，易于操作。但封闭式测试存在一定的机会概率，所以测试结果得分可能高于真实水平。开放式测试是指不提供备选答案，儿童听到声信号后应声复述的回答方式，由于没有固定备选答案的参照，对儿童而言，这种方式难度较大，当儿童无法作出口头反应、过于害羞而不予配合，或表达能力欠佳、说话含糊不清使测试者无法识别对错时，不宜选择开放式测试。所以，通常在儿童言语识别测试开始时，进行相对容易的封闭式测试，然后可根据需要选择较难的开放式测试。

3. 环境因素

环境因素包括背景噪声、混响、声源距离等。当有背景噪声、混响和加大与声源的距离或改变与声源的方向，这些因素均可增加识别任务的难度。

六、常用的噪声环境下儿童言语识别测试材料

1. 美国西北大学儿童言语感知测试

美国西北大学儿童言语感知测试（Northwestern University children's perception of speech test，NU-CHIPS）是由埃利奥特（Elliott）和卡茨（Katz）（1980）根据 3 岁正常儿童的词汇量设计的，由 50 个单音节词组成，采用指认图片形式的封闭式测试。分为安静环境和三种固定信噪比（-4，0，+2）的噪声测试，其中噪声采用白噪声。Chermak，Pederson 和 Bendel（1984）对 NU-CHIPS 噪声环境下测试的可靠性产生质疑。Stuart 在 2005 年改进了 NU-CHIPS 的噪声部分，用来研究学龄儿童在持续和间断噪声中听觉时间解析能力的发展，采用宽带噪声，信号声设为 30 dB SL，信噪比分别为-10、0、10。

2. 幼儿言语识别测试

幼儿言语识别测试（pediatric speech intelligibility test，PSI）由 Jerger 在 1984 年为 3 岁以上儿童开发的封闭式图片指认测试，其目的是获得儿童识别词和句子能力及儿童听觉外周系统和中枢系统障碍的鉴别诊断。测试包括词表和句表，句表由从简单安静环境下的测试到难度逐渐增加的噪声环境下测试组成，噪声采用多

人谈话噪声。对于人工耳蜗植入儿童，言语给声扬声器位于儿童正前方（方位角0°），竞争句子给声扬声器位于非植入人工耳蜗一侧，与前方呈90°。安静条件下，正确率≥80%可进行竞争环境下测试，竞争噪声下言语识别测试难度根据信号竞争比（message-to competition ratio，MCR）分为三个等级，分别为+10 dB MCR（竞争强度低于测试强度10 dB）、0 dB MCR（竞争强度等于测试强度）、-10 dB MCR（竞争强度高于测试强度10 dB）。儿童在某一等级测试下的正确率≥20%时，可以进行难度更高的测试。

3. 方向性噪声下聆听—句子测试

方向性噪声下聆听—句子测试（listening in spatialized noise-sentence test，LISN）由Cameron和Dillon在2007年开发，用来评估中枢听觉处理障碍（central auditory processing disorder，CAPD）儿童。Jerger（1998）认为不能有效利用信号到达两耳的时间和强度差线索从噪声环境中区分目标信号，导致不能进行精确的空间定位，是中枢听觉处理障碍的主要原因。本测试的目的就是评估噪声环境中言语识别能力，包括双耳相互作用。采用多人谈话噪声，要求受试者重复听到的句子，根据受试者的反应得到言语识别阈，并进行了5~11周岁儿童的正常值测试。

4. 儿童版噪声下言语测试（hearing in noise test-children，HINT-C）

美国House耳科研究所在1996年根据Bench-Kowal-Bamfod（BKB）英语句子开发了HINT的成人版测试句表，随后根据6周岁儿童的听觉理解能力改编出儿童版本。BKB句子在长度、难度、理解力上一致，并且符合音素平衡原则以保证句子的同质性。HINT要求受试者复述听到的句子，是根据受试者反应调整句子强度的自适应性测试，结果用信噪比表示，鉴于自适应性的测试过程，本测试采用强度较稳定的言语谱噪声，而不是模拟日常生活噪声来增加结果的可靠性。HINT可用来评估安静环境及不同方向噪声（前方噪声、右侧噪声和左侧噪声环境）条件下语句识别能力，并且已经开发出多语言版本，如英语版和法语版的儿童HINT已经进行了各年龄段儿童的正常值测试，并且推荐儿童版测试材料的最高适用年龄分别为13周岁和12周岁。

5. 我国儿童版选择性听取能力评估

我国人工耳蜗植入儿童的数量日益增多、植入年龄越来越小以及对儿童中枢听觉神经功能处理障碍的日益重视等，促进了我国儿童噪声环境下言语识别测试研究的进一步发展。各国儿童言语发育过程中除存在人类言语发育的统一性和共性外，同时还存在本国母语的独特性。汉语与英语比较，音位在音节和词中的分布位置与组合方式有其自身的特点，因此不能将英语测试材料直接翻译应用于临床，但是可以借鉴其理论和研究方法进行开发性的研究。目前我国噪声环境下对儿童的言语识别测试材料可以大体分为两种。

（1）自主研发的测试材料

中国聋儿康复研究中心孙喜斌教授、高成华教授于 1991 年开发了聋儿听觉言语康复评估词表，在评估室中通过计算机模拟 16 种日常生活里不同的环境噪声，在听觉评估时可依据受试者的实际需要选择使用。环境噪声可以通过放置在受试者不同方位的扬声器给出，言语信号声可由口语发声或连接听力计的扬声器发声。其信噪比可依测试需要设定并由声级计控制，其评估词表有双音节词和短句。测试时通过在不同信噪比的环境噪声中选择性听取目标信号声的言语识别得分，来判断受试者佩戴助听器或植入人工耳蜗后听觉识别能力。

2001 年，听觉言语评估计算机导航系统被研发出来，该系统词表完全以图画形式出现，评估过程中若被试儿童注意力不集中则可启动动画鼓励，整个测试在游戏中完成。其步骤如下：第一步，输入受试者一般信息，建立评估档案。第二步，进入听觉评估界面选择功能评估。第三步，进入言语信号声音量校准状态，将声级计放置在参考测试点位置，分别对左右扬声器校准。第四步，进入词表列表页面，确认选择性听取项目。第五步，进入选择性听取词表列表，依据测试目的确认选择双音节识别词表或短句识别词表。第六步，进行词表及参数设置：①词表出现随机性设置；②16 种背景环境声选择；③背景环境声音量调试；④言语信号声出现间隔时间选择；⑤言语声出现方式选择，设有计算机控制声场给声模式和口语给声模式（计算机处于静音状态）；⑥信噪比选择；⑦鼓励动画自动或手动选择。第七步，开始测试。第八步，存储或打印测试结果。

2003 年，该评估系统的听觉言语评估词表及测试图卡通过了不同年龄段正常听力儿童测试、语音词表的语图相似性分析、汉语言语清晰度指数（国家标准）比对分析及儿童汉语语音平衡分析等儿童词表的标准化研究，使该词表使用日趋成熟，被国内聋儿康复系统、医疗系统广泛应用于儿童言语听觉能力评估及助听器验配、人工耳蜗植入后的康复效果评估。

（2）二次研发的测试材料

二次研发的测试材料是借鉴国外成熟的噪声环境下测试理论，结合国内普通话儿童的语言特点开发的汉语普通话版本。例如，有的研究机构正在编制普通话版幼儿言语识别测试，北京市耳鼻咽喉科研究所刘莎教授和香港大学黄丽娜教授完成了普通话噪声下言语测试（mandarin hearing in noise test，MHINT）的研究工作，目前编制的儿童版也已经完成了各年龄段儿童正常值的测试，有望在不久后进行广泛临床应用。MHINT 测试材料使用了更能代表日常交流的短句作为检查项，这种测试材料可以用于诊断听力障碍，如回跌型的曲线提示蜗后损伤。传统的言语识别测试材料一般使用单音节词，由于单音节词材料缺少冗余度，言语幅度的变化也比较小，不能预测日常生活中儿童的实际交流能力。而短句材料具有日常交流言语的动态特点，与助听器的特性更具交互作用，例如，使数字化助听器对声音的处理具有起始和释放时间的特点。根据 6 周岁儿童的听觉言语能力对成人句表进行改编获得了儿童版普通话噪声下言语测试（MHINT-C）。总之，由于儿童的言语听觉能力处于不断的发育过程中，不能照搬成人的测试材料，需针对不同年龄段儿童的特点开发出合适的测试材料。

噪声环境下言语识别测试操作

一、工作准备

1. 连接测听设备及声场校准

根据评估目的，确定扬声器位置。背景噪声下言语识别测试有以下三种方法。

（1）口语言语听觉评估

1）确定参考测试点位置和测试者位置。

2）检查声级计工作状态。

3）将声级计置于参考测试点标定口语声音强度。

4）通过录音机或 CD 机等设备给出背景环境噪声，选择适当的信噪比，背景环境噪声强度可由声级计标定后固定其音量位置。

（2）声场言语听觉评估

1）确定参考测试点位置和测试者位置。

2）将录音机或 CD 机等设备通过外接连接听力计。

3）通过连接听力计的扬声器给出测试声。

4）通过录音机或 CD 机等设备给出背景环境噪声，选择适当的信噪比，背景环境噪声强度可由声级计标定后固定其音量位置。

（3）听觉言语评估计算机导航系统

1）检查电源连接及设备工作状态。

2）确定参考测试点位置。

3）声场校准。

2. 标定背景噪声强度

（1）应用计算机导航评估系统

可通过软件调试及声级计标定实现，测试信号声与背景环境噪声可用声级计在参考测试点分别校准并确认存储。声强信号声与背景环境噪声可以按选定的信噪比融入同一声道发出声音。

（2）口语言语听觉评估和声场言语听觉评估

背景环境噪声校准是相同的，首先确定噪声源与测试耳角度（0°、45°、90°、270°），距离 1 m，将声级计置于参考测试点，依据所需要的信噪比标定噪声强度。

二、工作程序

1. 口语言语听觉评估和声场言语听觉评估

（1）确定参考测试点位置

受试者坐于参考测试点位置，测试者坐于受试者较好耳一侧，距受试者 0.5 m，并排而坐，避免目光接触。

（2）确定背景环境噪声声源位置

一般置于受试者的正前方，播放噪声的音响设备距离受试者 1 m（见图 3-1）。

（3）背景环境噪声的选择

可依据受试者经常生活、学习环境的特点选择背景环境噪声。

（4）确定背景环境噪声强度

依据受试者的实际情况或评估目的不同选择不同的信噪比，一般为 0 dB、10 dB、20 dB、30 dB，如正常言语声为 70 dB SPL，背景环境噪声强度可分别控制在 70 dB SPL、60 dB SPL、50 dB SPL。将声级计置于参考测试点，按测试需要的信噪比校准噪声强度。

（5）选择测试词表

依据测试目的不同选择双音节词识别或短句识别。如在噪声环境中测试评估

图 3–1　环境噪声声源播放位置

其识别连续语言的能力可选择短句识别，如果评估其言语可懂度可选择双音节词识别。

（6）选择测试方法

依据受试者的言语听觉实际能力及年龄不同，可选择封闭式测试（听话识图）或开放式测试（听说复述）。

（7）给测试声途径

1）口语言语听觉评估。测试者口语给声，其声音强度控制在 70 dB SPL 左右（可用声级计检测声音强度），给声时注意避免与受试者目光接触，每个测试词可给声一次，让受试者指认或复述。

2）声场言语听觉评估。通过声场扬声器发声，测试前已经完成声音强度校准，参考测试点的声音强度控制在 70 dB SPL。测试者依旧与受试者并排而坐，控制受试者的注意力，在封闭式测试中出示和回收词表图片。

（8）评估结果记录

只记录给声词与错答词的卡片号，正确识别卡片号不记录，例如，给声词卡片为 3 号，受试者识别卡片号为 5 号，则简单记录为（3)—(5)，即（给声词卡片号)—(错误识别卡片号)。

（9）评估结果分析

通过计算言语识别得分可依据标准确定助听效果及听觉康复等级。评估结果可作为助听器编程或进一步调试的依据，如果助听器调试已不用优化，评估结果可作为确定听觉康复训练目标的依据。

2. 常用的噪声环境下言语识别测试具体步骤和结果分析

（1）HINT 测试

HINT 测试，是通过自适应的方式，固定噪声强度为 65 dB SPL，根据聆听者反应，自适应改变信号声和信噪比值，从而找到在安静环境和噪声环境下测试的语句识别阈（reception threshold for sentences，RTS），也就是聆听者刚好能听懂 50% 言语声时的信噪比值。在言语信号声固定于正前方的前提下，分别测量安静环境、噪声来自正前方（0°）、噪声来自左侧（左 90°）和噪声来自右侧（右 90°）4 种情况的 RTS，观察比较助听器前后的 RTS 变化，评估助听器验配效果。儿童与成人测试方法一致，只是词表不同，成人为 MHINT 词表，儿童为 MHINT-C 词表。

以 Interacoustics 公司的 HINT App 为例说明。

1）在计算机上安装并打开软件（见图 3-2），同时保证计算机与扬声器连接。

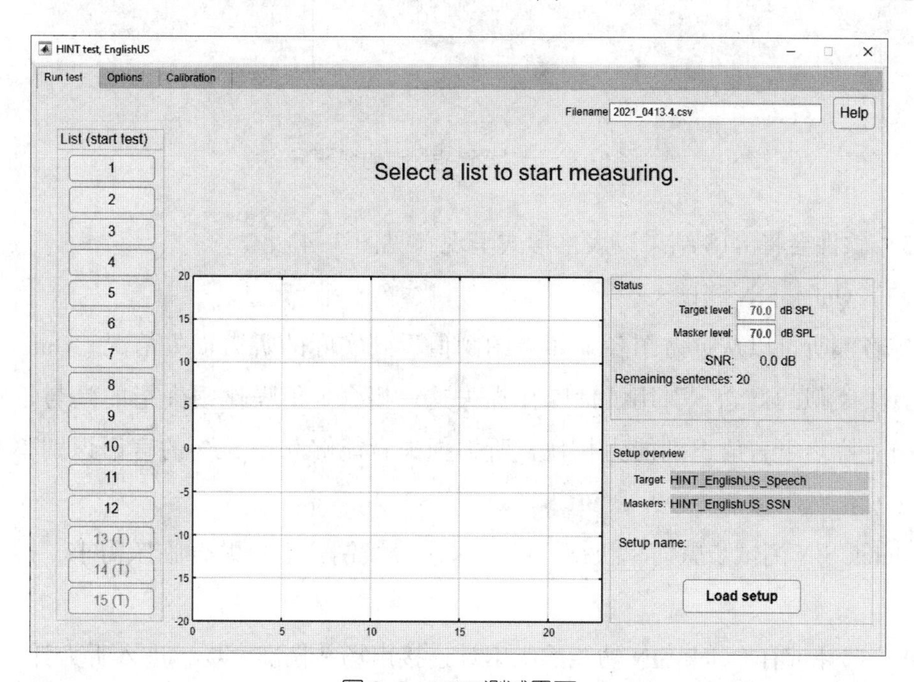

图 3-2　HINT 测试界面

2）进入【Calibration】（校准）界面，根据软件提示，进行计算机声卡与扬声器的校准，以保证输出声音强度和频率保真。

3）设置【Target level】（信号声强度）和【Masker level】（背景噪声强度）为 PTA 阈上 30~40 dB SPL，即起始信噪比为 0 dB。

4）根据受试者年龄，选择一张词表开始测试，记录受试者测试对错情况（见图 3-3），只有当整句话完全复述正确才判定为对，否则判定为错。

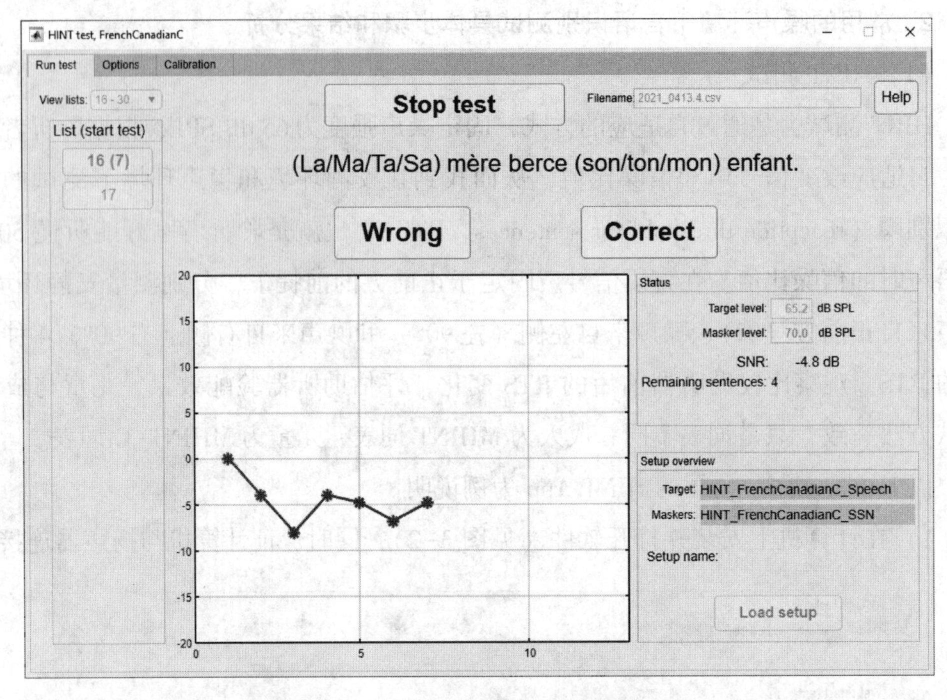

图 3-3　记录受试者测试对错情况

5）软件会将 RTS 结果以表格形式呈现（见图 3-4）。

（2）Quick SIN 测试

纯音测听可以从听力图各个频点的阈值看到实际的听力损失情况。Quick SIN 也设计了类似的概念，引用了信噪比损失这一概念。信噪比损失指的是与正常听力人群在噪声下言语识别能力相比，听力损失者能够获得 50% 的言语识别率所需额外增加的分贝数。

Quick SIN 测试步骤简单快捷，结果采用分级制，十分贴合临床需求，操作步骤如下。

1）选择带有 Quick SIN 功能的听力计连接声场并校准声场，进入听力计 Quick SIN 测试界面。

2）选择设备内置的 Quick SIN 词表，根据词表规则，设置好起始强度后听力计会自动进行后续测试，操作者只需记录得分。

3）不同 Quick SIN 测试材料的计分方式不同，以 M-Quick SIN 为例，听力正常者强度固定为 65 dB SPL，听力损失者采用“大声音并且合适”的强度，测试以 5 dB 为步距，应用 20 dB、15 dB、10 dB、5 dB、0 dB 和 -5 dB 的 6 个信噪比进行测试，每张测试词表包含 6 个句子，每个句子包含 5 个关键词，结果采用“全”或

"无"的方式计分，并确定计分公式为

信噪比损失 = 24. 5-答对词数

4）听力计会记录每个句子的得分，并自动计算及显示信噪比损失结果。

5）结果分析，对照信噪比损失分级表查看结果，针对性地采取推荐的验配方案（见表 3-1）。

A1 | Resultfile for HINT test with Polish material.

	A	B	C	D	E	F	G	H	I
1	Resultfile for HINT test with Polish material.								
2	Filename: 2020_0807.28.csv								
3	Date and time: 07-Aug-2020 11:14:11								
4	ASIO sound device: ASIO Fireface USB								
5	Procedure: HINTPro, Adjust target with adaptation towards 50 % correct Sentences								
6	Start level of target: 70.0 dB SPL								
7	Start level of maskers: 70.0 dB SPL								
8									
9	List	Sentence	Sentence	Sentence	SNR	Correct	Correct	Number o	Response
10	nr	number	in list	total#	[dB]	sentences	words	words	time
11	1	16	1	1	0.0	1	4	4	1.23
12	1	7	2	2	-4.0	1	3	3	0.58
13	1	19	3	3	-8.0	0	0	4	0.64
14	1	1	4	4	-4.0	1	3	3	0.47
15	1	9	5	5	-4.8	1	3	3	1.72
16	1	12	6	6	-6.8	0	0	3	0.74
17	1	18	7	7	-4.8	1	4	4	2.46
18	1	8	8	8	-6.8	1	3	3	0.66
19	1	6	9	9	-8.8	0	0	3	1.14
20	1	15	10	10	-6.8	1	4	4	0.57
21	1	5	11	11	-8.8	1	3	3	0.52
22	1	4	12	12	-10.8	1	3	3	2.32
23	1	17	13	13	-12.8	0	0	4	2.77
24	1	2	14	14	-10.8	1	3	3	2.79
25	1	3	15	15	-12.8	0	0	3	0.76
26	1	13	16	16	-10.8	0	0	3	0.43
27	1	11	17	17	-8.8	0	0	3	2.03
28	1	14	18	18	-6.8	1	4	4	3.40
29	1	10	19	19	-8.8	1	4	4	1.77
30	1	20	20	20	-10.8	1	3	3	0.49
31				21	-12.8				
32									
33	RTS50 = average SNR(5:21)								
34	-9.04								

图 3-4 RTS 结果

表 3-1 信噪比损失程度与验配方案选择

信噪比损失	信噪比损失程度	预计采用方向性麦克风会得到改善
0~3 dB	正常/接近正常	在噪声中的听力可能优于正常人
3~7 dB	轻度信噪比损失	在噪声中的听力可接近正常人
7~15 dB	中度信噪比损失	方向性麦克风会有帮助，考虑阵列麦克风
>15 dB	重度信噪比损失	需要最大程度的信噪比改善，考虑 FM 系统

（3）ANL 测试

可接受噪声级（acceptable noise level，ANL）测试可用于预估助听器选配成功率，是聆听语声最大舒适阈（most comfortable level，MCL）与在此听力条件下能接受的最大背景声级（background noise level，BNL）之间的差值，其公式为：

$$ANL=MCL-BNL$$

ANL 不受听力损失者性别、年龄、听觉功能、裸耳或助听装置的影响，能在不同语种环境中应用并广泛应用于助听器新技术的临床评估，操作步骤如下。

1）选择带有 ANL 功能的听力计连接声场并校准声场，进入听力计 ANL 测试界面（见图 3-5），根据受试者情况选择相应的 ANL 测试材料。

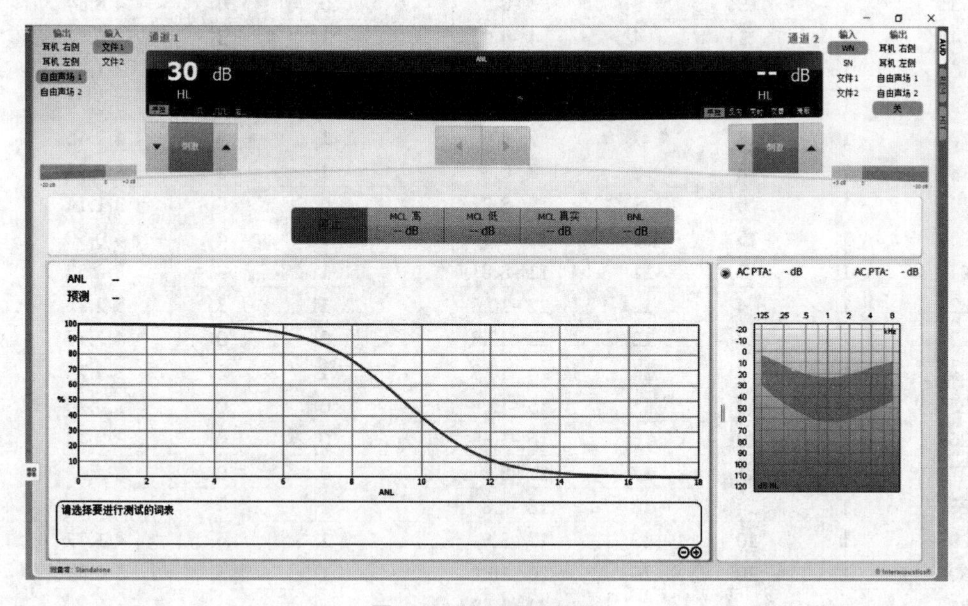

图 3-5 ANL 测试界面

2）根据受试者 PTA 阈值，将调节听力计起始给声强度设置为阈上强度，然后向受试者解释需要如何配合测试，听力计测试界面同样会显示提示内容。

3）测试 MCL 高值。点击【MCL 高】按钮，根据听力计上提示，向受试者解释如何配合："我将为你播放一段话。请示意我调大或调小信号声，来达到你听起来最舒服的强度。我会一路指导你。首先，示意我把声音调大，一直到太大觉得难受为止。"然后点击【MCL 高】按钮上的图标，开始播放词表，根据受试者示意，再点击【MCL 高】按钮上的图标停止给声，听力计会自动记录当前 MCL 高值（见图 3-6）。

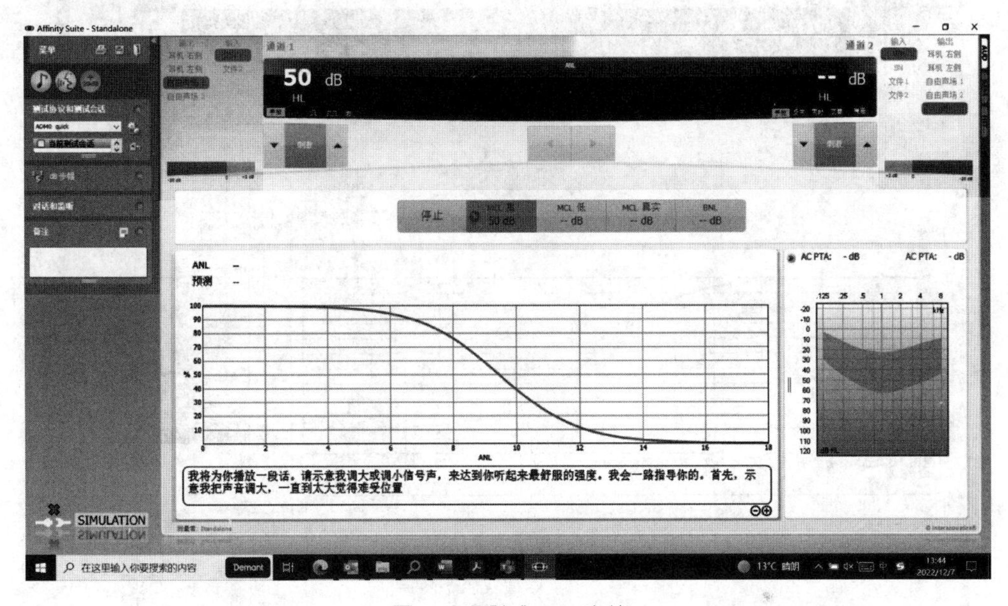

图 3-6 测试 MCL 高值

4）测 MCL 低值。点击【MCL 低】按钮，根据听力计上提示，向受试者解释如何配合："现在，这段话声音会变轻，示意我调小强度，直到快要听不清为止"。然后点击【MCL 低】按钮上的图标，开始播放词表，根据受试者示意，再点击【MCL 低】按钮上的图标停止给声，听力计会自动记录当前 MCL 低值（见图 3-7）。

5）测 MCL 真实值。点击【MCL 真实】按钮，根据听力计上提示，向受试者解释如何配合："现在你将以正常的强度听到这段话。示意我增加或减少强度，让你能舒服地听。想象一下，我是你电视机的音量控制器，你想把音量调到一个舒适的水平，这样你整个晚上都能听到电视的声音。"然后点击【MCL 真实】按钮上的图标，开始播放词表，根据受试者示意，再点击【MCL 真实】按钮上的图标停止给声，听力计会自动记录当前 MCL 真实值（见图 3-8）。

6）测 BNL 值。点击【BNL】按钮，根据听力计上提示，向受试者解释如何配合："你将在几个人同时说话的背景噪声下听同一段话。首先示意我把噪声调大，直到噪声太大为止。然后你要给示意，我把声音调小，直到这段话听起来很清楚为止。最后，示意我把背景噪声调大，直到刚好让你能听清这段话。"然后点击【BNL】按钮上的图标，开始播放词表，根据受试者示意，再点击【BNL】按钮上的图标停止给声，听力计会自动记录当前 BNL 值（见图 3-9）。

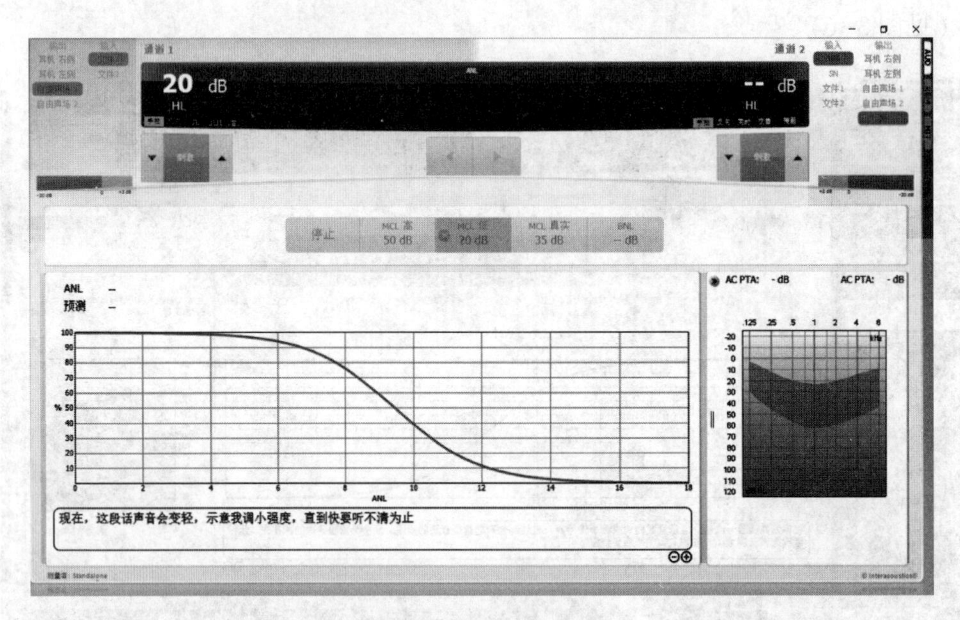

图 3-7　测试 MCL 低值

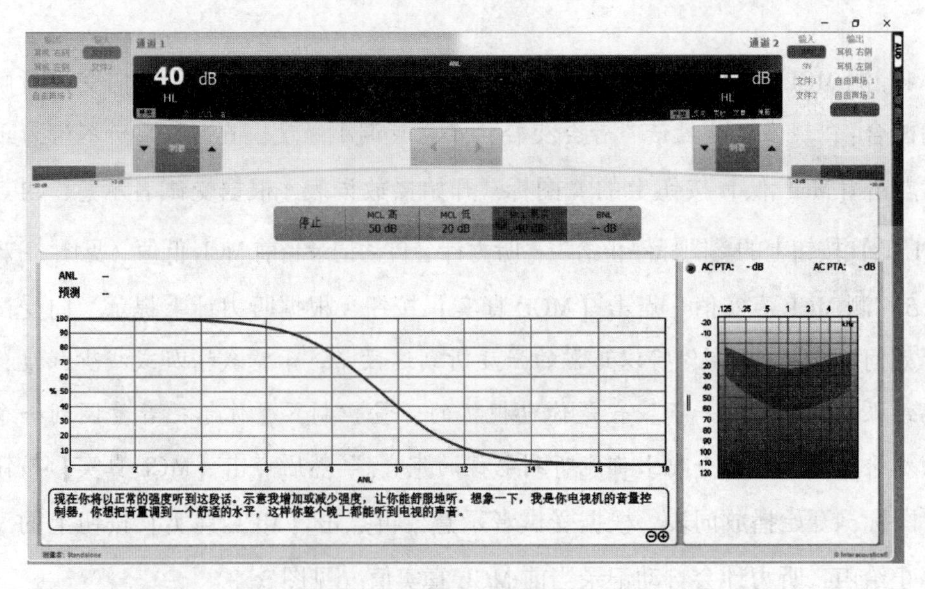

图 3-8　测试 MCL 真实值

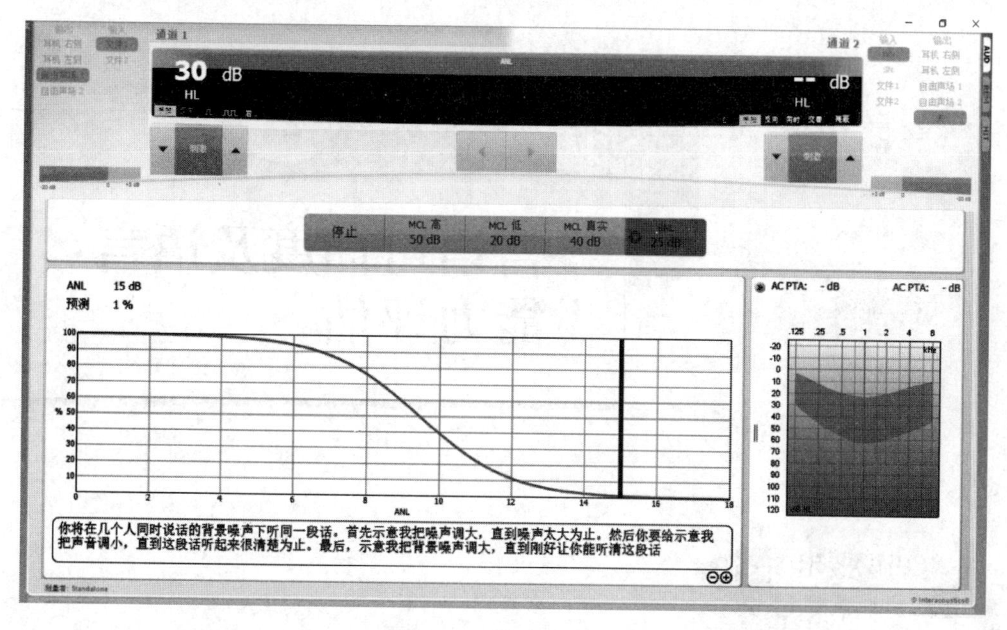

图 3-9　测试 BNL 值

7）结果解读。听力计会自动计算并显示 ANL 值及预计的助听器使用成功率（见图 3-10）。ANL 值小于 7 dB SNR，说明其助听器使用的效果将很好，若裸耳 ANL 值大于 13 dB SNR，说明其助听器使用的效果将非常差。若 ANL 值在两者之间，说明助听器使用成功和失败的概率将占达 50%。

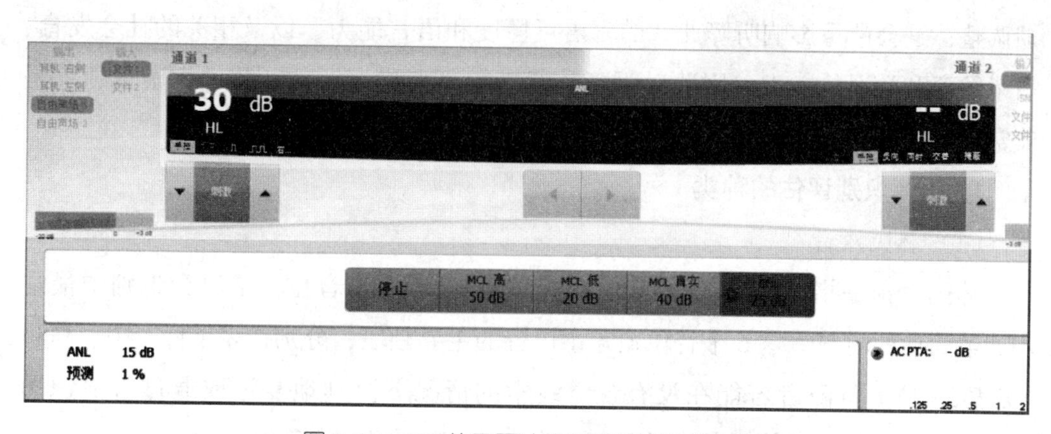

图 3-10　ANL 值及预计的助听器使用成功率

培训课程 2

言语可懂度及语言能力评估

一、语前聋对言语可懂度及语言能力的影响

言语可懂度（speech intelligibility），又称言语清晰度，可被定义为一个人说话的清晰程度，以便听众可以理解他/她的语音。听觉能力提供了儿童语言习得的两个基本条件，即对声音的辨别能力和反馈能力。语前聋的听障儿童往往不能获取真实的声音水平或根本不能理解声音的概念，也不能对自己所发出的声音进行反馈调整，这会严重影响听障儿童的言语可懂度和语言能力，以及相关的社会发育、情绪发育和学习的能力，因此对听障儿童进行语言能力评估，并进行康复训练是非常重要的。

1. 语音识别评估的种类

(1) 林氏六音

林氏六音是指/m/、/u/、/ɑ/、/i/、/sh/、/s/六个音位，是语音识别中最常用、最简便的材料。这 6 个音位覆盖了语音的主要频段，分别代表了低、中、高频（见表 3-2）。听障者若能在没有视觉线索的情况下流利地复述或通过听话识图（见图 3-11）的方式找出其中的任何一个音（三次中两次正确），则说明听力补偿或重建设备能帮助该听障者识别该频段的语音。例如，听障者能复述“ɑ”“i”，且三次中两次正确，则表示该听障者能识别中频的语音；如果主试者发出“m”音时，听障者能通过听话识图的方式从图 3-11 中找出“m”，且三次中两次以上正确，则说明听力补偿或重建设备能有效地帮助听障者识别低频的语音。

表 3-2　林氏六音的频率

林氏六音	主频段	频区/Hz
/m/	低频	250
/u/	低频	300~900
/ɑ/	中频	700~1 500
/i/	低中频	250~2 500
/sh/	高频	2 000~4 000
/s/	高频	3 500~7 000

图 3-11　林氏六音图

林氏六音除用于语音识别外，还可用于考察听障者各频段的察知能力。与语音识别不同的是，在考察听觉察知能力时，听障者只要能听到声音作出反应即可，而不需要复述准确，不需要找到对应的图片。

（2）语音均衡式声母识别及韵母识别

语音均衡是指词表中语音出现的概率与日常生活中出现的概率相一致。语音均衡评估使用孙喜斌教授研发的“聋儿听觉言语评估词表”中的韵母识别和声母识别进行。该词表以婴幼儿“学说话”及儿童日常使用最多的词汇为文字资料，以听说复述（开放式测试）或听话识图（封闭式测试）进行测试。测试词表配有测试用 CD 光盘及两盘供听觉学习用的 VCD，既适用于婴幼儿的言语识别测试，又适用于聋儿佩戴助听器后的助听效果评估。

语音均衡式声母识别选用了汉语中的 21 个声母，韵母识别选用了《汉语拼音方案》中的 31 个韵母。在严格考虑语音均衡基础上，按照语音测试词表编制规则组成了声母识别词表和韵母识别词表各 75 个词，编为 3 个词表，每张词表 25 个词。当一个词表作为测试词时，另两个则作为陪衬词（见表 3-3 和表 3-4）。例如，韵母识别“鼻—白—拔”中，如果让听障者找出“拔”，则“拔”为目标词，“鼻”和“白”则为陪衬词。测试使用图片如图 3-12 所示，每个词对应着一张图片，图片上印有简单易懂的图画、拼音和文字。

表 3-3 语音均衡式韵母测试词表

编号	测试内容			编号	测试内容		
	词表 1	词表 2	词表 3		词表 1	词表 2	词表 3
1	鼻/bí/	白/bái/	拔/bá/	14	山/shān/	水/shuǐ/	鼠/shǔ/
2	风/fēng/	方/fāng/	飞/fēi/	15	裙/qún/	墙/qiáng/	球/qiú/
3	摸/mō/	妈/mā/	猫/māo/	16	虾/xiā/	靴/xuē/	星/xīng/
4	肚/dù/	弟/dì/	豆/dòu/	17	鹿/lù/	链/liàn/	辣/là/
5	听/tīng/	脱/tuō/	踢/tī/	18	走/zǒu/	早/zǎo/	嘴/zuǐ/
6	奶/nǎi/	女/nǚ/	鸟/niǎo/	19	牙/yá/	鱼/yú/	圆/yuán/
7	锣/luó/	楼/lóu/	林/lín/	20	壶/hú/	河/hé/	红/hóng/
8	蓝/lán/	铃/líng/	梨/lí/	21	灯/dēng/	刀/dāo/	蹲/dūn/
9	瓜/guā/	高/gāo/	锅/guō/	22	本/běn/	笔/bǐ/	表/biǎo/
10	鸭/yā/	衣/yī/	烟/yān/	23	象/xiàng/	线/xiàn/	笑/xiào/
11	黑/hēi/	花/huā/	喝/hē/	24	鸡/jī/	家/jiā/	镜/jìng/
12	车/chē/	吃/chī/	窗/chuāng/	25	菜/cài/	刺/cì/	错/cuò/
13	鞋/xié/	洗/xǐ/	熊/xióng/				

表 3-4 语音均衡式声母测试词表

编号	测试内容			编号	测试内容		
	词表 1	词表 2	词表 3		词表 1	词表 2	词表 3
1	白/bái/	柴/chái/	埋/mái/	14	龙/lóng/	红/hóng/	虫/chóng/
2	塔/tǎ/	打/dǎ/	马/mǎ/	15	握/wò/	坐/zuò/	落/luò/
3	猫/māo/	刀/dāo/	包/bāo/	16	六/liù/	球/qiú/	牛/niú/
4	喝/hē/	哥/gē/	车/chē/	17	鸡/jī/	七/qī/	西/xī/
5	脱/tuō/	锅/guō/	桌/zhuō/	18	书/shū/	猪/zhū/	哭/kū/
6	切/qiē/	贴/tiē/	街/jiē/	19	盆/pén/	门/mén/	闻/wén/
7	瓜/guā/	刷/shuā/	花/huā/	20	铃/líng/	星/xīng/	镜/jìng/
8	鸟/niǎo/	脚/jiǎo/	表/biǎo/	21	水/shuǐ/	嘴/zuǐ/	腿/tuǐ/
9	灯/dēng/	风/fēng/	扔/rēng/	22	狗/gǒu/	手/shǒu/	走/zǒu/
10	攀/pān/	搬/bān/	山/shān/	23	妹/mèi/	黑/hēi/	飞/fēi/
11	臭/chòu/	楼/lóu/	猴/hóu/	24	鱼/yú/	驴/lǘ/	女/nǚ/
12	刺/cì/	四/sì/	日/rì/	25	家/jiā/	虾/xiā/	鸭/yā/
13	线/xiàn/	面/miàn/	链/liàn/				

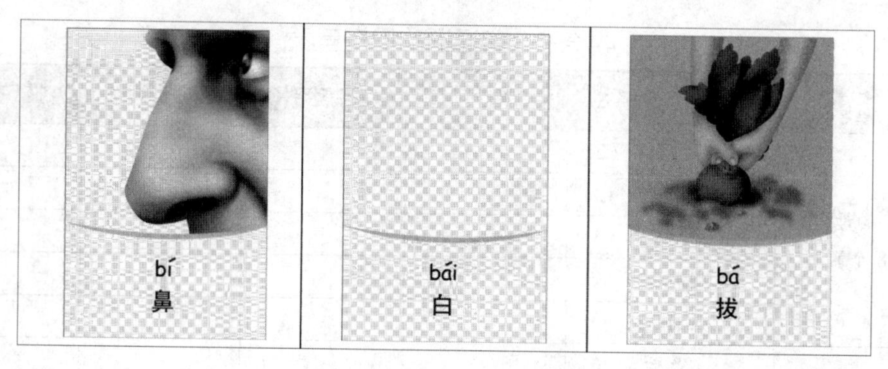

图3-12 韵母识别第一组图片

（3）最小音位对比识别

最小音位对比识别是根据汉语语音中仅有一个维度差异的原则编制的音位对比听觉识别材料。由于韵母和声母数目很多，又可根据构音特征和声学特征进行分组评估（见图3-13）。在韵母方面，汉语系统中一般从韵母第一个音的开口特点（开口呼、齐齿呼、合口呼、撮口呼）和韵母内部的结构特点（单韵母、复韵母、鼻韵母）两个维度进行分类（见表3-5）。因此，韵母识别的分组安排可以结合这两个维度划分为4组，即同一结构、不同开口，不同结构、相同开口，相同结构、相同开口，前鼻音与后鼻音，共92对。

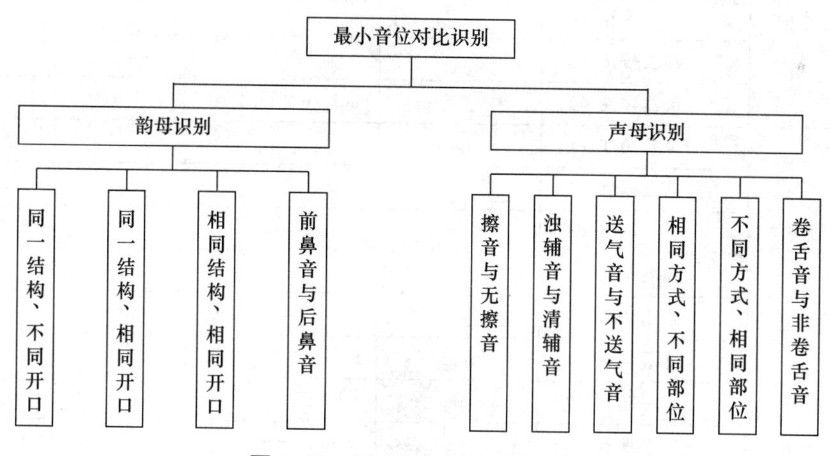

图3-13 最小音位对比识别框架

第1组："同一结构、不同开口"韵母识别。这是指分别将单韵母、复韵母和鼻韵母中的开口呼、齐齿呼、合口呼和撮口呼四者中的两者放在一组声母和声调相同的单音节词中，让听障者识别。如评估 ɑ 与 i 的识别，可让听障者识别两个有意义的单音节词"拔（bá）"和"鼻（bí）"。所选择的词应尽量接近生活。

表 3–5　普通话韵母构音表

		唇韵母运动模式	开口呼	齐齿呼	合口呼	撮口呼
单韵母（8 个）		非唇韵母（2）	ɑ，er			
		圆唇（3）	o		u	ü
		展唇（3）	-i，e	i		
		圆展转换（0）				
		展圆转换（0）				
复韵母（13 个）	前响	非唇韵母（0）				
		圆唇（2）	ɑo，ou			
		展唇（2）	ɑi，ei			
		圆展转换（0）				
		展圆转换（0）				
	后响	非唇韵母（0）				
		圆唇（2）			uɑ，uo	
		展唇（2）		iɑ，ie		
		圆展转换（1）				üe
		展圆转换（0）				
	中响	非唇韵母（0）				
		圆唇（0）				
		展唇（0）				
		圆展转换（2）		iɑo，iou（iu）		
		展圆转换（2）			uɑi，uei（ui）	
鼻韵母（16 个）	前鼻音	非唇韵母（1）	ɑn			
		圆唇（3）			uɑn	ün，üɑn
		展唇（3）	en	in，iɑn		
		圆展转换（1）			uen	
		展圆转换（0）				
	后鼻音	非唇韵母（1）	ɑng			
		圆唇（2）	ong		uɑng	
		展唇（3）	eng	ing，iɑng		
		圆展转换（1）			ueng	
		展圆转换（1）		iong		

第 2 组："不同结构、相同开口"韵母识别。这是指表 3–5 中同列、不同行音的比较。由于前鼻音和后鼻音的听辨比较困难，对很多正常听力人群来说也是一个难点，因此在本组识别中将前鼻音和后鼻音比较排除在外，单独作为一组进行评估。

第 3 组："相同结构、相同开口"韵母识别。这是指将表 3–5 中同一个小方格内的音位进行相互比较，如识别 iα/ie、uα/uo 等。

第 4 组："前鼻音与后鼻音"韵母识别。前鼻音与后鼻音是汉语言的特点之一，也是听觉识别的难点之一，应作为韵母识别评估中最后选择的材料。由于这一内容对于很多正常听力人群都很难，所以在根据评估结果制定方案时，如果经过一周训练听障者仍无法完成，则可先跳过这一内容。

在韵母识别之后，可进行声母的识别。汉语语音可按照发音方式和发音部位两个维度将声母分类（见表 3–6）。声母识别可分为 6 组：擦音与无擦音，浊辅音与清辅音，送气音与不送气音，相同方式、不同部位声母，不同方式、相同部位声母，卷舌音与非卷舌音，共 87 对。

表 3–6 普通话声母分类表

发音方式			发音部位						
			唇音		舌尖音			舌面音	舌根音
			双唇音	唇齿音	舌尖前音	舌尖中音	舌尖后音		
鼻音	清音								
	浊音		m			n			（ng）
塞音	清音	不送气	b			d			g
		送气	p			t			k
	浊音								
塞擦音	清音	不送气			z		zh	j	
		送气			c		ch	q	
	浊音								
擦音	清音			f	s		sh	x	h
	浊音						r		
边音	清音								
	浊音					l			

第 1 组："擦音与无擦音"识别。该组内容是声母有擦音与没有擦音之间的比较。在汉语中，主要有 h 和 s 两个音。

第 2 组："浊辅音与清辅音"识别。该组内容是同一发音部位的浊音和非浊音的比较。这是由于发浊音时声带振动，带有元音的特征，因而比较容易识别。汉语拼音方案中共有4个浊音：m、n、l、r。将它们分别与同一发音部位的清音相比较。

第3组："送气音与不送气音"识别。这组内容主要包括塞音和塞擦音内部送气与不送气的比较。

第4组："相同方式、不同部位"声母识别。该组识别的内容是表3-6中同行（鼻音、塞音、塞擦音和擦音）不同列（唇音、舌尖音、舌面音和舌根音）的两个音位的比较，如可识别b/d、d/g，但不识别z/zh、c/ch、s/sh。z/zh、c/ch、s/sh这三对语音的识别又称卷舌音和非卷舌音识别，对比的两组之间发音部位非常接近，即使对听力正常人群来说也有较大的难度，因此把它单独作为一组，作为最难的内容，放在最后进行训练。

第5组："不同方式、相同部位"声母识别。该组识别的内容是唇音、舌尖音、舌面音和舌根音中，鼻音、塞音、塞擦音、擦音和边音的比较，如识别d/s、z/s、zh/sh等。

第6组："卷舌音与非卷舌音"识别。卷舌音与非卷舌音是汉语中的特有现象，也是汉语中较难识别的内容，如z/zh的识别。

（4）单音节词识别

单音节词识别用于综合考查听障者识别日常生活中常见词韵母、声母及声调的能力。该词表包括同等难易程度的两个分词表，每个词表35个词（字），包括了《汉语拼音方案》中全部声母及35个韵母中的30个，共分为7组，每组5个词。

二、言语清晰度、言语香蕉图与言语识别率之间的关系

1. 言语清晰度

言语清晰度又称言语可懂度，可定义为一个人说话的清晰程度，以便他/她的言语可以被听众理解。言语清晰度降低会导致聆听者的误解、沮丧并失去兴趣，从而使沟通质量下降。

2. 言语香蕉图

言语香蕉图指正常人的语言频率和强度在听力图上的范围，根据此范围描绘的曲线形似香蕉，因此称为香蕉图。

3. 言语识别率

言语识别率指受试者能听懂所测词汇的百分比，是常用的言语测听结果指标。

言语的感知与产生是一条完整的反馈链，听不明白则说不清楚。从定义上看，言语清晰度和言语香蕉图反映了说话者的语言情况，言语识别率反映了其聆听能力，三者之间相互作用。语音识别差，一方面听不清其他人的言语，影响语音的模仿学习；另一方面听不清自己发出的言语，无法修正自己的发音过程，这两方面都将直接或间接影响言语清晰度。言语清晰度不但受听觉能力的影响，还与发音、构音、呼吸、共鸣等器官的功能有密切关系，语音识别结果可以判断言语清晰度异常是由听觉问题还是非听觉问题造成的。如果是由于听觉问题导致的语音异常，通过测试还可进一步明确是哪些音听不清、哪些音听不到，一方面通过对助听器的进一步编程调试，使其助听效果达到优化；另一方面通过有针对性的强化听觉训练，能够使言语清晰度得到提高。

三、语音识别的意义

语音识别是对语音声学信号进行分析和综合的能力，是口语沟通交流的基础和前提。语音识别的意义主要有以下几方面。

第一，比较助听前后语音识别的差异，考察听障者从助听器中受益的程度。助听器对听障者帮助的大小直接体现为语音识别能力提升的多少，对语后聋、听障儿童验配助听器后的阶段评估及老年性聋进行语音识别评估特别重要。

第二，语音识别是反映听障者对助听器效果满意程度的重要组成部分，而且能有针对性地定量分析出哪些频响范围的语音听辨不清，为助听器调试提供依据。语音识别率越高，说明助听器调试得越好；语音识别率越低，则说明助听器需要调试或需要更换。

第三，判断听障者利用残留听力的水平，为制定康复方案提供依据。听觉适应和听觉识别需要经过一个学习过程，通过评估可以发现听障者的语音识别错误类型及错误走向，并根据错误类型和错误走向制定具有针对性的训练方案。此外，经过一段时间的康复训练后可再次评估，通过训练前后的比较考察训练方案及方案的有效性。

四、语言能力评估的意义及应用

1. 语言能力评估意义

随着我国新生儿听力筛查项目的实施，以及助听器、人工耳蜗等助听设备的广泛应用，越来越多的语前聋听障儿童得以早期发现与早期干预。很多接受早期干预的听障儿童不但听觉能力得到提升，其语言能力也得到显著改善。在此形势下，对听障儿童的语言能力进行系统、全面的评估成为临床医生、康复教师及听障儿童家长需要重点关注的问题。

2. 语言能力评估的应用

目前，我国常用于听障儿童语言能力评估的方法大致可分为两类：问卷评估和结构化测试。

（1）问卷评估

问卷评估一般由熟悉听障儿童的家长或康复教师完成，注重考察听障儿童在真实生活情境下的反应，这种方法适用于年龄较小、无法配合测试的听障儿童。我国常用语言能力评估问卷主要包括有意义言语应用问卷和言语可懂度分级问卷两种。

1）有意义言语应用问卷。罗宾斯（Robbins）等在20世纪90年代开发了有意义言语应用问卷，主要用于评估听障儿童的言语产出能力。该问卷包括10个题目，考查听障儿童的发声、言语清晰度、言语表达策略等。每道题根据言语行为出现的概率打分，从未出现计0分，25%的概率出现计1分，50%的概率出现计2分，75%的概率出现计3分，100%的概率出现计4分。问卷满分40分，分数越高，表示语言能力越强。该问卷需采用访谈方式，由受过培训的评估人员逐题向家长解释题意，根据家长的作答及举出的具体实例进行评分。

2）言语可懂度分级问卷。1998年诺丁汉大学小儿人工耳蜗项目小组开发了言语可懂度分级问卷，用于评估听障儿童的言语被他人听懂的程度，该问卷可长期跟踪评估听障儿童言语可懂度的发展变化过程。该问卷共5个项目，每个项目对应一个言语级别，级别1最低，表示连贯的言语无法被理解，口语中的词汇不能被识别，听障儿童日常交流的主要方式为手势；级别5最高，表示连贯的言语可被理解，在日常环境中听障儿童的语言很容易被理解。言语可懂度分级问卷简便易懂，可重复性高，因此便于专业人员、没有听障儿童言语可懂度评估经验的普通人员及家长掌握使用。但与此同时，言语可懂度分级问卷存在分级较粗的不足，难以反映短期内听障儿童的言语变化。目前该问卷在包括我国在内的多个国家广泛应用。

（2）结构化测试

结构化测试利用精心设计、结构性较强的测试项目，由专业人员直接测试听障儿童，根据听障儿童的反应对其能力给予评分，这种方式适用于年龄较大、配合度较高、具备一定语言能力的听障儿童。

《听障儿童语言功能评估》是 1991 年孙喜斌等研发的。该评估工具参照听力正常儿童在各年龄段的语言发育指标，将语言年龄（即听力正常儿童的实际年龄）作为评估标准。通过评估获得听障儿童的语言年龄，并以此衡量其语言能力。评估工具包括 6 个分测验。

1）发音清晰度测试：主要对听障儿童的发音状况做出评估，听障儿童说出图片对应的双音节词，测试人员对儿童的发音清晰度打分。

2）词汇量测试：主要评估听障儿童习得的词汇总数，采用《词汇等级测试词表》（包含 1 600 个词），由听障儿童家长或康复教师将词表中听障儿童掌握的部分划出，统计出该听障儿童的词汇量。

3）听话识图测试：主要评估听障儿童对语言的理解能力，测试人员描述图片内容，要求听障儿童指出相应的图片。

4）模仿句子测试：主要评估听障儿童的语法能力，采用听说复述法，测试人员出示图片并说出完整句子，要求儿童模仿说出。

5）看图说话测试：主要评估听障儿童的语言表达能力，测试人员出示图片并讲述其内容，要求听障儿童复述，然后根据复述内容和语句的完整程度、语言的流畅程度及语意贴切主题程度评分。

6）主题对话测试：主要评估听障儿童的语言使用和交往能力，测试人员出示图片，并结合图片内容提出问题，要求听障儿童回答，判断其回答是否正确。

该评估工具以听力正常儿童的语言能力作为参照，给出了听障儿童语言能力的量化评估标准，便于康复教师或家长判断听障儿童和听力正常儿童存在的差异，从而有针对性地调整语言教学目标和教学策略。该工具的适用对象是 1 岁以上听障儿童，自开发以来已在我国康复系统得到普遍使用。

还有一些儿童发育量表或智力测验，如 Griffiths 发育评估量表、Gesell 发育量表、丹佛发育筛查量表、韦氏智力测验等，也含有可用于评估听障儿童语言能力的分测验，专业人员可酌情选用。目前，我国现有的可用于听障儿童语言能力评估的工具仍不够丰富、完善，继续开发适合各年龄段、不同康复阶段，采用不同评估方式且能和国际接轨的听障儿童语言能力评估体系是今后一段时期内的研究重点。

言语-语言能力评估测试操作

一、工作程序

林氏六音、语音均衡式声母识别及韵母识别、最小音位对比识别、单音节词识别的总体操作流程基本一致，主要经过6个过程（见图3-14）：评估准备、熟悉受试者、明确指导、正式评估及记录、结果分析和方案制定。

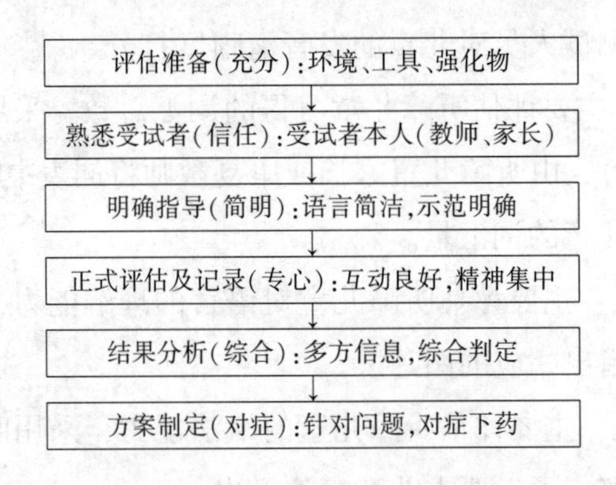

图3-14　语音识别能力评估流程

第一步：评估准备，准备过程应充分。主要应充分准备好测试的环境、测试的工具和强化物。测试环境应根据测试要求、受试者的年龄特征及性格特点进行准备，包括测试房间的环境布置、桌椅摆放等。对于年龄较小的听障儿童，应准备适合听障儿童的桌椅和简洁明快的房间，不应有太多不相关的玩具及物品放在听障儿童容易看到的地方，以免听障儿童分心。此外，对于听障儿童，还应准备一些用于调动其兴趣的强化物。

第二步：通过受试者本人、教师、家长了解受试者的信息，熟悉受试者的基本情况，包括姓名、年龄、助听器佩戴的时间、对佩戴助听器的满意程度、在佩戴助听器后哪些方面有变化及哪些音听不清等；对于听障儿童，应了解其最喜欢什么、最不喜欢什么，等等，以便选择适合的强化物。通过这一过程了解受试者，让受试者对评估者产生充分信任。对于不容易适应新环境的听障儿童，应首先与他们玩耍，以消除他们对陌生环境的紧张感。

第三步：通过简洁的语言和明确的示范告诉受试者应该做什么，对听障儿童来说这一点尤其重要。简明的语言如“听一听，找一找”（语言伴随手势先指耳朵，再指图片）。明确的示范需在助手的帮助下完成。

第四步：受试者理解指导语后开始正式评估。正式评估时，应使受试者与评估者（或评估设备）形成良好互动，精神集中在评估内容上。一般连续测试时间不宜超过半小时。当受试者感觉疲劳时，应休息片刻后再继续。测试过程中应密切关注受试者的反应，包括受试者对哪些语音识别比较犹豫、受试者注意力集中的时间，等等，这对结果分析和方案制定都将产生影响。

第五步：综合评估结果。根据家长、教师和受试者本人提供的信息，对受试者语音识别的能力作出综合判断，主要包括助听器对受试者的帮助是否达到理想效果；语音识别能力是否需要进行干预；与前一次评估结果相比，是否有明显进步等。

第六步：针对评估结果中受试者出现的错误，制定针对性的训练方案。

以上 6 步是语音识别评估的基本流程，但每个测试需要准备各自的材料，指导语、记录、结果分析和方案制定根据评估目的和方法有所不同。在测试方法方面，主要有开放式测试和封闭式测试两种。当使用开放式的听说复述法测试时，不需要准备测试图片，指导语为“跟我（老师）说”，受试者听到声音后复述即可；当使用封闭式的听话识图法测试时，则需要准备测试图片，指导语为“听一听，找一找”，受试者听到目标音后能够找出相应的图片。下面简单介绍使用听话识图法时每种语音评估应准备的材料、结果记录、结果分析及方案制定。

1. 测试林氏六音

（1）测试工具

林氏六音图片（见图 3-11）、HS5660A 精密声级计。记录表：表 3-7。

表 3-7　林氏六音测试记录表

序号	测试项目	测试目标/Hz	测试内容	测试结果
1	低频	250	/m/	
2	低频	300～900	/u/	
3	中频	700～1 500	/ɑ/	
4	低中频	250～2 500	/i/	
5	高频	2 000～4 000	/sh/	
6	高频	3 500～7 000	/s/	

（2）测试过程

将 6 张图片依次放在受试者面前，发图片时伴随发音（用 HS5660A 声级计监控，发音为 70 dB SPL）。当图片摆好后，随机发出其中一张图片的音，由受试者选择相应的卡片。

（3）结果记录

每个目标词测 3 次，正确计“1”，错误计“0”。

（4）结果分析

每个目标词 3 次测试中有 2 次及以上正确，即为通过。若 2 次及以上不通过，则应结合测听结果、助听器效果分析，判断助听器该频段是否需要调试。若助听器已处于优化状态，则需要加强该频段语音的训练。

（5）方案制定

分析结果为助听器需优化，则方案制定前应先调试助听器，使助听器达到优化状态。若助听器已达到优化状态，则应加强训练，针对未通过的频段进行滤波音乐刺激，活化相应的听神经通路，并针对性地进行发音训练。

2. 测试语音均衡式声母识别及韵母识别率

（1）测试工具

语音均衡式声母识别及韵母识别测试有两种类型的材料，一种为纸质版，包括韵母识别及声母识别各 25 组 75 张测试图片；另一种为计算机版，可使用“听觉言语康复计算机导航系统”。

（2）测试过程

该词表的测试方式为将一组 3 张测试图片放在受试者面前，发图片时伴随发音。当摆好图片后，发出测试声，由受试者选择相应的卡片。测试词出现的方式有两种：一种是按词表给词，另一种是随机给词。按词表给词是指第一组给词表 1 的词，其余 24 组也给词表 1 的词；随机给词是指每一组都随机给一个词。

（3）结果记录

每个目标词测一次，正确计“1”，错误计“0”。若为随机给词，则计分方式需计入归一化系数。具体记录及计算方法如下。

①原始得分 x：选择正确计“1”，错误计“0”。

②测试得分 $k \cdot x$：原始得分乘以测试词的归一化系数 k。

③最后得分计算公式：

$$\text{声母(韵母)识别能力得分}=\frac{\text{测试得分}}{\text{测试应得满分}}=\frac{k_1 \cdot x_1+k_2 \cdot x_2+\cdots+k_{25} \cdot x_{25}}{k_1+k_2+\cdots+k_{25}}\times 100\%$$

（4）结果分析

语音均衡式声母识别及韵母识别的结果应与表 3-8 中的听觉评估标准进行比较。如果受试者的声母（及韵母）识别率达到 90%及以上，则说明受试者的助听效果达到最适水平，助听器无须进行调整；如果受试者的声母（及韵母）识别率在 80%~89%，则说明受试者的助听效果达到适合水平；以此类推。

表 3-8 听觉评估标准

音频感受/Hz	声母及韵母识别率	助听效果	听觉康复级别
250~4 000	≥90%	最适	一级
250~3 000	≥80%	适合	二级
250~2 000	≥70%	较适	三级
250~1 000	≥44%	看话	四级

（5）方案制定

若结果分析为“最适”效果，则不需要调整助听器，可进一步进行听觉理解能力的训练。若结果分析为“适合”“较适”或“看话”，则首先考虑调整助听器，然后针对错误走向加强语音识别训练。

3. 测试最小音位对比识别率

（1）测试工具

最小音位对比测试有两种类型的材料，一种为纸质版，包括 92 对韵母识别及 87 对声母识别测试图片（见图 3-15）；另一种为计算机版，可使用“听觉言语康复计算机导航系统”记录表。

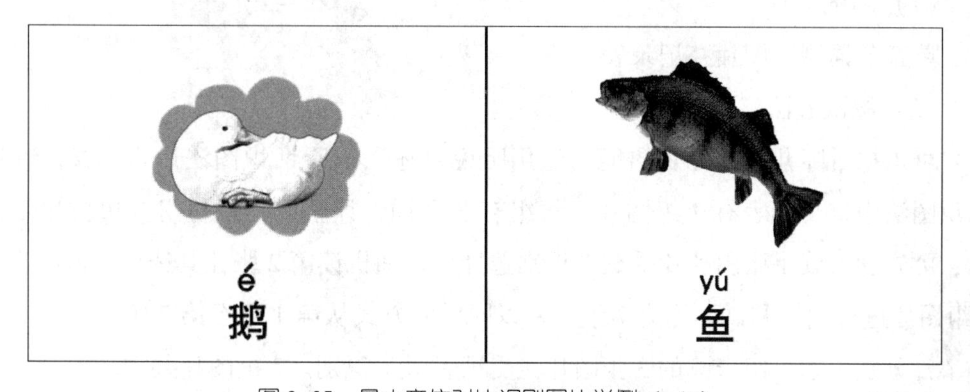

图 3-15 最小音位对比识别图片举例（e/ü）

（2）测试过程

该词表的测试方式为将测试图片放于受试者面前，先后读出两张图片所代表的音，然后发出测试声，由受试者选择相应的卡片。测试词为其中一个，随机测3 次。

（3）结果记录

测试正确计“1”，错误计“0”。

（4）结果分析

测试完成后，将结果汇总到《儿童音位对比式识别能力评估》记录表中，分别计算每大组的总分。计算方法如下：

$$\text{音位对比识别得分}(\%)=\frac{3x-n}{3x}\times 100\%$$

式中，x 为测试题数；n 为错误次数，即 0 的个数。

计算结果可与儿童音位对比识别能力百分等级参考标准相比较，从而得出该受试者是否需要进行听觉干预。百分等级指的是同龄人中低于或等于该成绩的人数占总人数的百分数。

（5）方案制定

①通过：若某个音位对得分为“111”，可认为该音位对通过。

②巩固：若某个音位对得分为“110”“011”“101”等（只有 1 次得分为 0），则认为该音位对应进行巩固。

③强化：若某个音位对得分为“001”“100”“010”等（有 2 次得分为 0）或“000”，则认为该音位对应进行强化。

4. 测试单音节词识别率

（1）测试工具

单音节词测试图片；记录表。

（2）测试方法

可根据听障儿童实际言语能力选用听说复述法或听话识图法进行测试。在听话识图法中每个词表有 7 组图片，每组有 5 个词，评估时，以每组为单位出示图片，可先随机读 1 张图片让受试者识别选择，再随机读第 2 张让其选择，依次出示 7 组图片进行同样测试。测完 7 组后，以同样的方式从第 1 组至第 7 组进行第 2 次循环，分别出示每组未测的 3 张图片让受试者听觉识别。7 组图片共循环出示 2 次即可完成评估，每个词都有发音机会。

（3）结果记录

每个目标词测一次，正确计“1”，错误计“0”。言语识别得分为正确识别数除以测试总数乘以 100%。

（4）结果分析

本项测试可综合判断受试者佩戴助听器后对韵母、声母、声调进行综合识别的能力。如果单音节词的识别率达到 90% 及以上，则说明该受试者助听效果为最适。

（5）方案制定

若结果分析为最适，则不需要调整助听器，可进一步进行听觉理解能力的训练。若结果分析为“适合”“较适”或“看话”则首先考虑调整助听器，然后针对错误走向加强听觉识别训练。

二、注意事项

1. 选择与年龄相宜的词表

在对受试者进行评估时，首先应根据评估目的和受试者水平选择合适的词表。一般听话识图的使用方法都适用于 3 岁以上儿童。此外，由于语音识别内容较多，若受试者注意力不集中，则易影响评估结果。在评估时应及时鼓励受试者，尽可能维持受试者的积极情绪。若受试者实在无法连续完成测试，中间可适当休息。

2. 校准测试声强度

语音识别声音强度一般使用 70 dB SPL，与日常生活中使用的平均言语声基本一致。语速也应与日常生活保持一致。

3. 测试时避免视觉影响

在进行语音识别能力评估时，助听器验配师和家长应坐在受试者助听或重建效果较好的一侧，位于受试者侧后方 45°、35 ~ 50 cm 距离的位置。评估时，既要防止受试者通过气流判断声音，也要避免受试者利用视觉提示。对处于“看话”水平的受试者而言，在评估时可让受试者看口型，但应特别说明。

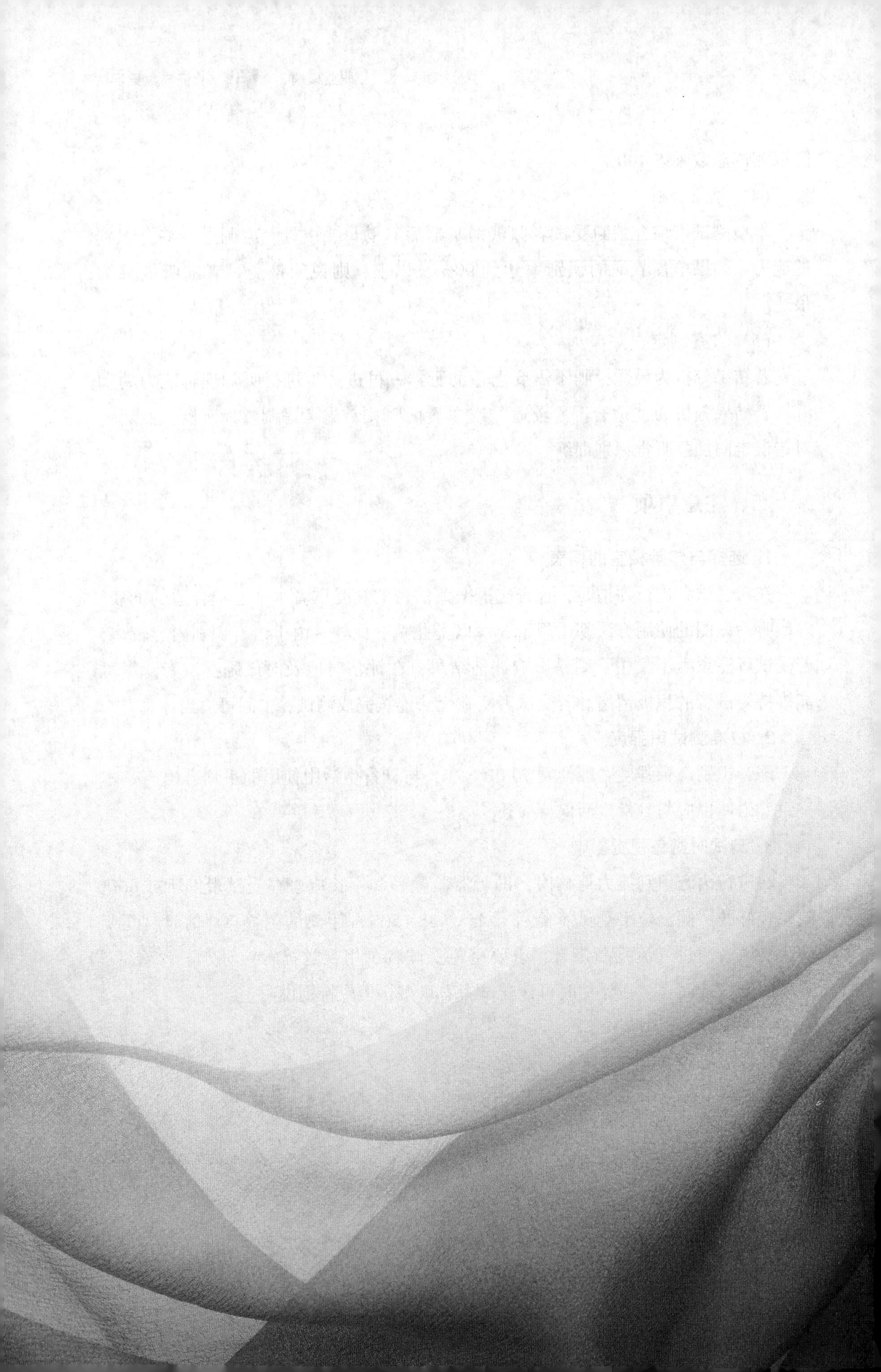

职业模块 4 康复指导

培训课程 1　学龄前听障儿童听觉康复训练指导

培训课程 2　学龄前听障儿童语言康复训练指导

培训课程 1

学龄前听障儿童听觉康复训练指导

知识要求

听觉是人类获取信息的一种重要手段，是正常言语发育及语言交流的先决条件。人类依靠听觉感受声音，并对声音的频率、强度、时程、模式，以及声源方向、距离等做出分析和判断，进而获得并发展了语言能力。

学龄前期是儿童听觉、语言能力获得与发展的关键期，对于不同听力损失程度的学龄前儿童而言，听力障碍的直接结果是听觉能力的丧失或者听觉能力的发展受到干扰，从而严重影响他们的语言、认知、情感、个性，以及社会性的获得与发展。对学龄前听障儿童进行听觉语言康复训练，是贯彻“三早原则”，实施早期干预的重要手段与内容。积极营造和提供一个优化的聆听环境，充分挖掘和利用学龄前听障儿童个体的残余听力，科学使用人工听觉设备，逐步完善其听觉功能，在听觉训练的基础上，通过有意义的互动交流，培养学龄前听障儿童自主进行言语交流的习惯和能力，不仅是家长、康复教师对学龄前听障儿童进行听觉语言康复训练要完成的目的与任务，也是一名合格的助听器验配师本应承担的履行职业功能、发挥专业技能的责任与义务。助听器验配师通过对听障儿童听觉语言康复过程的介入指导，不仅有助于人工听觉设备的选择，还可获得验配的参数与经验，从而提高被服务对象对所提供服务的满意度，而且还可不断拓展自身相关专业的知识，扩展专业视野，精进服务技能，增强自身职业核心竞争力。

一、开展学龄前听障儿童听觉语言康复训练指导的意义

学龄前期是人类个体发展的关键时期。在发展的关键期内及早、及时地对听

障儿童给予系统、科学的听觉语言康复支持与指导，容易取得事半功倍的康复效果，意义重大而深远。

1. 奠定个体成长发展的基础

借助现代听力学技术、在听觉发展的关键期内对听障儿童进行早期听觉语言康复和指导，可以充分挖掘他们的残余听力，并利用大脑语言中枢尚未完全定式的条件，减轻听力障碍程度，巩固或重建听觉系统，形成从听觉途径接收信息、利用信息和习得语言的能力，从而缩减与同龄健听儿童的身心发展差距，为他们提供与人交往的可能与机会，有利于他们及早掌握交往与思维的工具，促使他们早日回归主流，为其未来成为创造和贡献价值的社会人奠定坚实的基础。

2. 重塑家庭追求美好生活的信心

听障儿童的父母常常因为子女形象的幻灭而导致恐慌或家庭分裂，引起种种心理上的失调，并且承受着极大的精神压力和物质负担。及早实施听觉语言康复训练与指导，有助于听障儿童父母正视自己孩子的听障问题。不断取得的康复进步与效果可以进一步激发家长们的爱心和勇气，使他们早日摆脱恐慌和被动的羁绊，成为改变听障儿童命运的强者，使他们看到新的希望。听障儿童听觉语言能力及身心全面而有序的发展、社会参与能力的日渐增强，可以让家长们从心理与精神层面获得解脱，对听障儿童的未来、家庭生活的美好未来充满新期待与信心。

3. 促进社会文明进步与发展

听障儿童听觉语言康复发展历程其实质是一个不断争取残障人士享有康复服务和接受教育权利、实现公共服务均等化的过程。一方面，基于听障儿童听觉语言康复的可能性，对他们进行早期康复与指导，不但可以促进听障儿童自身的发展，而且可以为未来他们的就业和谋生奠定坚实基础，从而减轻社会负担和家庭压力，其显示出的潜在经济价值，使社会开始将听障儿童康复与经济社会发展联系在一起思考；另一方面，在听障儿童接受康复训练指导与服务过程中，他们在奋斗和成长历程中所表现出的自强不息的精神，可以不断使人们受到鼓舞，也可以进一步丰富社会的精神文明。在我国追求社会公平正义、构建和谐文明社会的今天，听障儿童的听觉语言康复问题已经远非一个简单的接纳态度和安置形式问题，它已上升为彰显国家文明进步与社会发展的重要旗帜与窗口之一。

4. 提升服务者自身的专业服务能力

听障儿童听觉语言康复训练指导效能的发挥主要取决于服务对象（听障儿童及其家庭）特点、在整个过程中（包括听语功能训练、早期教育与转衔安置）对专业支持所需要的种类和程度。

第一，每一个家庭结构、背景及传统都是独特的，对听障的态度与康复的意愿存在着很大的区别，且随时间的变化所关注的有关听障儿童听觉言语发展的议题和需求，或是家庭主要成员要素（如照顾者）都在改变。

第二，优质的学龄前听障儿童听觉语言康复训练指导服务有赖于专业团队的通力协作，与不同专业背景的听力医师、特殊教师、听语康复师、言语矫治师、辅听器具工程师、志工以及听障儿童家长之间的沟通、协调、分享合作，是指导服务提供者面对的挑战。

第三，随着当代科技的日新月异，新的测听、评估手段与技术，听辅器具与产品，康复的模式与方法推陈出新，助听器验配师必须时刻了解、掌握新技术、新方法以及新产品的性能、特点和适用条件，才能给予听障儿童及其家庭更直接的支持。

面对这些挑战，助听器验配师只有在不断更新听力学专业核心知识、提升专业核心技能的同时，不断拓展相关专业的知识（如小儿心理学知识、语言学知识、教育学知识、心理治疗学知识和家庭社会学知识），才能扩展专业视野，精进专业技能，进而丰富所从事职业的专业功能内涵。

二、儿童聆听与成人聆听的差异

听力和聆听是构成人类听觉能力的两个方面。具体来说，听力是一种感觉，它发挥着声音的可及性作用，以确保声音自下而上地到达大脑。“听不到”“听不清”破坏着人类进行聆听学习的基础，大脑也就无法处理那些没有被察觉的事情。而聆听是一种技能，是一种主动关注声音信号，准确感知快速语音，同时将注意力分散用于监控正在进行的语音处理和积极应用认知过程来理解声学信息的专有技能。

相对于儿童，成年人的聆听更成熟、更有技巧。他们依靠自己的语言和生活经验帮助听觉完形，并在不太理想的声学条件下获得言语的意义。相反，儿童受到噪声和混响的负面影响更大，一方面，因为 15 岁以下的儿童还未形成完整成熟的听神经系统，特别是大脑半球间的组织和同步要到青春期才发育成熟。听觉系统发展中的儿童不断面临挑战，即在声源和噪声或混响之间重新进行语音感知和定位。因此，儿童在复杂的聆听任务中，如试图理解噪声或混响室内的语音时，要比成年人表现得更差。另一方面，儿童还没有积累起像成人那样填补认知间隙或信息推测所需的有益于听觉完形或认知完形的多年有声语言和生活经验。

相对成人而言，儿童聆听的特点如下：宽带倾听策略低效；听觉完形不充分；听觉信息的调整不成熟；对干扰物的敏感性较高；将并发的目标信号与噪声分离的能力不成熟。以上特点共同作用导致儿童聆听与成人聆听存在差异。因此，针对学龄前听障儿童的听觉康复训练在具体的策略、技术、方法与实施环境方面，更应符合学龄前听障儿童的身心发展特点与规律。

三、学龄前儿童听觉发展的年龄阶段特征与心理特点

学龄前期属于儿童成长发展的重要时期，依据学龄前儿童的身心发育和发展特点，在康复临床层面，将这一时期儿童的发育发展依据其年龄阶段特征又细分为两个年龄阶段：一是 0~3 岁婴幼儿期，二是 3~6 岁儿童早期。这是因为，不同年龄阶段儿童听觉的、语言的发育和发展主要取决于该阶段儿童的脑组织结构的生长与成熟速度，因此呈现出固有的阶段性发展特征。掌握不同年龄阶段儿童听觉、语言的发育规律和特点，有助于对比分析、判断听障儿童相应领域的发育的状况与结果，把握其异常程度，评估其特质与需求，及早采取科学而有针对性的干预策略与措施，评价其康复与发展效果，提供重要的指导和参考依据。

1. 0~3 岁婴幼儿期儿童的听觉发育与发展

0~3 岁婴幼儿期儿童的听觉发育与发展，主要关注其听觉行为反应、听觉行为发育趋势及其特点。

(1) 听觉行为反应

人类听取、接收声音并赋予意义的能力主要依赖听觉系统的生长、发育与成熟。研究表明，人在胎儿期就已经具备听觉能力。这是因为在孕 24 周时，正常胎儿内耳到下丘之间的神经传导通路已形成髓鞘，意味着多数胎儿在怀孕第 6 个月开始就能听到声音，但是真正能区分声音的不同，还需要经过相当长的一段时间。在出生之前，听觉通路几乎全部完成了髓鞘化，为新生儿及婴幼儿听觉的进一步发展，提供了更加完善的神经生理基础。随着听觉神经生理基础的不断发育与成熟，新生儿及婴幼儿听觉能力不断发展和变化，不用借助客观方法也可直接观察到其对声刺激的行为反应。重要的听觉行为反应如下。

1）反射行为。惊跳反应、全身运动、瞳孔反应、眨眼和自发的面部运动。

2）注意行为。转头、停止运动、行为增加、屏住呼吸或者呼吸节律变化、突

然开始或停止哭泣/发声、眼睛睁大、微笑及其他面部表情的变化。

诺森（Northern）等借助这些重要的行为反应的观察，对正常 0~3 岁婴幼儿期儿童的听觉发育情况进行描述，为我们提供了一个实用的婴幼儿听觉行为反应索引（见表 4-1），这有助于家庭、儿童保健和康复专业人员及早了解新生儿及婴幼儿的听觉发育状态。

表 4-1　婴幼儿听觉行为反应索引

年龄/月	声音强度/dB SPL	语言强度/dB HL	行为反应
0~1.5	90（不安静时） 50~70（安静时）	40~60	新生儿从睡眠中醒来，眼睛睁大，眨眼
1.5~4	50~60	45	眼球移动，开始转头
4~7	40~50	20	朝声源方向转头，表现出聆听的样子
7~9	30~40	15	对来自身体侧边的声源可直接定向，对来自耳朵下方的声源可间接定向
9~13	25~30	10	对来自身体侧边、耳朵下方的声源可直接定向，对来自耳朵上方的声源可间接定向
13~16	25~30	5	对来自身体侧边、耳朵下方、耳朵上方的声源均可直接定向
16~21	25~30	5	能快速地对来自身体侧边、耳朵下方、耳朵上方的声源直接定向
21~24	25	5	能准确、快速地对来自各个方向的声源定向

（2）听觉行为发育趋势及其特点

0~3 岁婴幼儿期是儿童听觉发育或听觉能力发展的快速时期。从听觉感知能力角度，理解和把握其听觉行为发育，大致呈现出三个变化趋势：第一，对更小的声音有反应；第二，反应的方式越来越多；第三，对特定声音刺激的反应越来越稳定。在声音感知方面还表现为如下特点。

1）比起非语言声刺激，更喜欢语言声刺激。

2）喜欢母亲的声音。

3）能够识别某些节奏。

4）喜欢听对婴幼儿说的特定的语言。

5）能借助句子韵律区分词语。

6）虽然能通过语言的结构感知和理解语言的意义，但听觉加工主要建立在对韵律的感知上。

格里姆（Grimm）等将0~3岁婴幼儿期儿童言语听觉感知能力发育进程概括为表4-2。通过观察此表，有助于发现此阶段婴幼儿言语感知行为的变化。

表4-2　婴幼儿言语听觉感知能力发育进程概要

年龄/月	言语感知行为
0~1	偏爱语言声胜过其他声音
	感知声音
	识别和偏爱母语
	偏爱对婴幼儿说的特定的语言
	区分韵律/节奏
1~5	分类感知
	对声音和节奏的理解
	识别不同的语调模式
	偏爱对婴幼儿特定的谈话
	识别音节
	对语言中自己的名字有反应
5~9	感知语气
	通过韵律-节奏信息识别句子
	识别短语结构
	偏爱母语中的词汇
	理解第一个词语
9~12	建立母语的语音结构
	对母语中的声音有区分能力
	识别词语
	理解词语
12~16	理解100~150个词
	理解简单的句子/要求
16~20	理解大约200个词
	建立词汇分类
20~24	理解相互关系
	理解词汇顺序（语法）
≥24	理解越来越复杂的句子

2. 3~6 岁儿童早期的听觉发育与发展

随着儿童年龄的增长，特别是在掌握语言、接触声音的环境中，3~6 岁儿童的听觉不断发展与成熟，并呈现出如下一系列特点。

（1）辨别声音细微差别的能力随着年龄的增长而不断提高

在辨别声音细微差别方面，年龄大的儿童比年龄小的儿童能力强。年龄较小的儿童由于不能区别发音上的细微差别而不能正确发音，常常出现错音（歪曲）、丢音（遗漏）、换音（替代）等语言错误现象。

（2）听觉感受性不断增长，儿童的听觉较成人敏锐

苏联学者阿尔金指出，5~6 岁儿童平均在 55~65 cm 距离处听到表的摆声，而 6~8 岁儿童则在 100~110 cm 距离处就可听到，这说明儿童的听觉感受性是不断增长的。心理学家指出，由于儿童的耳较成人的小，以及耳内基膜纤维较短的缘故，使其接收振动频率的范围大，因此成人不能听到的某些尖细的声音或高音哨声，但儿童却能听到。

（3）儿童听觉的个别差异很大，但会随着年龄的增长而不断减小。

有研究表明，在新生儿阶段，儿童的听觉反应强度和形式就有较大的个别差异。儿童音高的差别阈限，5~6 岁年龄组从低到高为 9~25 Hz，6~7 岁则为 8~20 Hz，但这些个别差异呈现随着年龄增长而减少的趋势。

此外，伴随着 3~6 岁儿童神经生理成熟和发展，这一时期的听觉能力还表现出具有里程碑意义的阶段特征，具体见表 4-3。

表 4-3　儿童早期听觉能力发育发展阶段特征

年龄/月	听觉行为表现
25~30	可完成不同语言情境下的 2 项听觉记忆
	能听出磁带上熟悉的歌曲
	能理解含有 3~4 个词的句子
	能够在 2 m 以外的距离聆听
31~36	继续扩展听觉记忆，能完成不同语言情境下的 3 项听觉记忆
	能够给 2 段有序的信息排序
	能够仔细听音频故事
	能够理解 2~3 个语言指令
37~42	能完成听觉记忆 5 项
	能给 2 段或 3 段有序的信息排序

续表

年龄/月	听觉行为表现
37~42	能完成 3 个指令动作
	能够理解更复杂的句子结构（如把字句等）
	能够重复 5~6 个词的句子
	能够复述简单、短小的儿歌或故事
43~48 及 48 以上	能够加工更长、更复杂结构的句子，如“你能找出住在树里面，有羽毛和黄色冠的动物吗”
	能够完成含更难概念的指令，如“把蓝色的厚方块放在空的水壶后面”
	能够重复含有 8 个词语或更长的句子
	能够详细复述更长的含有 5 或 6 个句子的儿歌或故事

3. 听力损失对学龄前儿童听觉能力发展的影响

对于不同听力损失程度的学龄前儿童而言，听力损失的直接结果是听觉能力的丧失或者听觉能力的发展受到干扰，影响他们听觉信息获知的完整性，缩小感知范围，无法对语音做出全面、清晰的辨识。与听觉相关的一些行为能力（如声音定位、距离倾听、跨听、随机听觉学习）的发展，也会因此迟滞于具有正常听力的同龄人或者完全丧失。值得一提的是，尽管现代助听技术（如助听器、人工耳蜗）为听障儿童提供言语声输入比历史上任何时期的都有效，使其像正常听力儿童一样循着听觉、语言发展相同的路径和速度成为可能，但是永久性听力损失仍是不可治愈的，即便佩戴最好的助听设备，也不可能在任何条件下都像同龄的正常听力儿童听得一样好。这是因为，早发性听力损失常常就像一个声学滤波器，扭曲、限制或者消除着传入的声音。

四、学龄前听障儿童听觉康复训练的原则与方法

1. 学龄前听障儿童听觉康复训练的原则

在听力语言康复领域，人们把一些反映学龄前听障儿童听觉康复训练本质、条件、过程与效果，经过验证的一般规律性命题或基本原理，与人们的认识、实践联系起来，赋予方法论意义，使其成为学龄前听障儿童听觉康复训练的原则，为实践者提供着恪守的细节性准则或行为规范。

听觉康复训练的目的是依据学龄前儿童听觉发展规律，通过听觉评估为其制定训练计划并加以实施，最大限度地开发和利用残余听力，尽量减少听障给儿童

个体带来的不良影响，使其养成其聆听的良好习惯，培养其感受、辨别、确认和理解声音的能力。具体原则内容如下。

（1）确保最佳听能、注重听觉优先

1）确保听障儿童在非睡眠时间全程使用助听设备，并处于最优助听状态是实施听觉康复训练的前提。

2）在确保听障儿童听力补偿效果最优的基础上，尽早培养其聆听意识和听觉反馈能力，减少或消除对视觉等辅助手段的依赖，培养听障儿童借助听觉进行沟通交流的习惯。

（2）指导家长深度参与

1）通过有针对性地指导，帮助家长积极地参与到听觉康复训练中来，使家长了解、掌握在家庭中培养孩子听觉能力的基本知识和方法。

2）家长应和康复教师密切配合，尽量将听觉康复训练的内容在日常生活情境中复现，对学习内容进行强化、巩固，帮助听障儿童尽快掌握并能灵活运用。

（3）尊重听障儿童主体地位

听障儿童是听觉康复训练的主体，听觉康复训练的实施一定要遵循学龄前听障儿童的学习特点。

1）听觉康复训练应多采用游戏形式。

2）听觉康复训练应充分考虑听障儿童的个体差异，采取个别化教学的形式。

3）选择听障儿童较为熟悉或感兴趣的内容进行听觉康复训练。

4）借助直观有趣的游戏和教具，可以更好地吸引和维持听障儿童听觉康复训练的注意力。

（4）营造丰富而有意义的听觉刺激环境

儿童听觉能力的形成是其听觉神经系统与丰富刺激环境交互作用而获得有意义的听觉经验的过程。

1）要让听障儿童感知、认识多种多样的声音，以丰富其听觉经验，切忌单调的声音刺激。

2）在家庭生活中，要注意引导听障儿童学会聆听，善于利用其感兴趣的突发事件进行随机教学。

3）听觉训练应和言语语言训练进行有机的结合。

（5）遵循由易到难的发展特点

听障儿童听觉能力的发展是一个由易到难的渐进过程。听障儿童接受听觉康复训练的难度体现在听觉康复训练的形式，呈现的语言内容、语音特性的相似度，上下文或语境线索，聆听环境等多个方面。在实施听觉康复训练时，要根据听障儿童的不同听觉发展水平，及时调整训练难度，以确保阶段性听觉康复目标的达成。

2. 学龄前听障儿童听觉康复训练的方法

学龄前听障儿童听觉康复训练的本质是教会听障儿童用脑聆听，它是一个在听觉察知、听觉注意、听觉定向、听觉识别、听觉记忆、听觉选择、听觉反馈、听觉概念和听觉理解逐步形成基础上的聆听技能得以培养建立的过程，也是一个不断学习发展的过程。其核心目标在于培养有意识倾听、辨析性倾听、理解性倾听等几种倾听行为技能，使其学会懂得倾听、乐于倾听并善于倾听。

关于学龄前听障儿童听觉康复训练的方法，可以分别从两个方面来认识：一是培养建立的程序，即先做什么，后做什么；二是培养建立的方式，即以什么样的形式和方法对听觉学习的材料进行组织、提供和练习。

（1）培养建立的程序

根据相关研究，人们通常把学龄前听障儿童听觉能力的培养建立程序划分为四个阶段。

1）声音觉察（detection of sound），即听障儿童能感知到声音的存在，这是最基本的听觉水平。这一阶段以运用各种声音刺激，借助视觉、触觉等辅助手段，使听障儿童知道声音的存在，以培养其听音兴趣为重点。

2）声音辨别（discrimination of sound），即听障儿童判定听到的声音是相同还是相异，从而具备的一种基本的听觉水平。这一阶段以建立、积累听障儿童区分声音的基本属性经验和培养初步的听觉分类能力为重点。

3）声音识别（identification of sound），即听障儿童能够将听觉刺激与发声客体进行标识的一种听觉能力水平。这一阶段以强化语音刺激，建立声义联结，形成听障儿童听觉表象为重点。

4）声音理解（understanding of sound），即听障儿童能够通过听觉理解语言的含义，是一种较高的听觉水平。这一阶段以培养听障儿童感知连续言语能力、联系上下文理解言语信息能力为重点。

（2）培养建立的内容

1）助听器佩戴适应性训练。适应助听器及其辅助装置的佩戴是听障儿童开始接受听觉康复训练的前提条件，佩戴不顺利或不适应，都会对其刚开始接受听觉康复训练产生不良的影响。因此，在正式开始进行听觉康复训练之前，应对听障儿童进行助听器佩戴适应性训练。内容包括耳模的佩戴适应、助听器的佩戴适应、测试声的听取学习与适应。

2）听觉察知训练。主要包括无意察知训练和有意察知训练两部分内容。

①无意察知阶段是聆听意识形成的前期阶段，主要通过各种声音的刺激激发听障儿童对声音的兴趣，训练内容包括音乐声、环境声及言语声，重点是激发听障儿童对声音的兴趣，不要求其对声音做出反应。

②有意察知阶段是聆听意识形成的重要阶段，主要是让听障儿童对不同频率、不同强度的声音做出有意识的反应。训练内容包括主频特征明显的音乐声、环境声及不同频段的言语声。环境声可选择日常生活中的各种声音，言语声可选择包含低、中、高频率的常见音节，最常用的就是经典的林氏六音。

3）听觉分辨训练。主要包括区分多维度差异的声音和区分时长、强度、频率等单维度差异的声音两类内容。

①区分多维度差异的声音训练选择的材料，在时长、强度和频率方面差异都应较大。听障儿童只要能抓住其中一个维度的差异即可区分两者的不同。两个声音之间差异的维度越多，每个维度的差异越大，则分辨越容易，反之则越难。训练内容主要包括环境声和言语声。在环境声方面，可选择日常生活中常听到的声音，主要包括动物叫声、人体声、言语声等。例如，在动物叫声中，牛的叫声与小鸡的叫声在频率、强度、时长等方面都存在较大差异；在人体声中，婴儿哭声与老年人咳嗽声也存在较大差异；在言语声方面，主要选择韵律感较强的叠字短句、儿童歌曲等（其中，叠字短语以拟声词为主）。利用这类材料可帮助听障儿童巩固察知能力，并在此基础上分辨不同的声音。儿童歌曲则由自然活泼的语句组成，利用这类材料培养听障儿童区分声音的异同的能力，可帮助他们形成对语调的初步感知。

②区分时长、强度、频率等单维度差异的声音，要求所选择的声音素材在时长、强度、频率、语速等方面仅有一个主要维度存在差异。对听障儿童而言，一般来说，时长比较容易分辨，其次是语速分辨，最后是强度和频率分辨。此方面的训练材料可以选用单元音和日常生活中常见常用词语，也可以使用乐器声、主频特征比较明显的音乐声等。

4）听觉辨识能力训练。听觉辨识能力测试主要通过儿童指认、模仿或重述等方式确认儿童是否具备此能力。要帮助听障儿童获得听觉辨识能力，借助相应的声音材料进行训练是必不可少的，如环境声音或音乐声音等。在听障儿童能够对声音进行指认、模仿或重述之前，需要反复多次地建立其对声音和物体的联结。若使用了语音，可以通过声学强调等方式帮助听障儿童获得听觉辨识能力。

听觉辨识能力训练还可以判断听障儿童的发音错误是否是听觉辨识能力不佳导致。当听障儿童无法辨识两个相似的音节，例如，当辨识“dɑ”和“gɑ”时，听障儿童很有可能会将“dɑ”说成“gɑ”，或者将“gɑ”说成“dɑ”，当然这与其助听的效果相关，应予以密切关注。

5）听觉理解能力训练。听觉理解能力涉及语言和认知能力。听觉理解能力训练需要听障儿童具备了一定的语言理解能力和认知能力才能逐步开展。听觉理解能力训练主要涉及听觉记忆训练、听觉描述训练及高级听觉能力训练等，尽管听觉理解训练内容和步骤有一定的逻辑顺序，但在实际实施中，是相互交融而不是完全独立分割的。在遵循上述大致规律的基础上，可根据听障儿童的发展水平灵活选择，不同的阶段和方法也可同时进行，并非前一个步骤完成才可以开始下一个步骤。

①听觉记忆训练。听觉记忆训练是借助游戏活动的形式让听障儿童能够对听到的口语信息进行加工处理，然后储存在大脑中并能够回忆出听到了什么，其中包含了注意、倾听、处理、储存、回忆的技能。其目的是发展听障儿童的听觉能力，逐步建立语言理解的基础，通过不断增长口语信息的长度，从而发展听障儿童听更长、更复杂句子的能力。听觉记忆训练包括一项、两项、三项、四项、五项及五项以上内容记忆训练。在听懂长句子的同时也为发展听障儿童说长句子的能力打下基础。

②听觉描述训练。听觉描述训练是老师或家长用描述性的语句叙述所要表达的人、事、物，而不直接说出所描述事物的名称，引导听障儿童通过听描述句，推理出老师和家长所表述的事物名称的一种训练。听觉描述训练的目的：一是发展听觉能力，需要听障儿童根据听到的描述句做出正确的选择和判断，帮助其练习听较长的完整句型，并且使其通过听建立完整的思维；二是辅助发展语言能力，培养听障儿童推理、联结、思考的能力，促进其口语表达及描述人、事、物的能力，同时在训练中也可帮助听障儿童学习理解问句，并且锻炼其使用提问的方式找出答案的能力。

③媒介声内容辨识训练。媒介声内容辨识训练是借助录音播放媒介（如录音机、CD 机、电话机等）手段，改变声音刺激方式，帮助听障儿童适应、巩固和提

高对不同介质声音（含语音）进行听觉记忆、听觉描述、听觉理解的训练。具体训练内容可包括儿歌辨识训练、歌曲辨识训练等。

④听电话技巧训练。随着通信技术日新月异的发展，电话在生活中运用十分广泛，因此，很有必要对听障儿童实施听电话技巧的训练，让他们尝试接听电话，体验电话给生活带来的便利。

6）自主聆听训练。自主聆听训练又称跨听训练。自主聆听能力是指未刻意倾听而能处理听觉信息的能力，是指在不特别直接面对听障儿童说话时，听障儿童能跨听交谈的能力。训练的目的主要是增强听障儿童对周围环境信息的听取，获得他人谈话中的信息，并有助于自身洞察团体中讨论的话题并适时参与交谈。具体训练内容包括：能重复无意中听到的话语内容，使用未直接教授的新词，在活动中自言自语，针对电视或广播中的内容提问，在操作其他事情时能跟着进行对话。

（3）培建方式

听障儿童聆听技能的培养建立方式，可分为单一听觉口语方式和多种感觉培养建立方式。

1）单一听觉口语方式，即强调单独利用听觉途径去发展听障儿童听觉能力，多采用听觉条件反应游戏法（如听声拨珠、听声摆积木、听声做动作）、听声识图法、听声指认法和听声复述法完成培养建立的基本任务，突出好的聆听环境的营造，回避专用视觉或身体语言的沟通方式。

2）多种感觉培养建立方式，即强调充分利用听觉、视觉、触觉等感觉渠道进行听觉训练，其中尤其重视视觉的辅助作用。对各种声音的理解可借助实物、图片提示法进行训练，建立音义联系，触觉利用法可帮助儿童建立对声音的物理属性概念，音乐旋律与关于声音的心理体验可借助动作表现或表演（表情）法进行建立。

五、学龄前听障儿童家庭听觉康复训练的原则与方法

家庭是大多数学龄前儿童生活的重要场所和资源。随着中文听觉口语法的推广，家庭本位框架下的家庭中心模式正在逐步成为我国学龄前听障儿童康复训练服务的主要模式。

1. 学龄前听障儿童家庭听觉康复训练的原则

（1）主动配合，认真观察

在听力门诊或服务机构所做的一次或单项评估或检查结果，只是听障儿童在特定环境、特定时刻的听觉能力反应，只能提供静止的、片段的信息，不能代表

听障儿童听觉表象的全貌，而在现实生活环境中自然的表现和反应，恰恰可以弥补这一不足。因此，听障儿童在家庭中接受听觉康复训练，家长应主动配合助听器验配师，仔细观察、记录听障儿童日常听觉行为表现，包括助听设备使用与响度不适问题、安静或嘈杂环境中听障儿童聆听情况，为下次个体助听设备的调试或验配提供充分而有价值的动态信息，确保听障儿童的听觉能力不断得以优化。

（2）积极鼓励，明确反馈

听障儿童因其自身的缺陷，对于他人的态度非常敏感，因此实施听觉康复训练时，家长应保持正面乐观的态度，积极鼓励。特别是对于年龄较小的听障儿童，由于其注意力持续时间短，语言理解能力低，不容易配合训练活动，因此家长更应通过自身快乐的表情和肢体语言传递给听障儿童积极的信息，与其建立良好的亲子关系。当听障儿童做出正确反应时，应及时给予鼓励，反之，当做出错误反应时，应明确指出，给予纠正。

（3）持之以恒，反复练习

听觉康复训练并不是一天两天即可有成效的，有些听觉能力的获得和稳定需要一段时间反复地练习。因此，在训练过程中需要家长帮助听障儿童养成良好的学习习惯，提高他们的注意力维持时间，固定训练的次数或时间，让听障儿童学会坚持。同时也要求家长要有持之以恒的决心。对于训练的内容，听障儿童出现反复几次都没有反应或理会时，家长应反思训练内容是否过难，掌握“三遍停止”的原则，降低训练难度或更改训练内容。

（4）回避视觉，依靠听觉

发展听障儿童的听觉康复训练并非一件易事。当任务难度加大后，听障儿童会尝试运用视觉的方式完成任务，但是这对于发展听障儿童的听觉能力并无益处。因此家长在训练过程中需要注意回避视觉，向听障儿童明确需要使用听觉来完成任务。为了更好地帮助听障儿童充分投入听觉康复训练，首先，在位置的选择上，应选择听障儿童听力补偿较好的一侧平行而坐，目的就是避免听障儿童过于依赖视觉。其次，训练初期可以在靠近听障儿童助听设备的位置进行听觉康复训练。随着听障儿童听觉能力的提高，可逐步练习听较远距离的声音，对于听力补偿效果理想的听障儿童，还可以练习听视线外的声音等。最后，在音量的处理方面，对听障儿童讲话时，音量不宜过大，对听力补偿理想的听障儿童，更应采用正常的音量。为了更好地回避视觉，家长在口型上不宜夸张，否则会让听障儿童更关注视觉信息而忽略聆听，不利于将来与他人的正常交流沟通。必要的时候，可以使用遮口技巧，最大限度地降低听障儿童的视觉依赖。

2. 学龄前听障儿童家庭听觉康复训练的方法

适用于学龄前听障儿童家庭听觉康复训练的方法大致分为以下几类。

（1）游戏训练法

游戏训练法即家长利用听障儿童喜闻乐见的游戏方式，启发、引导听障儿童学习、练习、巩固、提高对声音和语音的听觉察知、听觉辨别、听觉识别和听觉理解能力的训练方法。由于游戏训练法的目标是隐含的，训练的方式是潜移默化的，游戏的动力来自听障儿童的内心，因此以游戏的方式进行听觉或语言的训练，既能满足听障儿童的好动、好奇心理，也能满足其操作摆弄物体、与人交往的需要。

（2）生活化训练法

生活化训练法即家长以家居生活和活动为情境，通过启发、引导、操作、体验等具体行为，结合生活和活动内容，实现听障儿童聆听技能培养和运用的训练方法。由于生活化训练法与具体、可见的生活场景结合，听障儿童身临其境，不仅可以调动他们参与的积极性，让他们更多地参与活动，而且可以为他们主动探索、主动发现、主动思考提供更多的机会。

（3）音乐活动训练法

音乐活动训练法即家长利用音乐素材和活动，引导并鼓励听障儿童进行听觉能力培养的训练方法。具体训练方式与内容包括：认识音乐的停止和开始；适当响应音乐的速度和响度；倾听和回应不同类型的音乐；发出有节奏的声音；在家制作打击乐器；将歌曲与事件关联并进行个性化应用；重复歌曲；聆听和响应音乐响度和节奏变化；伴随节奏做动作；聆听没有歌词的旋律等。

六、学龄前听障儿童助听器适应性训练

学龄前听障儿童由于没有听的知识和经验，特别是先天性重度听力损失的听障儿童根本无法感受助听器带给他们的帮助，开始时会对助听器和耳模产生抵触。因此，他们的助听器适应性训练应该从让他们接受耳模和助听器开始。

1. 耳模的适应

在原本毫无负担的耳道和耳郭内装置耳模，显然会使人感到很不舒服，特别是为了防止声音泄漏引起反馈啸叫，有时耳模做得比较饱满，就会让听障儿童更加难以接受。因此在为听障儿童初次佩戴耳模时，动作一定要轻柔，可先在成人身上练习，待操作熟练后再正式给听障儿童佩戴。佩戴时，一定要掌握好用力的

方向和角度，先将耳模整体前旋，把外耳道部分插入，再慢慢后旋至耳模的耳郭部分，将其全部嵌入耳甲腔和耳甲艇。为了防止摩擦过大增加佩戴时的困难，可先在耳模表面涂抹一层凡士林。佩戴耳模最常见的一个错误是耳甲艇部分嵌入不到位，浮搁在耳轮脚上，结果不但不能将耳模戴牢戴严，反而会导致助听器出现啸叫，还会因压迫耳郭让听障儿童感到更不舒服。如果戴上耳模后，听障儿童出现哭闹或自行将其摘下，要及时给予其玩具或食物，分散他的注意力，一段时间后，就会逐渐适应。对于接受耳模和助听器比较困难的听障儿童，也可以先不连接助听器，只戴耳模，待其逐渐适应后再与助听器连接。年龄较大的听障儿童可让他先观看其他听障儿童佩戴的助听器和耳模，或者家长和他同时佩戴，让他从心理上产生认同感，这样接受起来就容易多了。有时也确会有耳模不合适的现象，因此在初戴时要经常观察耳道和耳郭皮肤的变化，如出现红肿要及时将耳模取下，进行修整。

2. 助听器的适应

如果听障儿童接受了耳模，就可以把助听器连接上，此时可以先不打开开关，空载一段时间，目的是让听障儿童适应助听器带给他的重量负担。由于听障儿童长期生活在寂静的环境中，突然听到从助听器传来的声音会感到恐惧和不安，因此可将音量调小一些，然后逐渐增大到适合的音量。千万不要为了追求助听效果，一开始就把音量开足，否则听障儿童受到剧烈的声响刺激，会造成严重的心理负担，导致拒绝佩戴助听器。

在佩戴助听器的初期，听觉器官会感到听的负担过重，这也是有的听障儿童经常将助听器摘下的原因。此时应允许他休息，不可强迫他坚持。但如果这种现象发生的次数过于频繁或持续的时间过长，就应该考虑是不是助听器输出的声音强度与听力损失不匹配，需要重新评价助听器的效果。

绝大部分感音神经性聋患者的听力损失特点是低频优于高频，日常生活的环境噪声大部分是低频声，且容易导致堵耳效应的出现。低频噪声是让听障儿童感到不舒适的主要声源，所以初戴助听器时低频部分的输出不可过大，必要时应适当下调一些。

部分听障儿童佩戴助听器后，会出现平衡失调的现象，严重的还会出现恶心、呕吐、出冷汗等症状，这些表现可能是重振的结果，也可能是外耳道神经受刺激后产生的一种迷走神经反射现象。还有的听障儿童佩戴助听器后出现对部分频率（大部分是对 1 000 Hz 左右）的声音特别敏感，一听到这些频率的声音就会出现向一侧倾倒的现象，此时应引起充分注意。特别是对于患有大前庭水管综合征的听障儿童要多加关注，不要出现跌倒摔伤导致听力损失加重的情况。一般来说，以上几种现象会随着助听器佩戴时间的延长而逐渐消失。

3. 测试声的听取学习和适应

在进行助听器适应性训练过程中，还有一件非常重要的任务，就是让听障儿童学会听取助听器评估时的测试信号声。目前，我国低龄听障儿童助听器效果评估的方法最常使用的是声场评估法，因此要教会在他们在听到音响器具声、啭音或窄带噪声时做动作（摆积木、插玩具、举手或点头等），这对他们的助听器效果评估十分有用。按照儿童听觉发育的过程，在进行这种练习时，一开始要借助视觉的帮助，先让他们学会看见敲击发声器具后做动作，逐渐过渡到只靠听就会做动作。

一般不要在听障儿童戴上助听器后立即对助听效果做出评估，因为佩戴助听器不仅是为了听到声音，还是为了理解声音中的含义，能听懂和学会言语，这些都需要大脑皮层的参与，需要经过一定时间的学习才能做到。

一、指导婴幼儿期（0～3岁）听障儿童的听觉康复训练

1. 工作准备

（1）了解个体的档案资料

个体的档案资料具体包括如下内容。

1）听障儿童个体已有的听力学资料（如儿童个体听力损失的类型、程度、性质，助听设备的状态、助听效果等）。

2）个体发育、发展的评估性资料（如儿童个体生理、认知、交流、社会或情绪、适应等方面的评测报告）。

3）听障儿童家庭的基本信息（如家庭结构、主要语言输入者、有关资源、偏向及所关注问题等）。

（2）了解家长的教养态度与能力

具体内容包括目前家长所处的心理历程、对听力损失的看法、对听障儿童接受听觉康复训练的态度，以及已经具备的养育、康复的知识与技能水平等。

（3）把握听障儿童目前的沟通状态

这一年龄段听障儿童在学会说话之前，会用各种非语言的方式交流。最重要的是眼神交流、分享注意力、模仿和轮替。家长或教师只有把握他们的交流方式特点，相应地调整自己的沟通方式，才能满足听障儿童接受刺激的水平和需要。一般可以通过现场观察或借助影像片段进行分析，获取此方面的所需信息。

2. 工作程序

（1）训练目标制定的指导

相对于整个学龄前期而言，此阶段是听觉康复训练的初始阶段，重点任务是培养建立或唤醒儿童的听觉系统。此阶段任务的达成和实现多以亲子活动的方式进行，故而在训练目标的制定上，既要考虑听障儿童个体所要实现的目标，同时也要考虑其家长为帮助听障儿童实现目标所需的专业知识和专业技能目标。有关0~3岁听障儿童听觉领域训练目标可参照表4-4，并结合儿童个体实际需求制定。

表4-4　0~3岁听障儿童听觉领域训练目标（参考）

参照等级水平	参照年龄/月	关键行为序号	行为能力表现描述
一级	19~24	1	能做2项听觉记忆
		2	能辨别不同的歌曲（至少2首）
		3	能理解不同的常用短语（如“喝水”“再见”等）
		4	能辨别描述性短语（如“弯弯的”“黄黄的”等）
		5	能完成2个动作的指示（如“去拿你的球，然后投出去”等）
		6	能通过类别（如颜色或形状等）完成物品识别
二级	25~30	7	能完成不同语言情境下的2项听觉记忆
		8	能听出音频中熟悉的歌曲
		9	能理解含有3~4个词的句子
		10	能在2 m以外聆听
三级	31~36	11	继续扩展听觉记忆，能完成不同语言情境下的3项听觉记忆
		12	能给2段有序的信息排序
		13	能仔细聆听音频故事
		14	能理解2~3个语言指令

有关家长为帮助听障儿童实现目标所需的专业知识和核心技能培养建立目标的设定可参照表4-5。助听器验配师可根据听障儿童康复训练目标要完成的实际需

要，为听障儿童家长选定相应的目标内容。

表 4-5　0~3 岁听障儿童家长专业知识与核心技能培养建立目标（参考）

目标范畴分类	核心目标名称	内容要点
观念类	现代科学康复理念	现代残疾认识观
		听障儿童观
		早期干预观
		康复教育观
		家长参与观
		全面康复观
知识类	认识听力与听觉	听觉生理的解剖与功能
		听力障碍的相关病因
		听力障碍的类型、程度与评定标准
		儿童听力检测的方法与助听效果评估技术
		听力障碍对儿童发展的影响
	认识听觉培养建立与康复训练的辅具	助听器的选择与适配
		人工耳蜗的选择与调试
		其他人工助听设备与辅听设备的选择与调试
	认识听障儿童	0~3 岁听障儿童发育发展所表现出的共性规律
		0~3 岁听障儿童在听觉、言语、语言、认知、沟通与社会、情绪、行为等发展领域所表现出的差异特点与特殊需求
		影响听障儿童康复发展效果的个体因素、环境因素
	认识听障儿童父母自身	听障儿童家长的普遍心路历程和阶段心理特点
		听障儿童家长与儿童互动过程中存在的主要问题
		康复成功听障儿童家长所具备的品质与行为特点
	认识听觉言语康复方法	小龄听障儿童康复教学的基本模式、原则与特点
		听觉口语法的理念、原则、内容、流程与技巧
		其他康复方法的主旨思想、适用对象和条件与基本内容
	认识听觉能力管理	听觉能力管理的意义与作用
		听觉能力管理的角色职责与任务
		听觉能力管理的内容与流程
	认识相关政策资源	国家或地方的相关听障儿童及其家庭救助与支持政策
		国家、地方、机构相关听障儿童及其家庭救助与支持项目

续表

目标范畴分类	核心目标名称	内容要点
技能类	有关儿童专业测听或评估结果性信息把握	纯音听力检测
		助听听阈检查
		林氏六音的检查
		声导抗测试
		听性脑干反应测试
		言语觉察阈测试
		言语接受阈测试
		单词识别测试
		言语听觉反应测试
		真耳分析测试
		听觉语言能力评估
		相关精神心理测试
	有关听障儿童听觉、言语相关发展领域行为观察记录方法	0~3 岁听障儿童全面成长的观察
		听觉行为反应观察
		听障儿童的异常行为观察
		涉及听障儿童个体文明行为、社交行为、友好行为、交往态度、情绪表达与控制等方面的日常观察记录
	有关家庭聆听环境优化与听觉能力、语言能力管理方法技巧	有利聆听的家庭环境创设
		助听设备保养包的使用与听辅具的维护保养
		听觉能力、语言能力风险的监控与规避
		儿童听力二次伤害的预防与处置
	儿童听觉口语技能的促进方法与技巧	个别化家庭干预计划的编制
		儿童听觉能力训练策略与方法的运用
		儿童语言教学策略与方法的运用
		儿童言语与说话能力培养策略与方法的运用
		儿童认知能力培养策略与方法的运用
		儿童沟通能力培养策略与方法的运用
		日常亲子互动过程中促进儿童听觉口语能力提升综合策略技巧的运用
	儿童情绪与行为管理	游戏治疗策略、方法的使用
		行为治疗策略、方法的使用

（2）训练内容选择的指导

针对 0~3 岁听障儿童听觉领域康复训练内容的选择与所制定的目标对应的前提下，还应结合儿童个体的认知水平、兴趣特点，以及所处家庭环境、材料等资源因素（如玩具、图书、设施、作息习惯、主要照顾者等）。围绕听觉领域，可备选的训练包括如下内容。

1）声音意识的建立。①鼓励儿童注意声音，提示儿童聆听，并对其听到的每一个反应做出热情的反应；②提供充足的机会让儿童自己发声（用自己的声音或其他发声器和玩具发声）；③谈论发出的声音，如“声音大吗，声音柔和吗”；④重复一些常见的声音；⑤借助游戏注意声音。

2）寻找声音的来源。①指出声音，给声音贴上标签，或者带儿童找到声音的来源；②捉迷藏，成年人藏起来发出声音或叫儿童的名字；③玩按门铃或敲门，听到后开门的轮替游戏。

3）注意声音的开始与停止。①随音乐节奏摇摆和停止摇摆；②随声音移动或停止移动玩具。

4）识别声源。①找到声音的来源或者找到儿童听到的声音；②鼓励儿童说出听到了什么，用手指或说“我听到了”；③进行轮流呼唤反应游戏，当听到后回应。

5）模仿声音或说话。①对着镜子模仿父母发出类似语音的声音；②根据听到的声音模仿发出类似的声音；③使用玩具发出声音供儿童模仿发声，如在模仿“哔哔”声的同时推动玩具汽车；④模仿声音或讲话的音调；⑤模仿声音或语音音量的大小。

6）复杂聆听。①使用简单的短句指导儿童的活动或行为；②聆听儿歌或歌曲；③在背景噪声中聆听熟悉的声音。

（3）听觉康复训练计划编制的指导

0~3 岁听障儿童听觉或其他领域康复训练计划的编制需要家长参与，共同商议。需要共同商议的内容包括：

1）家长拟在家庭自然环境中用于帮助听障儿童达成阶段目标的康复教育活动方案（既有一般性的育儿活动方案，也要有满足听障儿童特殊需求的听语康复活动方案，以及需要额外康复支持的治疗性方案）；

2）家长自身接受尽职教育培训的方案（如此阶段家长要接受什么内容的培训，哪些知识、技能的学习要通过什么样的培训活动实现等）；

3）家长接受相关指导活动的场所、频次、强度和方式，以便家长充分做好时间和心理上的准备。

当与家长商议确定之后，所编制的听觉康复训练计划应以文本的方式确定下来，为后续的具体实施提供目标、内容和方法的指引，也为阶段性评价提供方向与要点。

（4）听觉康复训练实施方法指导

0~3 岁听障儿童听觉康复训练的实施多以游戏或活动的方式进行，要与听障儿童居家生活紧密结合，实现其聆听技能和聆听习惯在家庭自然环境中的养成。由于此年龄段儿童具备较强的模仿学习能力，因此父母及父母之间的有声言语行为示范尤显重要，它将为 0~3 岁听障儿童的听觉和语言学习与发展提供一个优化的软性环境。因此，有关此年龄段听障儿童听觉康复训练实施方法指导侧重于家长行为技巧的改善，具体内容如下。

1）如何满足听障儿童的基本需求（如喂养、更换、穿衣、安慰等），如何及时而充满爱心地营造信任和安全感。

2）如何利用亲子游戏满足听障儿童的情感依附需求。

3）如何编制一个常规的家庭每日作息时间表，固定相应时间内的对应生活、学习活动。

4）如何与听障儿童进行交谈，就像他们能理解一样。

5）当听障儿童在发声或试图说话时，如何给予关注，并不断给予鼓励。

6）不明白听障儿童所说的内容时，如何试着回应听障儿童，并猜猜他在说什么。

二、指导儿童早期（3~6 岁）听障儿童的听觉康复训练

1. 工作准备

如果需要指导的听障儿童是首次开始接受听觉康复训练，即便他的年龄已达到 3 岁及以上，也要参照 0~3 岁听障儿童听觉康复训练“工作准备”的条目内容进行准备。如果需要指导的听障儿童已接受过早期的康复训练，有了一定的基础，除了解个体的档案资料、家长的教养态度与能力外，还要指导家长或教师观察 3~6 岁听障儿童以下方面的一些行为表现。

（1）是否能够在无提示情况下自主汇报助听设备停机。

（2）是否开始表现渴望听到外界声音，并喜欢听任务。

（3）是否能对突然发出的响亮声音表现出惊吓反应。

（4）是否对柔声或小声表现出困惑表情或发出“嗯”的疑问。

（5）是否能演示如何使用合适的大声和小声。

（6）是否能根据声音的快慢做出相应的行为动作。

（7）是否能通过发声演示声音的快慢。

（8）是否能够正确匹配声调。

（9）是否能通过发声演示声调的高低。

（10）是否能够跟随歌曲的节奏模式进行表现。

（11）是否能伴随音乐，根据歌词进行动作表演。

（12）是否能够区别语音相近的词汇。

（13）是否能够使用语言达成基本沟通目的。

（14）是否能够运用恰当的语调模式。

2. 工作程序

（1）训练目标制定的指导

如果需要指导的听障儿童是首次开始接受听觉康复训练，即便他的年龄已达到 3 岁及以上，其目标的制定也请参照表 4-4 所列的适合于 0~3 岁听障儿童听觉领域训练目标内容。如果需要指导的听障儿童已接受过早期的康复训练，有了一定的基础，其目标可参照表 4-6，并结合儿童个体实际需求进行制定。

表 4-6　3~6 岁听障儿童听觉领域训练目标（参考）

参照等级水平	参照年龄/月	关键行为序号	行为能力表现描述
四级	37~42	15	能完成听觉记忆 5 项
		16	能给 2 或 3 段有序的信息排序
		17	能完成 3 个指令动作
		18	能理解更复杂的句子结构（如把字句等）
		19	能重复 5~6 个词的句子
		20	能复述简单、短小的儿歌或故事
五级	43~48	21	能加工更长、更复杂结构的句子（如“你能找出谁住在树里面，有羽毛和黄色的冠的动物吗”）
		22	能完成含更难概念的指令（如“把蓝色的厚方块放在空的水壶后面”）
		23	能重复含有 8 个词语或更长的句子
		24	能详细复述更长含有 5 或 6 个句子的儿歌或故事

如果所指导的听障儿童是首次开始接受听觉康复训练的，也需要为其家长设定训练目标。

（2）训练内容选择的指导

如果所指导的听障儿童是首次开始接受听觉康复训练，其听觉康复训练内容选择的指导可参照0~3岁儿童听觉训练内容选择指导的要点。如果需要指导的听障儿童已接受过早期的康复训练，有了一定的训练基础，其训练内容的选择可参考如下内容。

1）声音察知培养建立。

①听觉游戏条件反应的建立。

②自发性机警反应的建立。

③对自然环境声和音乐的感知。

2）声音辨别培养建立。

①区分声音的时长。

②区分声音的响度。

③区分声音的音调。

3）声音识别培养建立。

①对语音超音段特性的分辨。

②对不同单音节词的分辨。

③对音节相同但辅音及元音信息不同的分辨。

④对发音方式、方法和部位的分辨。

⑤在短语中对关键成分的识别。

⑥在噪声和距离变化条件下的语言识别。

4）声音理解培养建立。

①对日常短语或熟语的理解。

②对连续语言的理解。

③对简短故事中顺序关系的理解。

④在背景声中理解对话。

⑤对拟声或抽象语言的理解。

（3）听觉康复训练计划编制的指导

绝大多数3~6岁听障儿童会在康复机构接受训练，其康复计划多由个别化教师和听障儿童家长共同制定。针对这一年龄对象的听觉或其他领域康复训练计划的编制需要侧重如何与听障儿童家庭的日常活动作息相衔接，以期达到训练的技能如何在家庭自然环境下、在父母与听障儿童互动活动的过程中得以巩固、泛化与提高。听障儿童家庭一日活动计划编制表见表4-7。

表 4-7 听障儿童家庭一日活动计划编制表

活动作息安排	练习内容要素描述					
	具体活动	策略	技能与概念	核心语言	可扩展语言	相关活动
起床						
穿衣						
洗漱						
早餐						
游戏时光						
户外						
家务劳动						
午餐						
午睡						
睡后餐点						
下午时光						
晚餐						
睡前活动						
枕边故事						

指导要点包括如下内容。

1）日常家庭活动作息是否涵盖了一日生活活动所涉及的场景或时间节点（如起床、穿衣、洗漱、早餐、游戏时光、户外、家务劳动、午餐、午睡、睡后餐点、下午时光、晚餐、睡前活动、枕边故事等）。

2）与每个场景或时间节点对应的练习内容要素具体如下。

①具体活动：做什么事。

②策略：可能用到的优化听障儿童学习聆听的技巧。

③技能与概念：与听障儿童水平相适应的聆听技能与概念。

④核心语言：帮助听障儿童学会聆听，与其聆听水平相对应的声音、单词或句子。

⑤可扩展语言：除使用核心语言之外，还应该使用扩展语言。

⑥相关活动：提供使用核心语言和扩展语言机会的其他可开展的活动。

（4）听觉康复训练实施方法的指导

游戏法是这个年龄段儿童接受听觉康复训练的重要方法之一。以游戏的形式开展听觉康复训练，便于引发听障儿童的学习和互动兴趣。如听声放物、听声指物、听声识图、听声猜物、听声做动作、听声复述，此外，还有听声购物、听声捉迷藏、听声下棋、听声画画、听声拼插等。

无论是教师还是家长利用游戏进行训练时，要注意以下几点。

1）所用材料或物品、玩具是听障儿童熟悉的或可指认的事物。

2）每次出示的物品数量应根据听障儿童的年龄、认知水平酌情增减。

3）出示的游戏教具摆放整齐有序。

4）指导语要完整且句式丰富。

5）关键词放在句子的不同位置。

6）根据听障儿童的不同程度调整指导语的语言输入调整技巧（见图 4-1）。

7）重复指导语时保持语句不变。

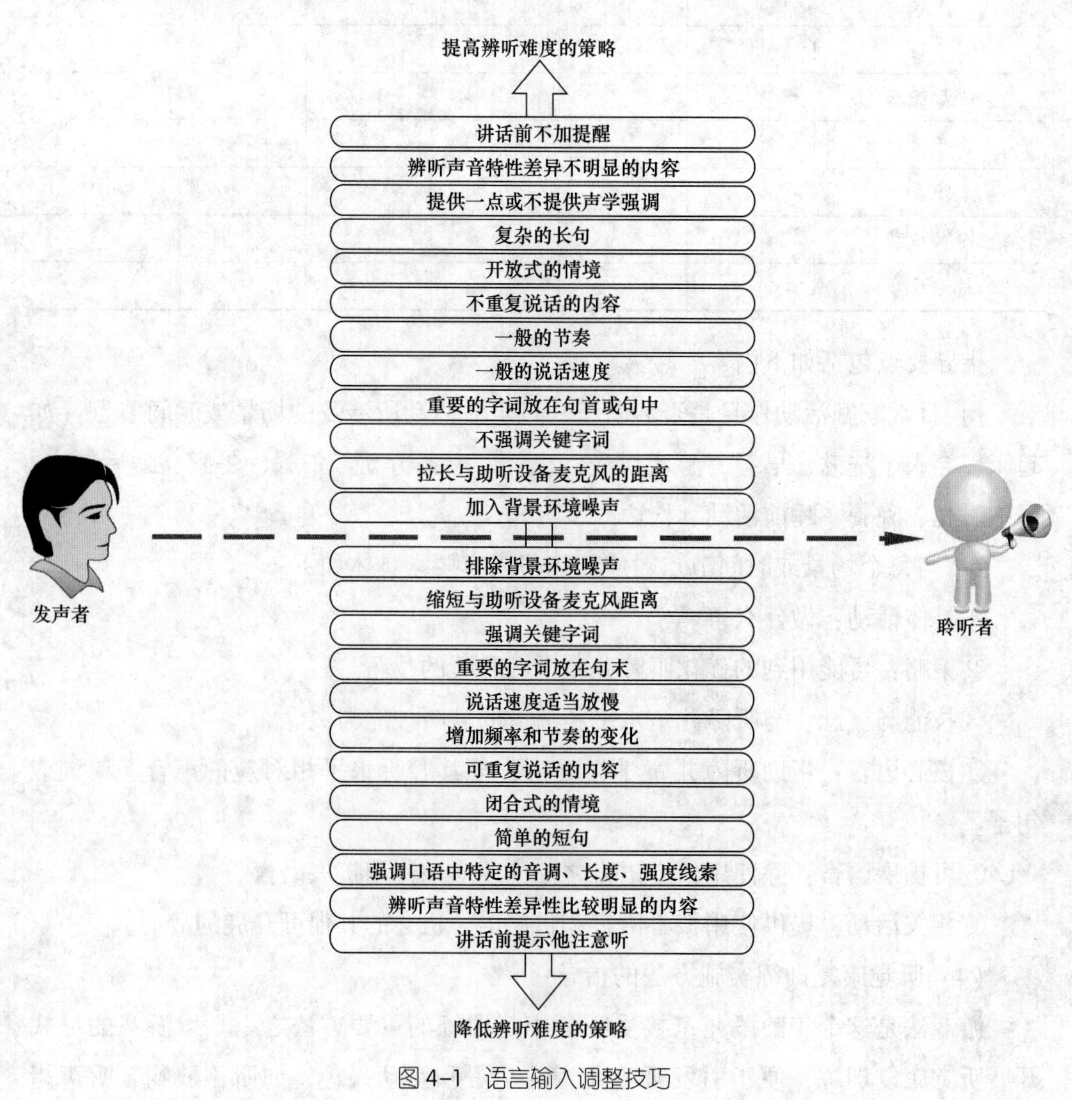

图 4-1　语言输入调整技巧

三、指导家长开展学龄前听障儿童家庭听觉康复训练

家长是儿童成长家庭环境中最活跃的因素。由于学龄前期的儿童各种能力相对较弱，需要家长提供更多的互动和支持。

1. 指导要点

在家庭开展听觉康复训练，本质上是家长与听障儿童之间互动的过程。因此，如何帮助家长在与自己孩子的互动过程中提高其优化聆听环境的能力、对听障儿童的敏感度、认知刺激质量和言语质量，成为指导家长的核心内容。需要告知并指导家长在实施听觉康复训练时应做到如下几点。

（1）确保听障儿童在清醒时都佩戴助听设备，并保证设备运转正常。

（2）思考和利用周围的声音，比较听到声音的不同。

（3）使用清晰、自然的短语说话，让听障儿童体验规则的语言。

（4）学会使用聆听游戏和儿歌，帮助听障儿童加速对声音的识别。

（5）引导听障儿童积极参与家庭日常活动，提供相同声音重复聆听的机会。

（6）学会在每日做例行的事情时（如用早餐），用一种可以理解的方式（如重复语言）和听障儿童对话交流。

（7）花时间和听障儿童玩耍，在玩耍中让听障儿童学会集中注意力，模仿家长的动作和表情，并学会轮替。

（8）学会使用废旧材料和听障儿童一起制作玩教具，激发他们的学习兴趣，谈论曾做过的事情或故事。

（9）多带听障儿童开展户外活动，去公园、农场、火车站、商店等场所，丰富听障儿童的生活阅历和经验，积累聆听经验，储备共同聊天时的谈资。

（10）学会跟听障儿童一起制作自己的画书，并在分享时帮助他们提高专注力，利用重复学习的方法，巩固其学习聆听能力。

（11）让家庭作息和活动的发生条理化，培养、鼓励良好的聆听行为和习惯。

2. 指导方法

“告知—示范—参与—回馈”是听觉口语法教学的 4 个步骤，也是实施家长指导的常用方法。

（1）告知

告知即解释说明，通常通过与家长进行交谈来实现。一般用于告知教学目标和教学活动的要求、帮助家长明白教学相关的专业术语、澄清家长的困惑、帮助家长

建立正确观念等。在运用该方法时，要注意语言简洁、逻辑清楚，依据家长的理解能力调整语句的复杂度。对于比较抽象或理论性的概念和术语，在解释说明时可以多运用打比方、举例子等方式，帮助家长更好地理解，也可以向家长提供一些资料，既可以增强解释说明的说服力，又可以帮助家长更好地理解和回顾温习。

（2）示范

示范即形象化地操作，为家长做出榜样和提供范例供家长学习。虽然绝大多数的成人已经具备通过语言解释和说明来理解抽象事物的学习能力，但示范可以让家长有机会通过观察、模仿和思考来学习。在进行示范时，思路和环节必须清楚，演示必须准确流畅。要达到良好的家长指导效果，可以让家长带着预设问题有重点地观看示范，示范结束后和家长一起讨论问题的答案，为家长亲自练习和实践奠定基础。

（3）参与

参与即请家长依照示范，亲自进行尝试和练习。参与可以帮助家长检验学习的效果，找到理解和运用之间的偏差，进而重新调整和修正。在家长练习和实践时，助听器验配师需从旁观者角度观察，发现家长的优点与不足，之后向家长及时反馈，结合家长的表现，以建议的方式给予进一步指导。在请家长练习和实践时，需考虑家长进入听觉语言训练课程的时间和效能、个性特点等因素循序渐进，以引导和正向鼓励为主，注意给予积极的反馈，不断增强家长训练和实践的信心，使家长通过练习和实践来加深对专业理念、教学策略与技巧的理解，不断增强其策略与技巧的运用能力，更好地与听障儿童进行互动交流。

（4）反馈

反馈是实施家长指导时非常重要的一种方法。一是对家长在接受专业指导和参与教学过程中的态度与行为做出肯定或否定的判断，二是根据正在训练中的听障儿童和家长的能力与表现进一步提出建议。及时的反馈有助于家长重新认识学习的目的和意义，积极正向的反馈会增强家长学习的动机与兴趣，强化家长的某些好行为。使用反馈法时，要注意以下几点。

1）要先进行肯定和鼓励。

2）反馈要具体，不要笼统。

3）要使用建议性的口吻来反馈家长的不足。

培训课程 2

学龄前听障儿童语言康复训练指导

知识要求

一、学龄前儿童语言发展的年龄阶段特征与心理特点

1. 学龄前儿童语言发展的内涵

（1）语言

语言是由一系列符号组成的表示事物和现象的系统，这个定义揭示了语言自身（本体）的属性。从社会功能的角度看，它是人类最重要的交际工具和思维工具；从生物学角度看，它是人的一种生理过程（一系列的发音动作）；从物理学角度看，它是一种声音，是振动的波；从行为主义心理学角度看，它是一种刺激和反应的行为；根据现代认知科学的观点，它又是人的一种认知的过程，即信息的加工、储存和提取的过程。可见，语言是一种社会的、共同的心理现实，是全社会共同的东西，是一种抽象的、观念的存在，人人都有关于语言的知识。或者说，语言是一种抽象的结构系统，是从它的使用言语当中抽象出来的。语言的组成包括语音、语义、语法和语用（见图 4-2）。

（2）言语

言语是个体借助语言传递信息的过程，也就是了解语言和运用语言表达思想的过程。从言语个体行为角度，言语可分为内部言语和外部言语。内部言语是非交际性语言，是指借助语言进行思维过程中的一种特殊的语言现象。外部言语是进行交际的语言，包括读、说、听、写几种形式，即包括口头言语和书面言语。口头言语指人们运用自身的发音器官发出语言，用以表达自己的思想，其又分独

自言语和对话言语。书面言语是用文字来表达思想的言语（见图 4-3）。另外在交际过程中，说（写）的人选择需要的词，按一定语法规则，通过发音器官（或动作）说（或写）出来，这是表达性言语。而听（读）话人感受和理解对方的思想，是输入性（或感受性）言语。总而言之，言语与语言相比，语言是一种社会性的存在，是社会中个人必须遵守的规约；而言语是个人的、体现个性。语言是抽象的，而言语是具体的。语言是一个静态的系统，规则体现出静态性；而言语是动态的，不断发展，时刻变化。语言是保守的，具有封闭性，而言语是开

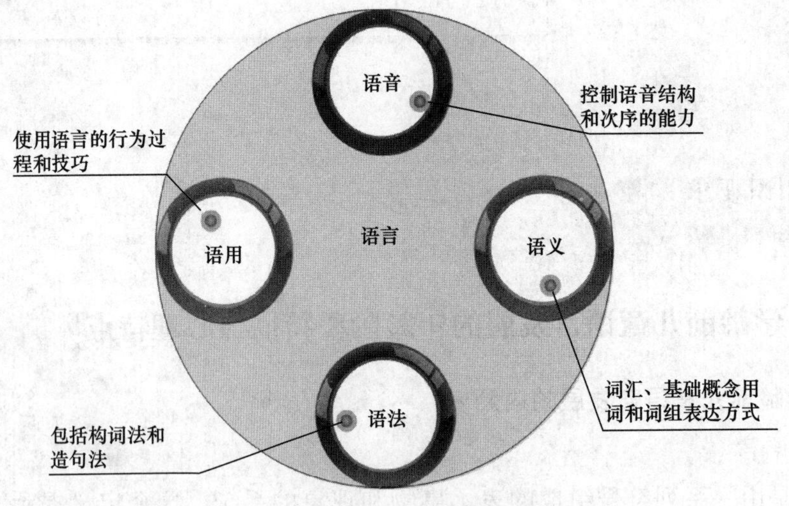

图 4-2　语言的组成

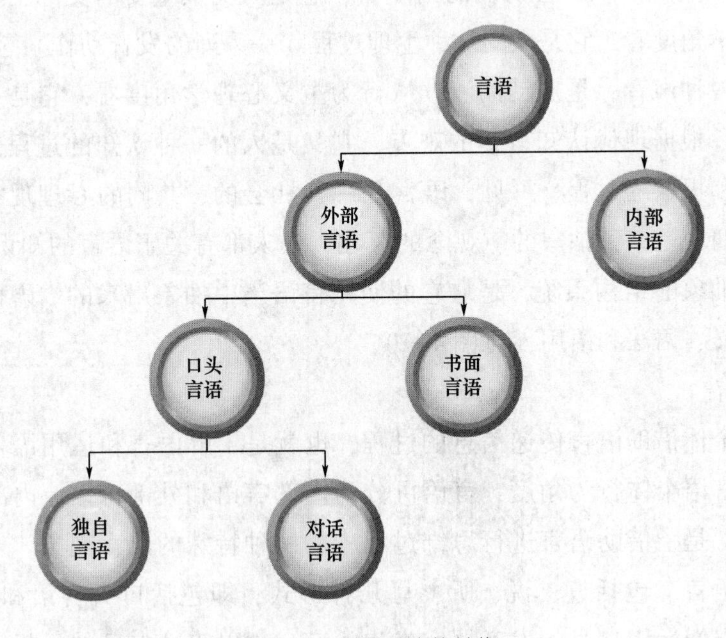

图 4-3　言语系统的结构

放的，具有创造性；语言是交际和思维的工具，言语则是对这种工具的运用。因此，相对于听障儿童的语言学习，言语训练更具备技能性和针对性。

（3）儿童的语言习得与语言学习

语言学习是指在正规的课堂里有意识地学习语言知识，学习者的注意力集中于语言的形式；而语言习得是指在潜意识的情形下自然地获得语言知识和言语技能，如母语习得。语言习得通常是在大量的语言信息的刺激下，通过语言的自然交际获得的。一般说来，成人“学习”语言比儿童快，而儿童“习得”语言比成人快。但好的语言学习者首先应是一个好的语言习得者，因为语言“习得”比语言“学习”更重要。根据吉林大学吕明臣教授的观点，听障儿童的语言获得不是语言习得，也不是语言学习，或者说，既有语言习得的特征，又有语言学习的特征。

听障儿童的语言获得是在干预下进行的。由于听障儿童的特殊性，其语言获得在非自然的状态下进行。健听儿童的语言获得是自然的习得过程，没有明确的计划，不需要教材，也没有专门的教师。听障儿童由于听觉障碍，不能像健听儿童那样自然习得语言，他们是在有计划的干预条件下学习语言的。健听儿童的语言习得、语言学习与听障儿童语言获得这三者同中有异，异中有同，具体见表 4-8。

表 4-8 健听儿童与听障儿童语言获得的比较

对比项目	健听儿童的语言获得		听障儿童语言获得
	语言习得	语言学习	
获得语言的主体状态	语言习得之前儿童并没有任何有意义的语言存在； 和其他知识技能的获得同步进行	语言学习之前儿童已经有某种具体语言系统，会产生“迁移”	获得的是第一种有声语言，可看作是语言习得； 滞后于其他知识技能的获得
获得语言的目的	生存本能的需要	教育体制的规定； 文化、政治、经济等交流	生存本能的需要
获得语言的环境	自然的生活环境，有交际的需求（语言习得以功能为主）	非自然的语言教学环境，没有真正的交际需求（语言学习以形式为主）	兼有自然的生活环境和非自然的语言康复环境
获得语言的途径	自然获得	有计划地干预	有计划地干预

由表 4-8 可知，听障儿童语言获得是有计划地学习第一语言的过程。“有计划地干预”意味着“有意识地干预”，学什么、怎么学，都要经过设计。因此，对听

障儿童的语言康复要坚持自然学习和正规教学相互结合的原则。具体要做到两点：第一，以言语语言训练的形式补充和强化听障儿童的言语语言习得；第二，根据听障儿童个体状况，决定自然学习和正规教学的时间比重。

（4）影响儿童语言发展的因素

影响儿童语言发展的因素是多方面的，简单来说主要包括以下几个方面。

1）遗传因素。先天的遗传条件决定了儿童语言发展的生物学基础和所需的语言生理机能形成与发展的条件、顺序、进程、速度、质量和特点。儿童语言发展的早晚、快慢或具备的家族特征，或表现出的问题，除了后天环境因素以外，都和其先天的遗传因素有着千丝万缕的联系。

2）后天环境因素。儿童的任何方面的发展，都是先天遗传因素与后天环境相互作用的结果。影响儿童语言发展的后天环境因素如下。

①语种。不同的语言是不同民族或种族的文化符号，语言单位的组合方式和使用方式具有不同的文化内涵，反映了不同的文化积淀，这必然影响着儿童语言发展的速度和特点。语种对儿童语言发展的影响最初表现在语音方面，新生儿对人类声音的音高范围非常敏感，他们有一种惊人的语感能力，能够分辨出语音的细微差别，这一技能可以帮助他们破译本民族语言的语音代码。这一事实和语言学的语言发展理论相一致。

②语言观念。语言观念是指人们对语言的认识、情感和审美情趣等一系列态度和看法。语言观念在儿童语言的发展中非常重要。例如，不同国家甚至不同地区的儿童在使用和习得形容词的先后顺序上表现出的差异，与语言观念和地方文化对儿童语言的发展具有较高的相关性。

③家庭环境。不同形态的家庭环境与儿童语言的发展密切相关。研究发现家庭生活质量、活动的多样性、社会性沟通和互动、在儿童活动中成人的介入程度、家庭的教育条件、家庭的书本数量和玩具数量及多样性、儿童参加文化活动的频次、家庭教养方式的多样化形态等与儿童语言的发展均具有一定的相关性。父母的受教育程度、教养方式、沟通策略、与儿童会话过程中的情绪状态，以及家庭的经济状况等都会对儿童的语言发展产生影响。

3）个体特征因素。儿童个体的身体健康程度、学习能力、人格特征和性别等因素也是造成个体语言发展差异的主要因素。例如，个体成长阶段若有脑部发育不全、脑受伤或先天性障碍等问题时，语言发展必然会迟缓；体质瘦弱或长期生病的儿童，可能因游戏机会减少，学习经验欠缺，而不如健康儿童的语言发展顺利；某些儿童因具有较敏锐的学习和模仿能力，语言发展得较早、较好，反之则发展容易有偏差、迟缓的情形；先天气质较害羞、内向、畏缩的儿童的语言能力会较差。一般来说女童比男童说话早，这可能有两个原因，一是男女先天的不同，二是家长对女童比对男童说话多些，对男童往往在身体方面要求更多些。当然，也有的男童说话虽早，但进步却不快，在说话的流畅程度、词汇量的广度上不如女童。

(5) 儿童语言发展的内容

传统语言教学，常把语言的语音形式、语法形式和语义习得作为语言学习的基本内容。但事实上，儿童的语言学习在其他方面的参与，不可避免地有语言规则知识范畴之外的一些因素存在，以语言规则知识为核心内容的语言学习是无法全面解释儿童所遇到的有关语言操作、运用和交往方面的问题的。关于用“相互作用”的理论解释儿童语言与语言障碍的观点，为我们重新审视儿童语言学习的基本内容提供了很好的启示。

儿童的语言学习系统应包括四个范畴。

一是语法规则范畴，包含语言信息传递时所需要的一切语言系统因素（词汇、语音、语法、语义和语用规则)，是儿童必须学习的内容。

二是语言内容认知范畴，囊括儿童在进行语言学习时参与的感觉、知觉、表征、概念化和符号化等认知因素。这些认知范畴的相关能力与经验也是儿童语言学习必不可少的重要层面。

三是语言操作范畴，指人们使用语言进行交往的行为性过程，包括言语感知、理解、语言制作和说话。这些也是儿童语言学习的基本内容。

四是语言交际环境范畴，指儿童进行交谈时支撑他们说话的交流关系，包括促使双方产生交流动机、愿望和需要的内部环境，以及对交流具有刺激、辅助和保持双方言语契合紧迫感意义的外部环境。例如，如何开始谈话、结束谈话、转换话题的技巧，表达方式、表达方法、语气的运用以及待人处世经验、交流氛围的营造技能等也是儿童语言学习的必要内容。

2. 0~3 岁儿童语言发展的年龄阶段特征与心理特点

关于儿童语言发展的研究，传统语言学派主要依据发育年龄进行分类，而现代语言学派则重点关注言语生成行为发育特征。

(1) 0~3 岁儿童的言语生成特征

现代语言学派将 0~3 岁儿童语言的内涵聚焦于口头言语的生成行为，依据以下 3 个观察要素。

1）与呼吸系统（呼吸循环）有关的发声持续时间。

2）基本的发声运动。

3）声音调节（语调/响度/时长以及声音的变化），以揭示儿童言语生成行为发育的内涵。

这对于我们在理解和把握儿童言语，尤其是婴幼儿的言语生成行为发育特点和规律时，更加直接、简洁和方便。婴幼儿言语生成行为发育特征概要见表 4–9。

表 4–9　婴幼儿言语发育特征概要

年龄/月	言语生成行为
>0~1	哭
	反应性发声
	基础的发声
	没有发音动作的连续发声
>1~5	“咕咕”声
	笑声
	模仿元音声
	旋律调节
	重复性咿呀语
	变化性咿呀语
	从没有发音动作的间断性发音到有发音动作的间断性发音
>5~9	词组扩展（玩耍中发声）
	规范的咿呀语
	发出母语中的元音
	发出母语的语调
	情绪性声音表达
	发声的变化
	变化的发音动作
>9~12	长咿呀语序列
	常用词汇
	第一批词汇
>12~16	说出 20~30 个单词
	名词性/表达性的说话方式
>16~20	说出 50~200 个单词
	词汇爆炸
	功能性词汇增加
>20~24	词汇大量增加
	发音重组
	开始多词汇表达
>24	语法和语态的扩展

（2）0~3 岁儿童语言的阶段发展特征和特点

传统语言学派根据 0~3 岁儿童听觉言语的发育规律和言语的表达情况，将听觉言语发育分为两个时期，即言语前期和言语期。

1）言语前期。言语前期是指新生儿出生后的 1 年内，能说出有意义的词以前的阶段。这个时期由于婴儿听觉神经系统及大脑的发育尚未健全，其言语发育的指标比较含糊，但通过日常观察婴儿言语行为的变化，可以大致了解言语发育的程度。言语前期的言语发育依赖于听觉的发育，大致可分为以下两个阶段。

①过渡喃语期。分为以下三个时期。

发声期：0~2 个月，多为满足生理要求而发出的一些反射性叫唤声，如/i/，/ɑ/，/u/ 等，声调较高。

原始调声期：2~3 个月，多为声道后方发出的“咕咕”声，发声伴有原始辅音成分/ku/或/gu/。

扩张期：4~6 个月，可发出高、低、大、小和唇颤的声音，如/ɑh-goo/，/ɑh-ge/。咂舌声更为明显，其特征是伴有原始元音的音节，如/ɑ ɑ ɑ/，/e e e/，并具有连续性。

②标准喃语期。6~10 个月，发声有以下三大特征。

一是每个音节都含有辅音（consonant）和元音（vowel）组成的标准音节，又称 CV 结构，每个音节约 200 ms。

二是多音节，并具有节律性和反复性。

三是没有明确的指示对象，如/mɑn mɑn mɑn/，/mɑ mɑ mɑ/，/bɑ bɑ bɑ/，/dɑ dɑ dɑ/等。以上这些发声虽然没有表示叫妈妈或爸爸的意思，但当婴幼儿发出这些声音时，家人就会感觉到孩子是在学说话，称为咿呀学语。没有经过特别训练的养育者也能识别出婴幼儿所发出的这些标准喃语。

2）言语期。标准喃语期之后，婴幼儿能说一到两句有意义的话，从而进入言语期。言语期分为以下三个阶段。

①意语期。即学话萌芽期，12~15 个月，能说一两个或多个有意义的词，个体差异较大。例如，狗狗——wang wang，吃饭——mɑn mɑn，妈妈——mɑ mɑ，再见——bai bai，爸爸——bɑ bɑ，开始说没有语法和大多数人听不懂的话。

②词汇增长期。即语言理解期，16~22 个月，能说 10~20 个词；能理解“把书拿来”“把垃圾扔掉”等的意思；问眼睛、鼻子、耳朵、口、头发等身体部位时，会指向自己或亲人的这些部位。这时期还常说些别人听不懂的话。

③文法运用期。即语言表达期，2~3 岁。2~2.5 岁时开始使用“你”“我”等代名词，可将 2~3 个词连成一句话，用以表达自己的感情和意识，如“我吃饭”“妈妈去上班”等。这个时期不再说无意义的话。3 岁能使用复数名词，能理解简单问题和答案，能较为流利地背诵儿歌。

我国学者将言语前期儿童的发音能力（见表 4-10）和交际能力（见表 4-11）方面的特点进行了归纳总结，为助听器验配师较好地把握这一时期儿童语言发展上的规律特点提供了参照。

表 4-10　言语前期儿童发音能力发展描述

发展层次	参考年龄/月	表现描述
单音发声	0~4	（1）第 1 个月：哭叫是主要发音，婴幼儿学会了调节哭叫声的音长、音高和音量，能用几类不同的哭叫声表示饥饿、疼痛、无聊等意思，用以表达要人抱或要吃奶等不同需求 （2）2 个月时，出现偶偶作声情况（自言自语）。多为简单的元音，类似汉语单韵母（/ɑ/，/u/，/o/，/i/，/e/），但也有少量复韵母（/ɑi/，/ei/，/en/，/ɑn/，/ɑo/，/ou/），还能发出 4 个辅音/n/、/h/、/g/、/k/；除/n/之外，其余 3 个辅音均与元音结合，出现汉语音节类化的趋向（/he/，/hei/，/ge/，/kɑ/等）
音节发声	4~10	（1）这个时期，一方面婴幼儿发音有了一定的指向性，较多的是对成人的社会性刺激作出反应；另一方面发音内容与以前不同，出现了许多辅音和元音的组合 （2）4~7 个月，婴幼儿的发音大多为单音节，类似汉语音节中的零声母音节和部分声母加韵母的音节（如拉长音的/yɑ/，/ɑo/，/wɑ/和/bɑ/，/bei/，/dɑ/，/dei/，/hi/，/ke/，/gong/，/mɑ/，/ni/）；同时发音的调也开始在音节中出现，这种情况反映出婴幼儿发音器官和中枢神经系统的变化 （3）6 个月之后，婴幼儿的音节发声中出现较多的重叠双音节和多音节现象；某些由辅音和元音结合的音节在一个确定的形态下重复出现，这是婴幼儿对发音器官更高级的控制的反映（婴幼儿独自待着的时候，或对成人逗弄作出反应的时候，他们发出更接近成人说话的语音，如/mɑmɑ-mɑ-mɑmɑ/，/ɑ-bɑbɑ-bɑ/）
前词语发声	10~18	（1）此时，婴幼儿能够发出一连串变化不同的辅音加元音的音节，有重音和声调，似乎在说某个句子 （2）此时的发音往往是一种固定情景的学说话活动，婴幼儿力图使自己的发音接近某些词语发声 （3）出现了前阶段未出现的辅音（/x/，/j/，/q/，/s/，/z/）

表 4-11 言语前期儿童交际能力发展描述

发展层次	参考年龄/月	表现描述
产生交际倾向	0~4	（1）1 周~1 个月期间，已经能够用不同的哭声表达他们的需求，以吸引成人的注意，其交际倾向主要产生于生理需求 （2）2 个月左右，婴幼儿会在生理需要得到满足后，对成人的逗弄报以微笑，用偶偶作声来吸引成人的注意；如果成人对他们的发音较长时间予以忽视，婴幼儿会用蹬腿、改换表情或发不同的音来表达自己的不耐烦情绪
学习交际规则	4~10	（1）对成人的话语逗弄给予语音应答，仿佛开始进行说话交流 （2）在用语音与成人对话时，婴幼儿呈现与成人轮流说的倾向，这表明婴幼儿开始敏锐地感觉到人们语言交往的基本要求 （3）当成人与婴幼儿的一段轮流对话结束后，婴幼儿会发出一个或几个音来主动地引起另一段对话，从而使这种交流延续下去 （4）婴幼儿在 4~10 个月期间逐渐学会使用不同的语调来表达自己的态度，而这种表达往往伴以一定的动作和表情。这时的交际已具备明显的社会性成分
扩展交际功能	10~18	（1）从交际倾向看，这个时期的婴幼儿会出现坚持表达个人意愿的倾向。当他用某种声音表示自己需要得到成人的了解时，婴幼儿会重复这种行为直至成人弄明白 （2）从交际习惯上看，此时不同的婴幼儿会开始自己创造相对固定的“交际信号”，重复声音表达一种意思 （3）这个时期的婴幼儿开始逐步使用语音、语调和动作表情来达到各种交际目的，除了具备指令、要求、情感表达和评论情景的交际功能外，还具有表达陈述、否定、疑问、感叹、祈使等句式意义的功能

3. 3~6 岁儿童语言发展的年龄阶段特征与心理特点

3~6 岁儿童正式进入语言发展期，这一时期的语言发展要从语言形式、语义获得和语用技能三个方面进行考察。

（1）语言形式方面

1）语音的发展。

①语音辨别能力：主要表现在对母语音位的区别性特征的获得方面。2 岁儿童对清浊音的区别比纯音素的辨认困难得多，发展也较晚。

②语音发音能力：语音发音能力的发展晚于语音辨别能力的发展。

③语音意识的产生：主要表现为能够评价别人的发音特点，指出和纠正别人

的发音错误；能够有意识并自觉调节自己的发音。

2）语法的获得。

①句长的发展：根据朱曼殊等人的研究结果（含词量），2~6 岁儿童平均句子长度分别为 2 岁 2.91 个，3 岁 4.61 个，4 岁 5.77 个，5 岁 7.87 个，6 岁 8.39 个；根据史慧中等人的研究结果（含词量），3~6 岁儿童平均句子长度分别为 3~4 岁 4~6 个，4~5 岁 7~10 个，5~6 岁 7~10 个。

②句子结构的完整性和复杂性：吴天敏等人的研究认为，儿童句法结构的发展分为不完整句、完整单句和复合句 3 个阶段，其间有相互重叠的部分。儿童句法结构的获得遵循如下规律：第一，从混沌一体到逐步分开（语言功能分化、词性分化、句子结构完整）；第二，从不完整到逐步完整，从松散到逐步严谨；第三，从压缩、呆板到逐步扩展灵活。

（2）语义获得方面

儿童对词、句子和语段 3 个语言结构层次在理解上的发展与语义获得的总体特点：其一是根据当前的语境和已有的经验猜测词语的意思，最初的猜测通常是不全面或不正确的；其二是根据对语义的理解经验，理解词或句子所表达的基本语义关系，理解语言的实用意义和理解句子的各个词语的含义等；其三是儿童最早获得的是专有名词，然后逐渐获得普通名词、相对词等。

（3）语用技能方面

1）语言操作能力。

3~6 岁儿童语言操作能力的整体表现：①语言简略，遗漏音、替代音较多，音调较高，很多话语不符合语法规则；②具体、形象的词汇较多，抽象的词汇较少，词不达意的现象也时有发生；③语言重复较多，使用的句型以疑问句、祈使句为主；④为了弥补言语表达的不足，常在交际过程中不断使用手势和身体动作等非语言手段，以保证信息准确地呈现；⑤常用改变音调和音高等方式表达自己的交际意图。

2）对言语交际外部环境的感知能力。

对言语交际外部环境的感知能力就是对语言交际情景的诸多要素的敏感性和根据需要实现其语言转换的能力。①对交际对象本身特征的敏感，4 岁儿童就能适应听话人的能力而调节其说话内容；②对实际交际情景变化的敏感，55%的 6 岁儿童能够根据实际交际情景变化改变表述方式，而 90%的 7 岁儿童能调节说话内容；③对交际对象反馈的敏感，当听话人发出不理解信息时，学龄前儿童多半是沉默或多次重复原话，且在交际失败时总是责怪听话人。

3）心理预备能力。

心理预备能力包括交际双方调节自己的情感、兴趣、动机并使之指向言语交际行为的能力，对同一话题的保持能力和对有关交际内容知识的组织能力等。3~6岁儿童表现出如下的特点。

①自我中心语言相对较多，社会性语言有待发展，其社会性语言的产生和理解情境性较强，他们会随外部客观情景的改变而极易转变话题。这是因为他们对自己的情感、兴趣和动机等心理因素的调节能力差，知识、经验储备不够丰富且尚未系统化，许多信息无法用言语进行表达。

②具备保持同一话题的能力。2 岁儿童尚不具备该能力，而 3 岁儿童在这一方面进步较大。

总而言之，3~6 岁儿童语言发展呈现出的总体规律特点如下。

①语音上，由易到难。一般来说，先掌握双唇塞音，后掌握舌尖塞擦音。

②词汇上，由少到多。先掌握反映周围具体事物的词汇，然后范围逐步扩大，由具体到抽象，如先掌握“爸爸”“妈妈”“娃娃”，后掌握“热”“黑”等。

③语法上，由不完整到完整。

④句子上，由短到长。

⑤结构上，由不完整到完整。

⑥词类上，由名词延及其他。

⑦语用上，由不完善到完善。

4. 听力损失对儿童言语语言发展的影响

学龄前儿童正处在身心发展的关键时期，听力损失会严重损害他们的言语能力、语言功能，特别是先天听力障碍对其发展的影响远远不局限于此，还会影响儿童认知、情感、个性，以及社会性的发展。

（1）对言语能力发展的影响

言语是感知和发音运动并行的过程，需要呼吸、发音、构音三个系统协调动作，需要通过听觉、运动觉、触觉等内部反馈机制进行控制。听障儿童由于听不到或听不清自身言语，因此很难评价自己的发音并准确模仿他人的发音。

1）听障儿童的言语常发音不清，可以表现在声母上，也可以表现在韵母上。声母会出现：遗漏，如把“姑姑”（gu）说成“乌乌”（wu），把“小猪”说成“小屋”；歪曲，有时会发出汉语语音中不存在的音；替代，如用不送气音替代送气音，把“汽车”说成“技车”，“跑步”说成“饱步”；添加，如把“鸭”（yɑ）

说成“家”（jia）等现象。韵母会出现：鼻音化，如发/i/、/u/时有鼻音；中位化，如发/i/时舌位靠后，而发/u/时舌位靠前；替代，如用/an/替代/ang/，把“帮帮我”说成“搬搬我”；遗漏等现象。

2）音量不当，音色或音质不好。讲话时，要么声音太大，要么声音太小。有的婴幼儿讲话音调很高，有的婴幼儿讲话像是喃喃自语。有硬起音、假嗓音等，让人感觉声带紧张，说话不自然。

3）语调、声调不准或缺乏。如“你为什么打我”说成“你为什么搭窝”。

4）语流不畅或语速不当。如“爸爸去上班”说成“爸爸去/上/班”，在语句中停顿不畅。

（2）对语言能力发展的影响

听障儿童语言发展的特点体现在语言习得的各方面。

1）在语义方面，他们的词汇量小且进步缓慢，滞后状态会持续到成年，对语言中成语、比喻等的理解以及对多义词的理解困难。

2）在语法方面，他们的平均语句长度比同龄正常儿童要短。交流中使用的语法结构较简单，使用简单句多，并经常发生语法错误。学龄前听障儿童还较少使用副词、连词等具有语法功能的词汇。

3）在语用方面，他们不擅表达交流意愿，会表现出不遵守交流规则。例如，不能合理地导入话题，插话或者结束话题。与人交流时，学龄前听障儿童不擅使用修补技巧。表达不清时，不是变换表述方式，而是不断重复自己的原话。

4）在语音方面，由于听不到或听不清某些语音，其言语清晰度通常较差。

此外，由于听力损失，在没有接受早期干预或康复训练的前提下，在与他人的交际过程中还会附带一些特有的行为特征表现：①说话时常有音量过大的现象；②语调单调，缺少抑扬顿挫、轻重缓急、高低长短的变化；③常有即时性或延迟性鹦鹉学舌式反问现象；④常有发呆、若有所思的表情；⑤交流时，常表现出注视说话者的脸部，尤其是口、唇的运动与表情；⑥经常比手画脚，借以动作、手势表达其需求而不说话；⑦不理解对方的话语含义，常常答非所问；⑧在交流中，不知道等待、轮替；⑨学习语言时，发起交往的主动性不足，对他人的谈话漠不关心，对周围的噪声无动于衷；⑩学习正确的语法有困难。

二、学龄前听障儿童言语语言康复训练的原则与方法

1. 学龄前听障儿童言语语言康复训练的原则

言语语言康复训练的主要目的是帮助听障儿童掌握正确的发音方法，理解并

正确表达丰富的词汇、语句，同时掌握恰当的沟通交流技巧。在听觉康复训练的基础上，通过有意义的互动交流，培养听障儿童自主进行言语交流的习惯和能力。其具体原则内容如下。

（1）遵循儿童言语语言发展的自然规律

1）要营造丰富的语言刺激环境，引导听障儿童产生听觉注意，强化语言听觉积累。

2）引导、训练听障儿童在各种情境下准确理解语言的意义，完成相应要求。

3）在语音听辨和语言理解的基础上，逐步提高其言语能力、表达能力、沟通交往能力，以及阅读、书写、拼音等更高级的语言技巧。

（2）创设良好的言语交流环境

1）多利用或创设沟通情境，培养听障儿童言语交流的能力。听障儿童接受言语刺激晚，言语交流的经验少，更需要一个具有支持性且机会丰富的言语交流环境。

2）积极鼓励和引导听障儿童表达与交流的意识，多给予其正面回馈。

（3）开展定期评估

1）评估听障儿童言语、语言能力，以全面、准确的评估为基础，制定合理的言语、语言阶段发展目标，并不断修正完善。

2）言语语言训练要与听觉训练和认知训练紧密结合、共同推进。

3）在言语语言训练中，要注重学习内容的实用性。

（4）坚持自然学习和正规教学相结合

1）以言语语言训练的形式补充和强化听障儿童的言语语言的习得。

2）根据听障儿童个体状况，决定自然学习和正规教学的时间比重。

3）指导家长将训练内容有机地融入日常生活。

（5）借助会话机会发展言语交际

1）利用情境宽松，关注语言学习过程，允许他们有不同的学习结果。

2）会话过程中给予听障儿童较大的自由度，对活动时间没有严格限制。

3）可根据听障儿童的兴趣和经验，引导他们以自己独有的方式加工各种语言信息。

2. 学龄前听障儿童语言康复训练的方法

对听障儿童的语言康复训练，其实质是练习，即利用结构化的语言材料引导听障儿童运用语言知识去完成一定的言语操作，以巩固语言知识、形成言语技能和技巧的方法。这种练习具有不同的分类，按照训练场地的不同，可以分为课室练习、家庭练习；按照训练组织方式的不同，可以分为集体练习、组别练习、个别练习；按照训练形式的不同，可以分为口头练习、书面练习和实际操作练习；按照训练技能领域的不同，可以分为心智技能练习、动作技能练习、行为习惯练习；按照儿童掌握言语技能、技巧进程的不同，可以分为模仿性练习、独立性练习、创造性练习；按照听觉言语技能发展领域的不同，又可以分为听觉练习、说话练习、语言练习、认知练习、沟通练习，等等。而无论哪种分类方法，作为康复训练方法的本质要求是一致的。

（1）明确练习的目的和要求，掌握练习的原理和方法。任何练习都应以一定的理论为基础，都要掌握一定的程序、规范、要领和关键，才能提高练习的目的性和自觉性，保证练习的质量，避免盲目练习。

（2）循序渐进，逐步提高。在练习的数量、质量、难度、速度、独立程度和熟练程度、综合应用与创造性上，对学习者都应有计划地提出要求，引导其由易到难逐步提高，达到熟练、完善。

（3）严格要求。无论哪种练习，都要严肃认真，要求学习者一丝不苟、刻苦练习、精益求精。

三、学龄前听障儿童言语交际训练的原则与方法

言语交际训练主要是利用听觉训练、说话训练、语言知识训练打下的基础，训练听障儿童个体听话和说话的一些规则和技巧的使用，如交际的兴趣，怎样提问和回答，怎样控制音量，怎样配合体态，怎样使表达具有连贯性和逻辑性等。其目的是培养听障儿童个体的交际意识，鼓励他们用一切交际方式进行交际，并逐步掌握交际的基本技能，同时在交际中巩固和发展语言。

1. 学龄前听障儿童言语交际训练的原则

充分利用听障儿童的各种生活和学习经验，在真实的生活情景中提供更加广泛、多种多样的沟通机会，促进其交往能力的形成。其核心目的是促进听障儿童个体与成人、同伴之间的有效言语交流。具体的原则如下。

（1）日常生活中的语言交往原则

1）训练听障儿童注意倾听、理解和执行生活常规，以及成人的指令性语言。

2）训练听障儿童学会使用礼貌语言与他人交往。

3）训练听障儿童学习运用语言向他人表达自己的需要和要求，对他人提出的

要求做出恰当应答。

4）训练听障儿童学习运用恰当的语言，解决与同伴发生的冲突。

（2）自由游戏中的语言交往原则

1）训练听障儿童学习运用玩具结合动作自言自语，进行自娱和自我练习。

2）训练听障儿童学习自主选择学习的内容、材料和同伴等。

3）训练听障儿童通过协商等语言方式，解决与同伴在游戏内容、材料的选择，以及游戏规则制定过程中出现的矛盾冲突。

（3）其他领域活动中的语言交往原则

1）训练听障儿童学会集中注意聆听教师布置的活动任务。

2）训练听障儿童学习运用语言指导观察和操作，并思考事物之间的相互关系，指导表达对感知对象的感受和认识。

3）帮助听障儿童理解语言与其他活动内容之间相互关系，学习运用语言促进相关领域知识的掌握和能力的提高，提高学习效率。

2. 学龄前听障儿童言语交际训练的方法

（1）交际过程中的理解性训练

交际过程中的理解性训练，实质上就是交际过程中听理解训练。不过这里所说的“听”训练与基础听觉训练中的“听”训练有区别。基础听觉训练中的“听”注重听“音”，言语交际训练中的“听”注重听“义”。具体内容可分解为封闭式问答训练和开放式问答训练。

（2）交际过程中的表达性训练

交际过程中的表达性训练的目标在于帮助听障儿童说出具体有适当音色、音量、语调和节奏等的话语。表达性训练与句子训练不同。句子训练是让听障儿童个体经过反复练习（包括模仿、替换练习）掌握句法规则，表达性训练则是要听障儿童充分利用所学的词语和句型表达自己的意思。具体内容可分解为朗诵训练、主题故事续编训练、命题故事创编训练、独白言语训练和即兴表达训练。

（3）交际过程中的语用能力训练

语用能力是指交际双方根据交际目的和语言情境有效地使用语言工具的一系列技能。语用能力训练旨在培养和提高听障儿童在交际过程中的语言操作能力、对交际外在环境的感知能力和心理预备能力，以实现能够与同伴和成人进行顺利交际的任务。具体内容可分解为应对不同听者调节说话内容与形式的训练、利用语言信息理解说话者不同指令意图的训练、自己语言调节行为的训练、完整复述故事训练、开放性对话训练。

四、学龄前听障儿童语言家庭康复训练原则

家庭是大多数学龄前听障儿童生活的重要场所和资源，家长在听障儿童康复训练中扮演着不可替代的角色。家长与孩子有先天的血缘和情感联系，家庭教育有强烈的感染性、渗透性，家庭环境、家长的交流方式对听障儿童的言语、语言发展有重要影响。在家庭中开展语言康复训练应符合家庭的实际和特点。

1. 应丰富学龄前听障儿童语言发展的环境

语言发展需要环境，家庭中的语言环境对学龄前听障儿童语言的发展尤为重要。如果剥夺了语言发展的环境，即便是健听儿童也难以掌握语言。印度狼孩卡马拉的经历足以说明环境剥夺对其语言发展所造成的不可逆且深刻的影响。由于丰富的语言环境会刺激学龄前听障儿童学习语言的兴趣，给学龄前听障儿童提供多看、多听、多说的机会，并在与其互动过程中，增强家长及家庭中其他成员言语刺激、认知刺激质量，更有益于学龄前听障儿童语言发展质量的提高。

2. 应正确利用沟通技巧促进儿童沟通

家长或主要照顾者，要时刻顾及听障儿童，保持高度的敏感度，在日常生活中抓住相关的沟通情境，关注听障儿童的沟通动机，采用观察、等待和倾听的技巧，引导听障儿童表现出合适的沟通行为，或使用适当的沟通策略，与他人顺利沟通交流，从而帮助听障儿童发展沟通能力。

3. 应促进发音技能的掌握

随着发音器官的成熟和大脑皮层对发音器官调节机能的发展，儿童的发音能力开始迅速提升，尤其是 3~4 岁的儿童最为明显。促进儿童发音技能发展的方式很多，如给儿童朗读顺口溜、儿歌、童谣或绕口令，同时要求儿童发音并注意其口型是否正确，对发音不准的儿童要有耐心，消除其紧张感。当然，这一时期，除了教给他们正确的发音部位和方法外，还应注意其发音清晰度、语调，以及对语音的强弱控制能力。只有全面关注，才能真正促进儿童发音技能的掌握。

4. 应借助故事的形式

故事在儿童语言发展过程中具有特别重要的作用。从某一故事或具体的文

学作品入手，为儿童提供一种全面语言学习的机会，使其在理解、感受故事或作品的过程中，欣赏和学习文学作品提供的有质量的语言。这种方式不仅可以激发他们发现、理解新词和词义，满足其好奇、探究的心理需求，还能培养其欣赏故事等文学作品的能力，以及利用文学式的语言表达想象、表达生活经验的能力。

5. 应借助喜闻乐见的活动形式

各种戏剧活动，如童话剧、木偶戏、角色扮演等都是这一年龄阶段儿童喜闻乐见的活动形式，他们很愿意并自然地在活动中表达自己的情绪、想法和感受。家长应努力创设这一类活动，使他们能在这样戏剧性的活动中理解新的词汇、新的思想、做事的方式及为人的道理。

6. 应创设有利于交际能力发展的活动

一些社交活动和语言类游戏（如词语接龙、猜猜我有什么、假如我是谁等）也是发展儿童交际能力的较好选择。采用这些充满想象的活动或游戏，不仅能够帮助他们获得对周围世界获得新的理解且体验到更多的乐趣，还会促进他们的社会性、情绪和认知能力的发展。

五、学龄前听障儿童言语矫治的实施

学龄前听障儿童的言语障碍是指听障儿童在早期的有声语言康复和学习过程中出现的发展性的异常现象。为了帮助这部分听障儿童克服障碍，促使其语言得到较好的发展，教师和家长需要在专门的康复训练过程中采取一些必要的措施，给予他们特别的帮助，即言语矫治。其目的是利用语言发展的关键期，对具有生理、心理等各方面言语发展障碍的听障儿童进行有效的干预和特别的教育，不断改变其原有的语言发展条件和言语质量。

1. 语言障碍的界定

（1）语言障碍

语言障碍可能涉及的方面包括：语言形式（音韵、构词、语法系统）；语言的内容（语义系统）；语言在沟通中的功能（语用系统）。通常情况下，可以将语言障碍理解为个体在语言形式、内容、使用的理解与表达方面，与环境或年龄应有的期望水准相比，有显著缺陷。

（2）语言障碍界定的要素依据

语言障碍的界定常以以下的几个要素作为依据。

1）语言发展速度或时间因素。根据一般儿童语言习得指标决定儿童在某个阶段的语言或沟通能力发展是否符合其年龄应有的期望发展水平。

2）语言中质的因素。语言中质的因素是指语言组成的要素，如音韵、语法、语义、语用、篇章等。由于语言是由不同的要素组成，而个体内发展差异又是儿童语言发展的特征，因此需进一步从语言组成的要素分开来看其发展迟缓或是困难的部分，如语义障碍、语法障碍、语用障碍、篇章障碍等。

3）语言的表达与接收因素。语言的认知处理历程涉及：①语言信息的注意、选取、分辨与辨识；②语言信息在工作记忆中短暂保留并运作处理；③认知语言系统中或词汇库中语言信息的分类、意义联结与储存；④语言表达时词汇搜寻、提取以及词汇序列化呈现、组织。而在这些运作处理过程中若出现问题，则可能出现语言理解或表达缺陷。

4）障碍程度因素。每个儿童的语言问题都不一样，有的严重到完全没有语言或是口语有限，则会被归类为重度语言障碍。其他的儿童则可能只是使用与理解词汇较有限，或是叙事较为混乱无组织，因此属于轻度语言障碍。

2. 听障儿童言语障碍的表现与矫治

（1）言语异常或障碍的表现与矫治

听障儿童的语音障碍主要表现为构音障碍和发音障碍两种形式。构音障碍，是由于音位习得阶段的某些条件（如听力损失）导致的音位发展异常，常表现为听障儿童在发音时出现丢音、换音或错音现象。发音障碍出现在构成语音物理属性的音高、音质和音量三个方面，分别称为音高障碍、音质障碍、音量障碍。音高障碍表现如下：声音过高、声音过低、音高平直、音高突变、假声、双音。音质障碍主要分为两类，一类是共鸣障碍，表现为鼻音过重和鼻音缺失；另一类则为嗓音障碍，表现为气息声、沙哑声和嘶哑声。音量障碍指的是完全发不出声或者不能发出足够大的声音致使听话人不能听清语音，前者称为失音，后者称为发声困难。此外，音量障碍还表现为习惯性音量过大或过小。

听障儿童一旦确诊具有功能性而非器质性的声音障碍时，其治疗最好按以下4个基本步骤进行：确诊嗓音滥用和误用；减少嗓音滥用和误用；通过矫治方法寻找最佳发声方式；将这种发声方式运用于日常生活之中。

常用的声音障碍矫治方法经黄昭鸣博士等人的实践、总结有25种，分别为“减少嗓音滥用和误用法”“改变响度法”“建立新的音调法”“反馈法”“减少硬起音法”“吟唱法”“咀嚼法”“打哈欠–叹息法”“喉部按摩法”“改变舌位法”

“听力训练法”“耐心解释法”“发气泡音法”“半吞咽法”“转动头位法”“分类法”“吸入式发音法”“掩蔽法”“张嘴法”“转调训练法”“调整发声位置法”“甩臂后推法”“放松法”“呼吸训练法”“伸舌法”。目前，由一些研究机构开发有助于听障儿童或言语障碍者进行语言训练或语言学习的软件，其具有较强的可视性、趣味性和智能化特点，可以更好地辅助听障儿童语音障碍的矫治。

（2）言语社交行为异常或障碍的表现与矫治

听障儿童的言语社交行为异常或障碍，主要表现为情绪障碍，又称情感交往障碍、行为问题。常见于刚开始接受听力语言康复且年龄较小的听障儿童，表现为拒绝与人尤其是陌生人的交往，时常反映出焦虑、担忧的情绪，但是能够与自己的父母或亲人保持密切的联系。

对这类障碍的儿童，人们经常采用以下两种主要的方法进行矫治。

一是“游戏治疗”，即通过游戏的方式提高这类听障儿童与周围环境交互作用的兴趣和愿望。游戏治疗的关键是要提供一个丰富的游戏环境，包括准备有趣而充足的玩具、布置有利于听障儿童活动的游戏场所，并保证足够让听障儿童玩耍的时间。游戏治疗的环境要安静，减少嘈杂的声音，人不要过多。游戏治疗的实施：一要注意儿童的游戏水平，尽量保证每一次游戏都能帮助听障儿童得到提高；二要注意增加儿童对人际交往兴趣、愿望和能力的因素，逐步提高这方面的要求。

二是“拥抱治疗”，即通过身体的接触来帮助交往障碍的听障儿童体验人际交往的方式，感受温情，产生接受和表达情感的需要，引导他们主动地发展人际关系。拥抱治疗一方面以身体动作来表现交往，另一方面则用语言来强化交往的行为，这样的拥抱每次持续若干分钟，每天坚持1次以上，可以逐步矫正交往障碍听障儿童的冷漠性情，唤醒听障儿童的感情，增加其对人际关系的敏感性。

3. 言语治疗介入模式的选择

在对听障儿童进行障碍矫治执行层面，一般教师、家长通常采用以下三种介入模式。

（1）语言治疗师主导的介入模式

语言治疗师主导的介入模式是指由语言治疗师负责矫正或改善听障儿童的语言沟通问题，将教学重点放在听障儿童已经有障碍或发展迟缓的语言结构、沟通能力的训练层面上。一般而言，语言治疗师常应用早期介入中的诊断、矫正或弥补等概念和技巧进行语言障碍的治疗。直接教学法、结构化对话、脚本理论和情境教学法都是语言治疗师主导介入，激发听障儿童语言学习的主要手段和方法。

（2）家长本位的语言介入模式

家长本位的语言介入模式是一种建议并引导家长掌握如何与孩子互动、进行语言示范和扩展语言技巧，鼓励他们在日常生活中应用语言训练技巧帮助孩子在不同情境中使用语言、提升沟通技能的语言障碍干预、治疗方案。这种模式能有效地促进听障儿童语言表达的技能，但实施时必须结合语言治疗师的专业指导。

（3）教室本位的语言矫治介入模式

教室本位的语言矫治介入模式是一种以机构为语言学习主要场所、强调语言治疗师与教师结为教学伙伴并将教室中的学习与语言沟通矫治目标整合在一起的、为语言障碍儿童提供矫治的教学服务模式，分为以下三种具体形式。

1）入班治疗教学模式。即语言治疗师以一对一的方式在教室的角落进行教学。其优点如下：①可以观察听障儿童在教室中自然情境下的语言沟通表现；②听障儿童可以立即将所习得的语言技能运用在教室中；③可以使用实际的课程教材进行语言教学。但缺点是会造成听障儿童分心。

2）咨询模式。即语言治疗师提供最好的教学方法和教材给教师，以帮助听障儿童练习目标语言技能。其优点为语言治疗师与教师可以一起讨论听障儿童的语言教学目标，并让教师成为提升听障儿童语言沟通能力的对话者，其不足则是教师必须有正确与完整的语言学习知识，且听障儿童学习的目标、教学活动的设计也都需要长时间计划。

3）合作模式。即教师与语言治疗师共同教学，当教师在班级授课时，语言治疗师在语言障碍儿童旁边教他如何回应，或是检验其是否理解，并给予协助。其优点是语言治疗师可以提供教学支援，而语言的教学也与教室中的教学活动整合在一起。其不足是无法具体、明确地将焦点放在儿童的语言治疗目标之中。

一、指导婴幼儿期（0~3岁）听障儿童的语言康复训练

1. 工作准备

具体可参照婴幼儿期（0~3岁）听障儿童听觉康复训练“工作准备”的条目内容。

2. 工作程序

（1）训练目标制定的指导

0~3 岁听障儿童语言训练目标的制定，要从理解性语言、表达性语言、言语发音和社会性交往 4 个维度上考虑。既要考虑听障儿童个体所要实现的相关领域训练目标（见表 4–12），同时也要考虑其家长为帮助听障儿童实现目标所需的专业知识与核心技能的培养建立目标（见表 4–5），再结合儿童个体实际情况及其家长的实际需求进行设定。

表 4–12　0~3 岁听障儿童语言及其相关领域训练目标（参考）

领域	参照等级水平	参照年龄/月	关键行为序号	行为能力表现描述
理解性语言	一级	19~24	1	能完成两个动作的指示（如去拿你的球，然后投出去）
			2	能找出两个熟悉的物品
			3	能理解动作性短语（如“笑一笑”“爬一爬”）
			4	能指认一定范围的身体部位（如鼻子、嘴巴）
			5	能开始理解人称代词（如我、我的、你）
			6	可解码简单的句法（如根据要求拿出红积木）
	二级	25~30	7	能理解更复杂的动词短语（如唱歌、跳舞）
			8	能理解物品的功能（如“我们用什么喝水?”——指杯子）
			9	能理解大小的差异（如大、小）
			10	能理解方位词（如里面、上面、下面）
			11	开始理解数量概念（如一个、所有）
			12	能理解代词（如他、她、他们、我们）
	三级	31~36	13	能理解绝大多数一般性动词（如跑、踢、跳、吃、喝、玩等）
			14	能执行一个句子里的 2~3 个指令
			15	能理解并可对更复杂的语言和指令做反应（如能够识别一个物体的部分）
			16	能理解时间概念（如今天、昨天、明天）
			17	能理解“（缺）少了什么”“哪一个不属于……”
			18	已发展出更多的比较类概念（如长/短、高/矮、轻/重、厚/薄、宽/窄、胖/瘦等）
			19	能理解更多的方位词（如里/外、前/后等）

续表

领域	参照等级水平	参照年龄/月	关键行为序号	行为能力表现描述
表达性语言	一级	19~24	1	能说出的词汇增至30个或更多
			2	会使用自己的名字
			3	可模仿2个字的词或3个字的短语
			4	会使用代词（如我的）
			5	能问诸如“哪儿”类的问题（如“车哪儿呢?”）
			6	能使用新学会的词语指代熟悉的事物
	二级	25~30	7	能使用一些人称代词（如我、你）
			8	能用双字词（或更多）求助（如洗手）
			9	能命名主要的颜色（如基础色，红、黄、蓝等）
			10	能熟练用代词“我”来指代自己
			11	能重复两个数字的计数
			12	能回答“wh”类问题（如“这是什么?”“在干什么?”“谁?”）
			13	能理解并回答“你能……”的句子
			14	能使用否定词（如不要、不）
			15	能跟唱简短的儿歌、童谣或喜爱的歌曲
	三级	31~36	16	知道性别词汇（如男/女、男孩/女孩等）
			17	有人问时，能说出名和姓
			18	能用简单的3~4个字的句子对话
			19	能问如“谁”“什么”“哪儿”“为什么”之类的问题
			20	能准确使用代词（如他、她、他们、我们、你、我）
			21	能使用更多的否定词（如不、没有、没人）
			22	能使用连词（如和、因为）
			23	能命名3种或以上的颜色
言语发音	一级	19~24	1	能发出近似单音节的音
			2	能发出超音段特征（如发音有声调的变化）
			3	能发ɑ，u，e，o，bɑ，gɑ等音
			4	能发k，g，t，ng等辅音
			5	能模仿成人发音
			6	能用三个叠字

续表

领域	参照等级水平	参照年龄/月	关键行为序号	行为能力表现描述
言语发音	二级	25~30	7	能尝试不同元音的韵律特征
			8	能重复常说的词汇或短语
			9	能发一些复韵母的音（如 an，ao，ia 等）
			10	能尝试简单的耳语
	三级	31~36	11	能稳定地发出单元音和复合元音
			12	能准确地发出 b，p，m，w，h 等辅音
			13	能正确地发出四声声调
社会沟通	一级	19~24	1	能与他人愉快相处
			2	能模仿假装类游戏
			3	能对成人的请求做出回应
			4	能练习类似成人的、关于熟悉话题的对话
			5	能使用单个单词与别人进行简单互动
			6	会使用“这是什么”进行简单提问
			7	在交流中能表现出轮替的行为
	二级	25~30	8	能在假装打电话游戏中对话
			9	能完成一些动作指令（如“给我 5 个”）
			10	能与其他儿童一起做平行性游戏
			11	能在游戏中更多主动地表达
			12	能与小伙伴分享玩具
			13	能使用双字词（或更多字词）表达求助
	三级	31~36	14	在日常活动能与人轮替、分享
			15	能背诵儿歌
			16	能主动进行假装性游戏活动
			17	会请求得到别人许可
			18	能通过语言、表情和动作表达自己的情绪
			19	能主动发起对话

（2）训练内容选择的指导

针对0~3岁听障儿童语言领域康复训练内容的选择在与所制定的目标对应的前提下，还应结合听障儿童个体的认知水平、兴趣特点，以及所处家庭环境、材料等资源因素（如玩具、图书、设施、作息习惯、主要照顾者等）。围绕着语言及相关领域，可备选的训练包括以下内容。

1）前语言交流，包括眼神交流、分享、注意力、模仿和轮流等与儿童交际技巧的熟悉和使用。

2）模仿儿童的前言语行为，如经常模仿儿童的面部表情、无意义发音或者手势，以激发儿童更多的反应。

3）调整自己的语言方式，不断适应儿童接受理解水平。

4）使用儿童语言，和儿童共同游戏，让他模仿这些声音、动作和简单的话语。

5）用语言描述儿童在做的动作或感觉。

6）和儿童一起分享他所感兴趣的图书内容。

7）结合实物认识、学习物品的名称等。

（3）语言康复训练计划编制的指导

参见婴幼儿期（0~3岁）听障儿童的听觉康复训练计划编制的指导条目内容。

（4）语言康复训练方法的指导

在针对0~3岁听障儿童语言康复训练中，经常采用如下基本方法。

1）声学强调。声学强调又称“声学重点”，包含重复、强调、停顿及强调言语中特定的声音信息等。这些教学技巧有助于听障儿童更好地理解口语，更易于听取口语中的特定信息。

2）自言自语。自言自语是指家长或教师对听障儿童讲述自己正在做的动作或描述当时的心理活动。在听障儿童康复训练过程中，教师和家长因听障儿童听觉障碍，在语言示范和输入时，常不知如何进行。自言自语技巧为教师和家长提供了一个很好的思路。无论何时，只要与听障儿童共处，都可使用这一技巧。

3）平行谈话。平行谈话是指将别人（听障儿童及其他人）正在做的动作或当时的心理活动用语言讲出来。由于听障儿童的注意力集中在当下的情境中，同步的语言输入将可以强化听障儿童对于此情境和相关语言的联结。平行谈话的技巧关键在于观察听障儿童的注意点，投其所好。①使用自言自语和平行谈话技巧描述自己或他人的动作时，语言描述应与动作呈现相一致，即语言描述的动作应是当时呈现的动作。②所运用的语句应符合听障儿童的听觉语言发展水平。对于刚开始康复训练的听障儿童，可使用较简短的语句；对于语言能力发展较好的听障儿童，可使用较复杂的词汇，句式也可以更丰富。③为确保语言输入的效果，需要避免语言输入时出现干扰声音。

4）重述语言。重述语言是指将听障儿童不完整、不符合语法等的语句用正确的方式再讲一次给他听，协助其进行正确的表达。重述语言技巧如果使用恰当，不仅能够让听障儿童得到语言的正确用法，还能促进听障儿童模仿部分重述的内容，增加更多口语练习的机会。

5）扩展语言。扩展语言是使用稍高于听障儿童已有表达能力的语句，以协助其语言表达能力的提升。听障儿童具备一定语言能力之后，往往出现一定的学习"瓶颈"，即表达刻板单一、词汇句式不够丰富的现象。针对此现象，建议教师及家长在教学和日常生活中要注意语言的扩展。具体操作包括：①使用新旧词汇的联系进行扩展；②使用词汇和词汇之间的联系进行扩展；③围绕词汇做横向、纵向多角度的扩展；④利用阅读进行语言的扩展与丰富。

二、指导儿童早期（3~6岁）听障儿童的语言康复训练

1. 工作准备

如果需要指导的听障儿童是首次接受语言康复训练，即便他的年龄已达到3岁及以上，也要参照婴幼儿期（0~3岁）听障儿童听觉康复训练"工作准备"的条目内容进行准备。如果需要指导的听障儿童已接受过早期的康复训练，有一定的基础，那么除了要了解个体的档案资料、家长的教养态度与能力外，还要指导家长或教师借由专项语言能力评估工具，把握其理解性语言、表达性语言、言语发音以及社会沟通能力基础水平。

2. 工作程序

（1）训练目标制定的指导

如果需要指导的听障儿童是首次开始接受语言康复训练，即便他的年龄已达到3岁及以上，其目标的制定请参照表4-12所列的适合于0~3岁听障儿童语言及其相关领域训练目标内容。如果需要指导的听障儿童已接受过早期的康复训练，有了一定的基础，其目标制定可参照表4-13所列举的条目内容，并结合儿童个体实际需求进行设定。

表 4-13　3~6 岁听障儿童语言及其相关领域训练目标（参考）

领域	参照等级水平	参照年龄/月	关键行为序号	行为能力表现描述
理解性语言	四级	37~42	20	可以听 10~15 min 的故事
			21	能理解更难懂的概念，如质量、材质、数量
			22	能理解白天/黑夜的概念（如区分白天、晚上的活动）
			23	能完成包含“空/满、一样/不一样”概念的指令
			24	能理解位置介词（如相邻、挨着等）
			25	能理解比较级（如“我比你高”）
	五级	43~48 及 48 以上	26	能理解单数/复数类代词
			27	能理解过去/现在/将来概念的不同
			28	能回答对必然结局的类推
			29	能区分比较速度/质量的不同
			30	能理解白天/上午/下午/晚上的概念
			31	能从场景中找出缺少的物体
表达性语言	四级	37~42	24	能正确使用很多语法结构（复数、人称代词、介词、形容词）维持对话
			25	能问“什么时候”“多少”之类的问题
			26	会用“因此/因为”连词
			27	已开始用“如果……会怎么样”提问
			28	能回答“少了什么”的问题
			29	能找出哪一个不属于或回答“为什么”的问题
			30	能回答解决类型的问题（如“如果……会怎么样?”）
	五级	43~48 及 48 以上	31	会用“他的”“她的”“他们的”“她们的”“它们的”等词语
			32	能使用否定语和情态动词（如不会、不愿意、不能）
			33	能使用具有比较含义的句子（如“××比××更……”）
			34	能提问“多少，怎么样?”之类的问题
			35	能使用更复杂的复句语言结构
			36	能根据语言表述进行推理

续表

领域	参照等级水平	参照年龄/月	关键行为序号	行为能力表现描述
言语发音	四级	37~42	14	能准确地发出更多双元音韵母的音
			15	能准确地发出 d，t，n 等声母的音
			16	能准确地发出以 b，p，m，w，h，d，t，n 等声母开头的单音节词
	五级	43~48 及 48 以上	17	能发出更多复合元音韵母（如 iang、iong 等）的音
			18	能够发出更多声母（如 l，f，x，j，q，z，c，s，zh，ch，sh，r）的音
			19	更多的发音变得稳定
			20	能以正常的语速和节奏说话
			21	能用恰当的音量发音
			22	能正确地使用语调
社会沟通	四级	37~42	20	能遵守轮替交流规则
			21	能与伙伴一起更恰当地做游戏
			22	能表现出对别人“情绪/需要”的理解
			23	能通过简单的对话与别人进行互动
			24	能执行完成角色扮演游戏
			25	能积极主动地与别人交往
	五级	43~48 及 48 以上	26	能向不熟悉的人（如商店服务员阿姨）提出请求
			27	能恰当地使用语调表达自己的情感
			28	能在沟通中调整自己以适应话题的变化
			29	能根据不同的目的使用语言，如获得信息、提供信息、表达需求/情绪、讨价还价

（2）训练内容的选择指导

如果指导的听障儿童是首次接受语言康复训练，其语言领域康复训练内容的选择请参照婴幼儿期（0~3 岁）听障儿童语言康复训练内容选择指导的要点。如果需要指导的听障儿童已接受过早期的语言康复训练，有了一定的基础，其训练内容的选择可参考如下内容。

1）说话训练。说话训练分为呼吸训练和发声训练。呼吸训练的具体内容包括自然呼吸感知训练、被动呼吸感知训练、非语声自主呼吸控制训练和有意识声气结合训练；发声训练的具体内容包括：①发声诱导准备性训练（包括肩颈放松训练、构音器官放松训练、发声器官放松训练、口腔训练）；②起声训练（包括自然起声感知训练、目标音起声感知训练）；③发声功能训练；④构音功能训练；⑤语音能力训练；⑥拼音训练。

2）语言知识训练。语言知识训练分为词汇训练和句子训练。词汇训练具体内容可分解为事物名称指认训练、常见事物命名训练、词汇类别感知分辨训练和组词训练；句子训练具体内容可分解为单句参照句型训练、指定词模仿造句训练、复句参照句型训练、指定连词模仿造句训练、句子成分扩展训练、句子语气（陈述句、祈使句、疑问句、感叹句）转换训练、句子类别（把字句、被字句）转换训练、句子语义转换训练、随意造句训练。

3）语言认知训练。听障儿童语言的学习，离不开个体各种感觉、知觉表征、概念化和符号化等认知因素的参与。语言认知训练的具体内容可分解为事物各种基本物理属性的认知训练、事物空间关系特性的认知训练、事物类别关系的认知训练、图形系列推理能力的认知训练、数概念的认知训练、钱币概念的认知训练、测量概念和技能的认知训练、时间概念的认知训练、运动与速度概念的认知训练、因果关系的认知训练、人类和人类事物的社会认知训练，以及表象和创造想象能力的认知训练。

4）言语交际训练。言语交际训练主要训练听障儿童的言语交际技能和策略技巧。具体的内容包括眼神的注视、轮替和等待、礼貌用语和问候语的使用、提问、主动与他人互动、开启话题、请求重复、证实部分信息、请求说明、提供说明、分享对话的主导权、维持话题、延伸话题和转换话题，以及高级沟通策略等。具体内容项目的选择，要结合听障儿童现有的实际基础和所拟定的训练目标确定。

（3）语言康复训练计划编制的指导

具体可参照儿童早期（3~6岁）听障儿童的“听觉康复训练计划编制的指导”有关条目内容。

（4）语言康复训练方法的指导

3~6岁听障儿童语言康复训练的方法，除了专门的训练方法（听觉口语法）外，还可以借鉴学龄前儿童语言教学常用的方法。

1）谈话活动。创设日常口语交往环境，要求听障儿童调动自身经验，围绕一定的话题，倾听他人的意见，表达自己的想法。重点在于培养听障儿童运用口头语言与他人交际的意识、情感和能力。

2）讲述活动。创设正式的口语表达情景，使听障儿童有机会在集体面前表达自己对某一图片、实物或情境的认识和看法等，学习表述的方法和技能。重点在于培养听障儿童的倾听能力和完整、连贯、清楚表述的能力，促进其独白语言的发展。

3）听说游戏。提供一种游戏情景，使听障儿童在游戏中按照一定规则练习口头语言，培养其在口语交往活动中快速、机智、灵活倾听和表达的能力。

4）文学活动。从某一具体的文学作品入手，为听障儿童提供一种全面语言学习的机会，使其在理解、感受作品的过程中，欣赏和学习文学作品提供的有质量的语言。重点在于培养听障儿童欣赏文学作品的能力，以及利用文学语言表达想象、表达生活经验的能力。

5）早期阅读活动。利用图书、绘画创设一个书面语言环境，使听障儿童有机会接触书面语言，了解语言的基础文化内涵。重点在于培养听障儿童对书面语言的兴趣，引导其逐渐产生对汉字的敏感性，丰富其前阅读、前书写的经验。

以上这些方法可作为 3~6 岁听障儿童语言康复训练专门性方法的有益补充。

三、指导家长开展学龄前听障儿童家庭语言康复训练

通过比较研究发现，与健听儿童家长相比，听障儿童的家长表现出许多不利于孩子听、说能力发展的交流特点：与孩子的谈话少；自我重复多；扩展少；句子短；语法结构简单；拒绝、批评多，经常忽视孩子的反应；直接命令多（试图控制孩子行为）；经常从孩子的关注点、行为和话语转移成成人的话题；言语速度快，不流畅，不清楚，不悦耳。

因此，康复指导者在个别化训练中除了培养听障儿童的听觉、言语等能力外，还要指导家长掌握相应的训练方法，将言语语言的训练内容融入听障儿童的日常生活，帮助听障儿童在家庭生活中拓展言语语言的应用，才更有利于听障儿童语言能力的获得与发展。用于指导家长的方法具体可分为以下几种。

1. 讲授法

讲授法是康复指导者通过简明、生动的口头语言，通过叙述、描绘、解释、推论等方式，向听障儿童家长传递有关听障儿童听觉言语康复的信息、科学知识，发展其专业认知，引导其正确分析和认识问题的方法。运用此法的基本要求如下：

（1）讲授既要重视内容的科学性和思想性，又要尽可能地与家长的认知基础或经验发生联系。

（2）讲授应注意培养家长的专业思维。

（3）讲授应具有启发性。

（4）讲授要讲究语言艺术。语言要生动形象、富有感染力，清晰、准确、简练，条理清楚、通俗易懂，音量、语速要适度，语调要亲和，以适应家长的心理节奏。

讲授法的优点是容易控制指导进程，能够使家长在较短时间内获得大量、系统的专业知识。但如果运用不好，家长学习的主动性、积极性不易发挥。

2. 讨论法

讨论法是在康复指导者的指导下，家长以几个人组成的小组为单位，围绕听障儿童康复过程中遇到的中心问题，各抒己见，通过讨论或辩论活动，获得专业康复知识或巩固知识的一种教学方法。讨论法的优点在于，由于多位家长参加活动，可以互相启发，互享经验，培养合作精神，激发学习兴趣，提高解决问题独立性。运用讨论法时有三个基本要求。

（1）讨论的问题要具有吸引力。讨论前康复指导者应提出论题和讨论的具体要求，指导家长准备收集有关资料或做好观察记录，认真写好发言提纲。

（2）讨论时，要善于启发引导家长自由发表意见。讨论要围绕中心，联系自身进行听觉言语康复实践的实际，让每位家长都有发言机会。

（3）讨论结束时，康复指导者应进行小结，概括讨论的情况，使家长获得正确的观点和系统的知识。

3. 直观演示法

直观演示法是指康复指导者在约诊会面时或在课堂上通过展示各种实物、直观教具或进行听觉言语康复教学示范，让家长通过观察获得感性认识的指导方法。它是一种辅助性教学方法，要和讲授法、讨论法等教学方法结合使用。运用此法的基本要求如下。

（1）演示目的要明确，一次演示着重解决一个问题。

（2）演示过程所要呈现的现象要明显且容易观察。

（3）演示的内容在设计和操作时，要尽量排除次要因素或减小次要因素的影响，切忌张冠李戴。

4. 观摩指导法

观摩指导法是指康复指导者组织家长到康复临床进行实地观察、调查和学习的一种指导方法。观摩指导法一般由被观摩的康复指导者进行示范和讲解，要求家长围绕观摩内容收集有关资料，质疑问难，做好记录，观摩结束后，整理观摩笔记，并写出书面报告，将感性认识升华为理性知识。观摩指导法可使家长巩固已学的听语康复知识，掌握知识运用的细节要领。观摩指导法主要应用于听障儿童听觉言语康复的实施程序、步骤和具体策略、方法和应用技巧的指导。这类指导方法又可分为准备性观摩、并行性观摩和总结性观摩几种具体组织形式与内容。

5. 练习指导法

练习指导法是指家长在康复指导者的指导下巩固知识、运用知识、形成听觉言语康复实操技能、技巧的指导方法。练习指导一般可分为以下几种。

（1）听能、语能管理技能的练习指导。

（2）个别化家庭计划制定技能的练习指导。

（3）听障儿童听语行为诱发技能的练习指导。

（4）听障儿童听语拓展技能的练习指导。

（5）听障儿童沟通与交际技能的练习指导。

运用练习指导法，要点在于指导家长依照示范，亲自进行尝试和练习。其目的在于帮助他们检验学习的效果，找到理解和运用之间的偏差，进而重新调整和修正。在家长进行练习实践时，康复指导者需从旁观察，发现其存在的优点与不足，结合其表现，以建议的方式给予进一步指导。

6. 现场反馈指导法

现场反馈指导法是指康复指导者借由入户指导或康复活动介入等方式，以现场为中心，以家长正在进行的听障儿童言语语言训练活动为中介，对其实施的行为进行及时纠正反馈的指导方法。一方面是要对家长在实操过程中的态度和行为做出肯定或否定的判断，另一方面是要根据此时此刻听障儿童和家长的能力、表现提出进一步建议。采用此种方法进行指导时，需要注意以下问题。

（1）要先进行肯定和鼓励。

（2）反馈建议要具体细致，不要笼而统之。

（3）使用建议性口吻反馈家长的不足。

（4）对刚刚开始进行听觉言语康复实践的家长，尽量规避检验式的提问。

7. 发现指导法

发现指导法是指康复指导者组织家长学习听障儿童听觉言语康复专业知识或技能时，不是将学习的内容直接提供给他们，而只是提供一种问题（实例）情境，让家长积极思考，独立探究，自行发现并掌握相应的知识、方法和结论的一种指导方法。其目的是在康复指导者的启发下，使家长自觉、主动地探索听障儿童听觉言语康复的科学知识和解决问题的方法及步骤。其实施过程大致可以分为以下几个阶段。

（1）创设问题的情境，使家长在这种情境中产生矛盾，提出要求解决或必须解决的问题。

（2）促使家长利用指导者所提供的某些材料、所提出的问题，提出解答的假设。

（3）请家长根据自己的认识、理解和经验，从理论或实践中检验自己的假设。

（4）根据已有的实践或他人的研究获得一定材料或结果，并在仔细评价的基础上得出结论。

8. 任务驱动指导法

任务驱动指导法是指康复指导者给家长布置探究性的学习任务，家长查阅资料，对知识体系进行整理，再选出代表进行讲解，最后由指导者进行总结的一种指导方法。该方法以小组为单位进行，或以个人为单位组织进行，它要求指导者布置任务要具体，最好要结合家长在进行听障儿童言语语言康复实践中遇到的共性的、有代表性的问题设计任务。同时要求家长们积极提问，以达到共同学习的目的。任务驱动指导法可以让家长在完成任务的过程中，培养分析问题、解决问题的能力，以及独立探索及合作的精神。

职业模块 5 培训与管理

培训课程 1

培训指导

二级助听器验配师应能根据三级及以下级别助听器验配师的培训需求制定合理、可行的培训计划，并因地制宜地开展相应的业务培训及指导。

一、助听器验配师培训计划的制定

1. 调查现状并明确培训需求

正确全面地了解当前国内助听器验配师行业的现状，是开展助听器验配师培训的基础，只有了解现状，才能真正明确培训需求，并确保培训计划切实可行。培训就是最大程度地挖掘人的潜力，在工作中充分发挥人的优势。由于助听器验配师担任的职责不同，工作性质也有所不同，因此要求培训方向具有多样化的特征。对于基本知识、技能和素质，应尽早在学员上岗前进行培训，而进一步的技能培训可能要求学员具备一定的工作经验，这样他们才能最大程度地理解和吸收培训的内容。因此调查现状并明确培训需求必不可少。

2. 制定培训目标

帮助助听器验配师提高其知识水平和能力水平是进行专项助听器验配师培训的根本目的。为了使培训达到良好的效果，必须在培训前制定培训目标。制定的培训目标必须能反映培训需求，目的性要强，同时具有可操作性。为了实现培训效果最大化，应根据助听器验配师不同的知识水平和能力水平制定不同的培训标准，对培训中所需涵盖的知识培训和能力培训要点进行细化和明确，才能够做到按部就班地完成培训内容。

3. 确定课程内容、学员对象

确定课程内容、学员对象可以通过以下三方面来完成。

（1）确定学员选定标准。包括文化水平、工作经验以及年龄大小。

（2）了解学员的行业来源。这不仅有利于确定学员分组，同时也有助于进一步确认培训方案。

（3）结合培训方法，确定最适当的学员人数和人员分配。

4. 选择培训方法

培训方法是培训的灵魂，只有找到最适合的方法，才能保证培训的可行性和高效性。以下几方面可以作为选择培训方法的基本依据。

（1）了解学员的人数、验配水平和文化程度。

（2）确定培训目标的重点和方向，可以帮助学员更快地明确培训方法。

（3）了解培训器材和环境。

（4）结合培训教师本身的特色，尽可能采取互动性以及寓教于乐的多样化培训方法。

5. 编写培训计划表

在确定了培训目标后，便需要通过编写培训计划表将每个培训点都落实下来，并结合确定的培训方法和培训学员的情况，制定一张行之有效的培训计划表。同时，需要谨记于心的是，培训计划表并不是简单的知识点和时间表的集合，而是整个培训过程的浓缩，必须能够体现整个培训过程和教学理念。

二、客观听力检测设备的操作

在助听器选配的整个流程中，听力检测对于验配的准确性具有十分重要的意义。对于认知能力达不到准确理解各种主观测听意义要求的受试者，主观测听结果的准确性会受到一定影响。此时增加客观听力检测，能够较准确地确定听觉反应阈，主客观相结合的测听结果，对于提高验配的准确性具有较高的参考价值。

二级助听器验配师需要掌握的客观听力检测主要有听觉诱发反应测试、耳声发射测试、声导抗测试。

1. 听觉诱发反应测试

操作要求：能进行主要的听觉诱发反应测试（如 ABR、ASSR 等），能记录、读懂、解释测试结果。

掌握内容：包括各主要听觉诱发反应测试环境的准备、听觉诱发反应测试的定义、听觉诱发反应测试的原理、听觉诱发反应测试仪器的相关知识、临床上听觉诱发反应测试的主要测量参数、听觉诱发反应测试的测试方法、听觉诱发反应测试的详细记录步骤、影响听觉诱发反应测试的因素、听觉诱发反应测试的临床应用、听觉诱发反应测试结果的认读和分析。

2. 耳声发射测试

操作要求：能进行耳塞选择及放置，能测试 TEOAE，能测试 DPOAE，能记录和认读测试结果。

掌握内容：包括耳声发射的定义、耳声发射的分类（诱发性是重点）、耳声发射的产生机制、常规耳声发射测试设备的相关知识、EOAE 记录步骤、正常人 EOAE 参考值、影响 EOAE 的因素、EOAE 的临床应用、测试结果的认读和分析。

3. 声导抗测试

操作要求：能够向受试者解释声导抗测试注意事项，能进行耳塞选择及放置，能进行鼓室图测试，能进行声反射测试，能识别测试结果并记录。

掌握内容：包括声导抗的相关术语、声导抗的测试原理、声导抗常规测试仪器的相关知识、声导抗规范测试的步骤、鼓室图的记录及正常人鼓室图的参考值、鼓室图的临床应用、鼓室图结果的认读和分析、声反射的定义、声反射的测量、声反射的临床意义。

三、真耳分析仪的操作

真耳分析是验证助听器效果的重要方法之一，二级助听器验配师不仅需要掌握该方法，还要能对三级及以下级别助听器验配师进行真耳分析的相关培训和指导。

操作要求：能进行真耳分析仪器校准，能进行真耳增益曲线测试，能向听障者解释分析结果。

掌握内容：包括真耳分析的定义、真耳分析所需环境和设备要求、真耳分析仪的校准方法、真耳分析测试的项目（如真耳未助听响应、真耳助听响应、真耳-耦合腔差值等）、每项测试的规范操作步骤和意义、真耳测试结果的认读和分析、根据真耳测试结果调节助听器参数。

四、助听器验配软件的升级安装与使用

随着助听器的更新换代，助听器验配软件也需要进行相应的升级。二级助听器验配师要能指导三级及以下级别助听器验配师学会助听器验配软件的升级安装与使用。

操作要求：能够进行助听器验配软件的升级安装，能正确使用升级后的验配软件。

掌握内容：包括验配软件的升级安装要求、软件与计算机的兼容情况、验配软件升级与 NOAH 软件的兼容情况（如与 NOAH 软件版本是否兼容，是否需要升级版本）、升级安装的操作步骤、验配软件升级后调试设备的变化（如助听器编程器和计算机的连接、编程线和助听器的连接是否有变化）、验配软件升级后的使用方法。

五、助听器验配各时期的实习带教指导

1. 助听器验配前期的实习项目、带教任务和目标（见表 5–1）

表 5–1　助听器验配前期的实习项目、带教任务和目标

实习项目	带教任务	目标
病史询问	● 对听障者及其随同人员的前来就诊表示欢迎，确保他们坐姿舒适，并确定前来咨询和问诊人的身份 ● 了解听障者一般情况（姓名、年龄、职业、生活环境等） ● 仔细询问听障者听力下降的发生时间、自觉程度、可能原因、所有相关症状、症状的发展和变化、治疗过程和效果等 ● 充分了解由于听力下降对听障者生活造成的影响、听障者的需求和期望等 ● 把握听障者选配助听器前的心理，解除听障者的恐惧、疑虑等 ● 用正确的方式与听障者沟通，掌握一些询问技巧，有效获取有用的信息，并取得听障者及其家人和朋友的信任 ● 若接待听障儿童，应详细询问其出生史、母亲妊娠史、家族史、发育史、药物史等	经过实习，要求学员能采集听障者疾病史，能采集听障者听力康复史和家族史，并确定广泛的康复方案。总结、归纳听障者的所有情况，进行综合分析

续表

实习项目	带教任务	目标
档案管理	● 记录完整的听障者档案 ● 根据听障者信息的变化实时更新档案 ● 听障者的个人信息属于机密文件，应妥善保存档案 ● 按照一定的规律归类档案（如按日期、姓名、年龄、听力损失程度、助听器型号、地区等），便于随时查找 ● 利用现代化技术整理档案 ● 提高对档案管理工作的认识，增强自觉性	经过实习，要求学员能够正确填写听障者病历表格，妥善管理听障者档案，同时培养学员应具备高度的工作责任感，良好的职业道德，办事细心的工作态度，乐于奉献的工作精神，能运用现代化科技手段和先进的管理方法管理档案
耳镜检查	● 耳镜检查的详细步骤 ● 耳镜检查的时机 ● 正常及异常耳道、鼓膜的观察 ● 转诊的正确判断 ● 持握检耳镜的正确手法 ● 正确的耳道观察角度和方法 ● 与听障者直接接触器具的消毒和更换方法 ● 根据耳道大小选择耳镜型号 ● 调节聚光焦点	经过实习，要求学员掌握耳镜检查的技巧，熟悉操作规范，学会正确观察耳道和鼓膜
纯音测听	● 听力零级的定义 ● 听力计的功能及使用方法 ● 纯音测听基本方法，即 Hughson-Westlake 法（减十加五法） ● 测听前的准备（隔声室的准备、器具消毒、耳镜检查等） ● 正确指示听障者，使其顺利配合完成测试的全过程 ● 初始测试声的选择 ● 测试频率和项目（气导、骨导、不舒适阈）等 ● 掌握气导、骨导的掩蔽方法 ● 听力图的正确描记方法 ● 听力计常规校准和国家标准	经过实习，要求学员能够检查听力计工作状态是否正常，能向受试者解释纯音测听的注意事项，能进行气导、骨导、不舒适阈和掩蔽的操作
言语测听	● 言语测听项目及其定义 ● 言语测听环境和设备要求 ● 言语测听材料种类和要求 ● 言语测听基本方法 ● 言语测听结果分析	经过实习，要求学员能够向受试者解释言语测听的注意事项，能通过仪器测试言语识别率及言语识别阈

续表

实习项目	带教任务	目标
视觉强化测听	●视觉强化测听的定义 ●视觉强化测听适用年龄范围 ●选择恰当的视觉强化物和刺激方式 ●选择恰当的初始刺激强度 ●选择初始测试频率 ●训练受试儿童建立视觉强化测听条件化反射 ●掌握与儿童交往的技巧，与其父母迅速建立轻松的关系，使儿童与其父母放松 ●测试期间注意事项（如假阳性反应、疲劳导致结果不准、过度反应、给声间隔、掩蔽等）	经过实习，要求学员能向儿童家长解释视觉强化测听的注意事项，能引导儿童建立视觉强化测听条件化反射
游戏测听	●游戏测听的定义 ●游戏测听适用年龄范围 ●选择恰当的游戏项目和刺激方式 ●选择恰当的初始刺激强度 ●选择初始测试频率 ●训练受试儿童建立游戏测听条件化反射 ●掌握与儿童交往的技巧，与其父母迅速建立轻松的关系，使儿童与其父母放松 ●测试期间注意事项（如假阳性反应、疲劳导致结果不准、过度反应、给声间隔、掩蔽等）	经过实习，要求学员能向儿童家长解释游戏测听的注意事项，能引导儿童建立游戏测听条件化反射，能进行声场听阈测试
ABR 测试	●测试环境的准备 ●ABR 的定义 ●ABR 测试的原理 ●ABR 测试的仪器 ●临床上 ABR 的主要测量参数（潜伏期、阈值、振幅等） ●ABR 测试方法（刺激声、分析时间、电极放置、掩蔽等） ●ABR 测试详细记录步骤 ●实验室正常值标准 ●正常人 ABR 参考值 ●各波对应的部位及意义 ●影响 ABR 测试的因素（受试者、刺激声、测试步骤等） ●ABR 测试临床应用（耳科学方面、听力学方面） ●测试结果的认读和分析	经过实习，要求学员能进行皮肤脱脂和电极放置，能记录脑干电位各波形，并确定阈值和潜伏期

续表

实习项目	带教任务	目标
耳声发射测试	● 耳声发射的定义 ● 耳声发射的分类（诱发性是重点） ● 耳声发射的产生机制 ● 常规耳声发射测试设备 ● EOAE 记录步骤 ● 正常人 EOAE 参考值 ● 影响 EOAE 的因素 ● EOAE 的临床应用 ● 测试结果的认读和分析	经过实习，要求学员能够进行耳塞选择及放置，能测试 TEOAE，能测试 DPOAE，能记录和认读测试结果
声导抗测试	● 声导抗测试的相关术语 ● 声导抗测试的测试原理 ● 声导抗常规测试仪器 ● 声导抗规范测试步骤 ● 鼓室图的记录及正常人鼓室图参考值 ● 鼓室图的临床应用 ● 鼓室图结果的认读和分析 ● 声反射的定义、测量和临床意义	经过实习，要求学员能够向受试者解释声导抗测听注意事项，能进行耳塞选择及放置，能进行鼓室图测试，能进行声反射测试，能识别测试结果并记录

2. 助听器验配中期的实习项目、带教任务和目标（见表 5-2）

表 5-2　助听器验配中期的实习项目、带教任务和目标

实习项目	带教任务	目标
听觉功能分析（纯音听力图的分析等）	● 正常耳的解剖和生理 ● 中、外耳相关疾病 ● 通过检耳镜观察耳道异常和病变，分析可能的原因，进行正确判断 ● 识别各种听力图（程度、性质等）及其代表的病理意义 ● 助听器验配适应证及转诊指标	经过实习，要求学员能够分析耳镜检查结果，能通过纯音听力图判断听力损失的类型及种类，能根据转诊指标提出转诊建议
助听器类型选择	● 助听器的工作原理和分类（外形、功能、功率等） ● 不同听力损失所适合的助听器类型（如定制式助听器、小功率、大功率、超大功率耳背式助听器等） ● 不同年龄段听障者所适合的助听器类型（儿童、成人、老年人等） ● 不同心理需求的听障者所适合的助听器类型（如追求美观、经济实惠、功能多样且稳定，或想要尝试新技术）等	经过实习，要求学员能够根据听力图结果、听障者年龄、听障者经济情况和心理需求综合选择合适的助听器类型

续表

实习项目	带教任务	目标
助听器功能选择	● 各式助听器所具有的功能（如方向性功能、学习功能、蓝牙功能等） ● 每项功能的适用人群和环境范围 ● 每项功能能达到的效果 ● 每项功能的使用方法	经过实习，要求学员能够根据听力图结果和听障者实际生活的环境选择合适功能的助听器
助听器性能测试	● 助听器性能测试仪器的元器件（如耦合腔、参考麦克风、系统电池、测量麦克风、扬声器等） ● 助听器性能测试仪器的校准 ● 助听器性能测试仪器的操作方法 ● 助听器各项性能指标的正常值及意义 ● 助听器性能测试国家标准	经过实习，要求学员能够操作助听器性能测试仪器，能测试和分析助听器最大声输出、声增益、谐波失真、频率范围、等效输入噪声、电池电流等参数指标
耳印模制作	● 制作耳印模前的准备工作（耳镜检查、器具消毒、确定受试者位置等） ● 排除禁忌 ● 耳印模制作的规范步骤 ● 耳印模的制作、选择以及正确放置方法 ● 根据要求混合耳印模材料 ● 将耳印模材料注入耳道、耳甲腔、耳甲艇的正确方法 ● 耳印模取出的规范方法 ● 耳印模质量的检查 ● 耳郭或外耳道异常耳印模取样的操作方法	经过实习，要求学员能够掌握耳印模制作的规范步骤、技巧和注意事项，能够制作出质量合格的耳印模
助听器参数调节	● 助听器各参数含义及功能（降噪功能、方向性功能、声反馈功能、多程序调节、最大声输出调节、增益曲线调节等） ● 助听器各参数调节的效果 ● 助听器各参数调节的适应对象 ● 助听器各参数调节的方法 ● 助听器各参数调节的时机	经过实习，要求学员能够根据听障者实际需求正确调节助听器各项参数，使其达到满意效果

3. 助听器验配后期的实习项目、带教任务和目标（见表 5-3）

表 5-3 助听器验配后期的实习项目、带教任务和目标

实习项目	带教任务	目标
助听听阈评估	● 助听听阈的定义 ● 助听听阈测试的环境和设备要求 ● 助听听阈测试的规范方法及步骤 ● 香蕉图的由来及作用 ● 助听听阈结果的分析 ● 根据助听听阈结果调节助听器参数	经过实习，要求学员能够进行声场测试仪器操作及校准，能通过助听听阈测试评估助听器效果，能进行助听听阈评估结果记录
问卷评估	● 问卷评估的目的和重要性 ● 评估问卷的分类（按年龄、目的、回答方式等） ● 常用的几种调查问卷、内容及其适用范围 ● 评估问卷的使用方法 ● 评估问卷结果的计算方法	经过实习，要求学员能够根据评估对象选择合适的调查问卷，能通过电话、邮寄、面谈进行问卷评估，能分析问卷评估结果
真耳分析	● 真耳分析的定义 ● 真耳分析所需环境和设备要求 ● 真耳分析仪的校准 ● 真耳分析测试的项目（如真耳未助听响应、真耳助听响应、真耳-耦合腔差值等） ● 每项测试的规范操作步骤和意义 ● 真耳测试结果的认读和分析 ● 根据真耳测试结果调节助听器参数	经过实习，要求学员能够进行真耳分析仪器校准，能进行真耳增益曲线测试，能向听障者解释分析结果
言语评估	● 言语评估的定义 ● 言语评估常用的测试材料（词表、句表等） ● 言语评估所需环境和设备（听力计、声场等） ● 言语评估测试项目（言语识别率、言语识别阈等） ● 言语评估测试方法 ● 如何根据言语评估结果评价助听器效果，并对助听器进行精细调节	经过实习，要求学员能够进行言语评估仪器校准，能通过声场测试言语识别率，能进行言语评估结果记录

续表

实习项目	带教任务	目标
背景声中的选择性听取	● 建立多扬声器声场 ● 根据不同评估目的摆放扬声器位置，模拟背景噪声环境 ● 控制噪声和测试信号声的给声强度，得到所需的信噪比强度 ● 噪声对听觉言语清晰度的影响	经过实习，要求学员能够建立不同信噪比环境，进行噪声环境下言语识别测试
语音识别	● 语音识别的定义 ● 声母识别测试材料和方法 ● 韵母识别测试材料和方法 ● 音节识别测试材料和方法 ● 音调识别测试材料和方法 ● 语音识别测试结果的分析和临床指导意义 ● 言语清晰度与语音识别结果的关系	经过实习，要求学员掌握汉语语音识别测试的方法及其结果的临床指导意义
听觉训练指导	● 告诉佩戴者听觉训练的重要性 ● 听力康复过程和方法 ● 指导佩戴者如何安排合理的佩戴时间 ● 指导佩戴者学会一些聆听技巧（如利用视觉、语境和情景线索等） ● 向听障者提供听觉康复相关机构的信息	经过实习，要求学员能够为佩戴者提供有效可行的听觉训练指导方案和相关信息
言语训练指导	● 语言康复过程和原则 ● 告知佩戴者言语训练的方式（针对儿童、成人、老年人而有所区别） ● 鼓励佩戴者尽早开始言语训练 ● 创造有利听觉言语交流环境的技巧（如光线、距离、座位等） ● 向听障者提供言语训练相关机构的信息	经过实习，要求学员能够为佩戴者提供有效可行的言语训练指导方案和相关信息
助听器使用指导	● 告诉佩戴者助听器的保修期限和条款 ● 指导佩戴者正确取戴助听器或耳模 ● 对有音量或程序调节旋钮的助听器，要教会佩戴者正确的使用方法 ● 如有遥控装置，教会佩戴者掌握正确的操作方法	经过实习，要求学员能够指导佩戴者正确佩戴盒式机、耳背机和定制式助听器，能指导佩戴者正确保养助听器

续表

实习项目	带教任务	目标
助听器使用指导	● 指导佩戴者正确更换电池 ● 指导佩戴者正确连接助听器和耳模 ● 指导佩戴者正确干燥和保养助听器 ● 指导佩戴者清洁助听器的耵聍堵塞以及装置防耳垢的方法 ● 指导佩戴者电感线圈的使用 ● 告诉佩戴者服务中心的电话	
随访	● 随访方式的选择（如电话、当面、邮件、上门等） ● 随访周期的选择（针对新用户、老用户、潜在用户等） ● 随访的内容（助听器的使用和佩戴情况、测听、助听器维修或保养、电池的检查、调节旋钮的使用、康复进展、问题解答、心理引导等） ● 随访的详细记录和整理 ● 随访结果的分析	经过实习，要求学员能根据听障者具体情况制定随访时间表，能调查言语听觉清晰度，能调查助听器佩戴舒适度

一、工作准备

1. 助听器验配师培训计划的制定

（1）分析培训需求，确定培训主题

作为培训前的准备工作，调查培训现状和培训需求十分有必要。在分析培训需求前也需要对培训情况有所了解，如潜在学员的人数以及构成、当前助听器验配领域对助听器验配师的知识及能力要求、现有的培训方案以及实施效果。调查现状及需求可按如下步骤进行。

1）划定调查地区范围。

2）在范围内统计学员人数。

3）通过抽样调查了解潜在学员整体知识水平。

4）了解潜在学员的缺陷不足和差距。

分析方法包括观察法、问卷调查法、面谈法和评估法等。

（2）培训人员确定

培训开始前两个月在网站或培训中心等地方公开培训信息，招收学员。在培训信息中必须注明培训内容、培训日期、培训费用以及学员要求等。培训前一个月开始根据要求对报名者进行选择确认。培训地点选择、培训资料教材准备以及培训方式都会根据培训学员人数不同而变化。培训前两个星期分发培训通知，提醒学员培训时间地点等具体事宜。

（3）培训场地安排

培训场地应选择在交通发达的地点，方便学员、教师到达。培训教室大小应根据培训学员人数而定，一般应稍大一些。教室内应具备黑板、课桌椅等基本设施，并且照明良好，四周通风，为学员创造良好的学习环境。同时应配备麦克风、投影仪等多媒体设备，以提高教学质量。在培训开始前须对场地和设备做最后检查，以确保培训顺利进行。

（4）培训资料和教材

教师应根据本次培训内容为学员准备相关培训资料，培训资料可以有以下几种形式。

1）教材。一般所有的培训都应有相应培训内容的教材，在培训前发到学员手中，以便于学员预习、培训和复习使用。

2）电子资料。可以将培训内容的资料放在网站上，方便学员下载学习。

3）多媒体资料。可以将培训内容制作成光盘等多媒体资料，这类培训资料比较直观，多应用于操作指南和指导等。

（5）培训设备和器材

培训设备和器材是指在培训中所要用到的相关仪器设备，如听力诊断培训，应有听力计、中耳分析仪等仪器；助听器验配培训，应有编程设备、效果评估设备等。这些都是在实际工作中需要运用的设备和器材。通过这样的实践操作可以让学员快速掌握熟练工作技能，达到培训的效果。

（6）制定合理培训计划

完成调查和归纳之后，便可以基本确定培训需求，并进一步确定培训计划。

应根据培训计划制定具体计划表，列出每个知识点的培训要点，以及相对应的时间和所需课时，让学员完全了解培训的具体内容安排。完善的培训计划可以使培训顺利进行，保证培训质量。因此，一个完整合理的培训计划至关重要。

2. 客观听力测试设备的操作准备

（1）声导抗测试

见《助听器验配师（三级）》中职业模块 2 培训课程 1 “声导抗测试”。

（2）耳声发射测试

见《助听器验配师（二级）》中职业模块 1 培训课程 4 “耳声发射”。

（3）听觉诱发反应测试

见《助听器验配师（二级）》中职业模块 1 培训课程 2 “听性脑干反应” 及《助听器验配师（二级）》中职业模块 1 培训课程 3 “其他听觉诱发反应测试”。

（4）真耳分析测试

见《助听器验配师（三级）》中职业模块 5 培训课程 1 “真耳分析” 及《助听器验配师（二级）》中职业模块 2 培训课程 1 “真耳-耦合腔差值测试”。

3. 助听器验配软件的升级安装与使用

检查现有验配软件的计算机参数配置是否满足验配软件升级安装的要求，现有 NOAH 软件的版本是否能兼容或是否需要相应升级版本，编程器、编程线是否需要相应升级或调整。

由于助听器的更新换代，新的验配软件不断升级或推出，在计算机存储空间足够的前提下，建议保留一些旧版本的软件，以便能调试较早期的助听器。

二、工作程序

1. 培训计划制定

（1）因地制宜制定培训方式

一个优秀的二级助听器验配师需要使用各种培训方法，也可综合运用几种方法来完成对三级、四级助听器验配师的培训。根据不同的培训应选择合适的培训方法，使培训效果最大化。

1）讲授教学法。讲授教学即课堂教学，这种方法可以在短时间内将特定的知识信息传递给学员，适合向学员传授单一课程内容。采用讲授教学方法培训，要求二级助听器验配师掌握较好的授课技巧，特别要考虑如何使学员始终对培训内容感兴趣。即使这样，单独的课堂教学，仍然容易使学员忘掉培训内容，因此对于三级、四级助听器验配师的培训，应尽可能地把讲授教学法与其他培训方式结合使用。

2）讨论教学法。讨论教学法是对某一专题进行深入讨论的方法，这种方法不仅能够在较短的时间内培训很多人，调动教师学员全面参与，提高他们对培训的兴趣，而且便于学员理解培训主题。采用讨论教学法培训，要求二级助听器验配师有较好的应变、临场发挥和控场能力。除此之外，培训结束时，二级助听器验配师要对培训主题予以归纳总结，重申程序和标准，帮助三级、四级助听器验配师理解和掌握。

3）角色扮演法。角色扮演法又称情景表演法。这种培训的优点是有利于现场评估，鼓励学员进入角色，从而使学员对了解听障者的需求及满足听障者需求等方面的技巧有直接感受。角色扮演需要教师事先准备好一系列的培训现场，并制定接待、测听、选配、调试等环境与听障者的对话内容及评估标准。只有这样，才能使三级、四级助听器验配师对角色扮演感兴趣，从而取得培训预期的效果。

4）练习教学法。练习教学法是提供培训所需的器材、材料，结合工作的需求，让学员反复实践操作，掌握正确的操作方法，使助听器验配师能够胜任工作中的实际操作，因此练习教学法也是培训方式中非常重要的一环。在具体操作培训中，教师可指出三级、四级助听器验配师操作中的错误，并演示正确的操作方法。助听器验配模拟操作有较大的空间，便于三级、四级助听器验配师观察和体会，同时，教师还要时常提问，以检查学员的理解程度。

教师示范对于三级、四级助听器验配师的培训来说是很重要的。进行示范时要边示范边解释，说一步做一步，并说出这么做的原因，还要允许学员提问，但要保证所提问题与示范有关。在三级、四级助听器验配师实践时要注意以下几点。

①认真挑选几名较自信的学员，让他们先开始操作，并尽量避免无法完成的情况。

②让参加实践的助听器验配师边做边解释他们所进行的步骤。

③实践结束时，教师要作出客观的评语。

④如某位学员实践时略有困难，可以让另一位较熟练的学员帮助。

⑤不要试图阻止学员在实践中犯错误，他们从失败中反而可以获得经验。

5）网络在线培训法。目前，在线培训受到越来越多学员的欢迎。它突破了学习内容、时间、地点上的种种限制。学习时间可由学员及教师自己掌握，培训与休息两者兼顾。学习方式可以是自学，也可以是和教师、同行一起研讨，而且网络上课可以随时进行。学习进度、程度、作业等自己把握，可节省时间、精力及资金资源。在线培训中的学员来自各地，经过研讨交流可获得丰富、真实、权威的理论和经验。广大学员能够集思广益，相互之间取长补短，有利于指导今后的工作。

（2）选择合理沟通技巧

培训中强调教师与学员的双向沟通，以便取得良好的教学效果。师生沟通的技巧主要体现在情感沟通、信息沟通和意见沟通三个层面。

1）情感沟通。师生良好的情绪状态对课堂教学具有促进作用，而不良情绪则对课堂教学有极大的破坏作用。营造和谐、平等与互动的育人环境，有利于产生积极的正向情感，符合师生双方沟通的意向。

①积极的意愿与教师个人的态度调适。师生沟通必须建立在双方都有积极的沟通意愿基础上。而处于教学主导地位的教师个人态度调适，对双方沟通起着主要作用，其沟通技巧具体表现在三个方面：保持好的心情；给予爱与关怀；保持弹性，创造幽默。师生相处需要一些润滑剂，课堂中如能加入一些幽默的言语，则可活跃课堂气氛，增进师生感情，增强授课效果。

②对话与理解。应确立以教师为主导、以学员为主体的平等、合作式的新型师生关系，教师与学员之间应是平等的、对话式的、充满爱心的双向交流关系。通过这个对话的过程，教师和学员要达到一种主体间的双向理解。

③与学员建立和谐的关系。良好的互动关系基础不应只是建立在正式的课堂教学中，虽说助听器验配师技能学习是教学的主要目的，但绝不是唯一目的。在课堂上是师生，在课堂下是朋友，这样才能形成良好的互动关系。

2）信息沟通。信息沟通是师生双方信息的交流和贯通。沟通的内容主要是课堂教学中关于教学、学习及其他与助听器验配师教学活动有关的信息。因此，在师生双方对教学内容、专业知识、协作精神、行为观念及其他方面存在认知上的差异、误区时，需要及时进行信息沟通。

①传送与接收信息的技巧。有效的沟通应该是聆听后能够正确解读传送者所想要传达的信息。正确、清楚地传送信息的方法是尽量使用易懂和亲善的语言及动作；少用主观判断，适当情况下可做些让步，在许可范围内，给学员更多自我选择的空间；试着接受学员的观点，做个细心的听众，以诚挚的态度，仔细聆听学员所提的问题，适时地给予关怀；对学员及教师本身的感觉反应敏锐；使用有效的专注技巧，如目光接触、表情、手势等非语言行为；重视自己的感觉，注意传送者的非语言提示。

②对学员评价要前后一致。

③爱与平等。爱与平等就是要用爱心对待每位学员，尊重每位学员的差异、创造性和学习能力。教师要在学员中树立威信，这种威信是源于教师的人格、学

识和智慧。

3）意见沟通。课堂上师生之间应频繁互动，在课程建设中学员应有更多的参与权。但由于年龄、性别、个性心理和认知及知识上的差异，在合作中难免会存在意见分歧甚至发生冲突，因此当师生双方出现矛盾，进入误区时，需要及时沟通。

①正视冲突。冲突虽然会给相互关系带来影响，但也提供了调整彼此关系的机会。教学实践中要求教师应善于观察学员的心境和状态，观察自己在与学员合作中彼此的语言（措辞）、非语言信息（包括肢体动作、音调）、情绪状态，实现顺畅的沟通。

②尊重对方。师生在面对冲突时，要提醒自己以相互尊重的态度维护彼此的尊严，面对冲突，需要尊重彼此差异的理解和寻找两者兼顾的方法。

（3）培训模拟操作

在正式培训前，可以进行此次培训的模拟演练，即模拟操作整个培训中的每一个环节，从而了解培训计划是否可行、合理，发现培训中可能存在的问题，以改进方案。模拟操作主要从以下几方面来检查整个培训计划的合理性。

1）每个培训知识点所需时间，是否符合培训计划，安排是否合理。

2）教学方法是否合理，所选择的培训方法是否适合此次培训。

3）涉及分组培训时，分组是否可行、人员安排是否合理及分组操作是否可行等。

4）考试评估时间内容是否合理。

5）是否给予学员充分讨论提问的时间。

在模拟过程中，可能会发现很多问题，如何改进培训方案就显得非常关键，只有合理可行的培训方案才能使培训顺利进行，学员也能获得最大收益。

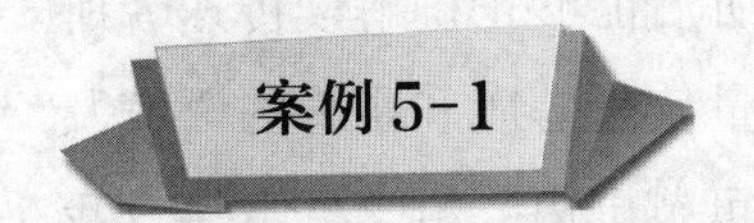

培训名称：四级助听器验配师职业技能等级认定培训强化班。

培训、考试时间：××××年 11 月 5 日—11 月 15 日。

培训地点：××会议中心。

培训学员：42 人。

学员基本情况：大部分学员具备多年从事听力学及助听器验配工作经验，已掌握听力学及助听器基础知识。

培训内容：见表 5-4。

表 5-4　四级助听器验配师职业技能等级认定培训强化班培训安排

时间		课程类型	培训内容	学时
11 月 5 日	上午	理论	职业道德、相关法律法规	4
	下午		听觉系统解剖	4
11 月 6 日	上午	理论	耳科疾病	2
			物理声学	2
	下午		心理声学、语音学	4
11 月 7 日	上午	理论	助听器发展概要	1
			助听器原理及性能指标	3
	下午		验配流程、处方公式	2
			听力保健、听力咨询	2
11 月 8 日	上午	理论	耳镜检查、纯音测听	2
			游戏测听	2
	下午		助听器选择	4
11 月 9 日	上午	理论	效果评估	4
	下午		康复指导	4
11 月 10 日	上午	理论	耳模相关知识	4
	下午		助听器调试	4
11 月 11 日	全天	实操	助听器编程	8
			声场校准	
			纯音测听	
			耳印模取样	
11 月 12 日	全天	实操	助听器编程	8
			声场校准	
			纯音测听	
			耳印模取样	
11 月 13 日	全天	实操	助听器编程	8
			声场校准	
			纯音测听	
			耳印模取样	
11 月 14 日	上午	复习答疑	复习答疑	—
11 月 15 日	考试			

培训教材：《助听器验配师（基础知识）》《助听器验配师（四级）》职业技

能等级认定培训教材。

培训方式：讲课及实习操作。

培训分析：

1. 由于本次培训为四级助听器验配师职业技能等级认定培训强化班，针对的学员是具有一定工作经验的助听器验配师。因此，此次参加学员都是医院、康复机构及助听器专营店有多年工作经验的助听器验配师，培训主要目的是帮助他们进一步完善听力学及助听器验配知识。

2. 本次的培训方法主要采用讲授教学法和练习教学法，让所有学员在掌握理论知识的同时掌握操作技巧，能够在今后工作中熟练运用。

3. 实操过程中将学员分成 3 组，每组有 14 人。一般实操时最好控制每组人数在 10 人以内，可以使学员有充足的时间进行操作并保证熟练掌握，以取得比较好的效果。若每组 14 人，则人数略偏多，难以保证每位学员有足够操作时间。

4. 本次培训未设置相应的反馈机制，难以得到学员对此次培训的反馈和学员的真实感受，如学员是否认为此次培训对他们今后的工作有所帮助，本次培训需要改进的地方有哪些等。

2. 客观听力检测设备的操作

（1）听觉诱发反应测试

见《助听器验配师（二级）》中职业模块 1 培训课程 3 “其他听觉诱发反应测试”。

（2）耳声发射测试

见《助听器验配师（二级）》中职业模块 1 培训课程 4 “耳声发射”。

（3）声导抗测试

见《助听器验配师（三级）》中职业模块 2 培训课程 1 “声导抗测试”。

3. 真耳分析仪的操作

见《助听器验配师（三级）》中职业模块 2 培训课程 1 “真耳–耦合腔差值测试”。

4. 助听器验配软件的升级安装与使用

在助听器新产品或新功能出现后，各助听器厂家的验配软件一般需要随之升级，有的可在原有验配软件的软件更新板块直接进行下载和安装，有的可使用厂家提供的更新软件安装包文件进行安装，安装过程均会有相关向导，助听器验配师只需按照向导提示分步操作，即可完成安装。

升级安装结束后，助听器验配师可连接相应的助听器、编程器、编程线、计算机，试用更新后的验配软件，熟悉软件新功能。

培训课程 2 论文撰写

知识要求

二级助听器验配师不仅要掌握更深层次的专业知识和操作技能，同时也要能够进行专业文献的检索，开展科研设计，完成论文撰写。

一、科研设计

听力学的科学研究是以正确的观点和方法，探索与听力学有关的未知或尚未完全了解的事物或现象的本质及规律的一种认识和实践。

1. 科研课题的类别

按研究目的、研究对象和获取资料手段不同可以将科研课题分为不同的类别。按研究目的和应用特点不同，可分为基础研究、应用基础研究、应用研究和开发研究。按取得资料的手段不同，可分为观察性研究、实验性研究、整理资料性研究和文献资料综合性研究等。按研究对象不同，可分为动物实验、临床试验和社区干预试验等。

2. 听力学研究的特点

（1）研究目的和对象具有指向性，尤其强调临床应用

听力学本身就是一门来源于临床，并以临床应用为目标的学科。因此，听力学研究的特点紧密围绕临床需求，以临床应用服务为最终研究目的。听力学的研究对象主要是听力损失人群，失去听力就相当于失去了言语沟通能力，严重影响生活质量。而听障在目前的技术条件下，是所有残障类型中康复手段最丰富、康复效果最好的一类。因此，作为听力学工作者，有责任直面听力损失人群的需求，针对他们的实际问题，不断优化康复技术，提高康复效果。

（2）研究方向和方法具有多样性，充分体现学科交叉

听力学本身就是一门交叉学科，其包括耳鼻咽喉头颈外科学、言语-语言病理学、分子生物学、认知神经科学、生理学、心理学、声学、信号处理技术学、电子工程学及特殊教育学等多个学科，经过多年交叉融合形成了现有的听力学学科体系。不同学科领域的科学家从各自学科角度出发，利用各自学科的研究方法，从不同领域瞄准同一个目标：解决听力损失的预防、诊断与康复问题。

3. 听力学研究方向

（1）实验听力学研究方向

实验听力学研究通过实验手段探究听觉系统的功能、影响听觉系统的有关因素以及相关机制，属于基础研究。其研究对象除了人体以外，还包括动物、数学和物理模型。从事实验听力学研究的科学家来自各个领域，从不同维度共同探索人类复杂的听觉机制。耳鼻咽喉头颈外科医学家研究人体头颈部的神经、血管、颅骨和各组织器官的结构关系，为日后手术入路和切除病灶提供依据；生理学家揭示耳蜗的细微解剖结构，并深入了解其生理机制；认知神经科学家利用电生理学和影像学技术，深入研究中枢听觉处理机制；分子生物学家从基因角度分析听力损失的遗传性，为临床耳聋基因筛查提供支持，此外还开辟了探索内耳毛细胞再生机制的新研究领域；心理学和声学专家着重探讨声音刺激与人类感觉之间的关系，即心理声学研究；数字信号处理科研人员从言语信号处理、言语编码的角度为听觉补偿与重建装置的研发奠定理论基础。

（2）临床听力学研究方向

临床听力学研究为听力学密切结合临床的部分，主要内容为听觉功能损伤后的诊断与处理，也包含听力损失预防。临床听力学的研究对象一般为听力损失人群或存在潜在听力损伤风险的人群。下面介绍几种常见的临床听力学研究方向。

1）听力筛查结果分析。一方面通过报告初筛和复筛的通过率，了解新生儿听力损失的发病状况，为制定相关政策提供依据；另一方面探索新生儿听力筛查的临床策略，如比较不同筛查方法的敏感性和特异性，提高筛查方案的效率和准确度，以便及时进行早期干预，有效地促进婴幼儿的听觉语言发育。

2）听力补偿（重建）效果研究。听力损失人群主要依靠助听器和人工耳蜗进行听力补偿（重建），其干预效果一直是学术界所关注的重点研究方向。例如，使用助听器与植入人工耳蜗的听障儿童之间的听觉能力比较研究；双侧人工耳蜗植入和电声双模式佩戴效果的比较研究；听力补偿（重建）与听觉行为以及言语可

懂度之间的关系；通过对比听力补偿（重建）效果，改进助听器智能算法及人工耳蜗言语处理策略；听力补偿效果评估技术（如真耳分析）的应用研究等。

3）听力学评估工具的开发与标准化。随着听力学技术的发展，原有临床听力学评估工具已不能满足对聆听质量提出更高要求的听障人群。因此，开发新的听力学评估工具，并进行标准化成为临床听力学研究的重点工作之一。其中一部分评估工具的研发集中在言语测听词表上，如噪声下的言语识别能力、声调识别能力、最小音位对比识别能力、相邻词识别能力，以及短句识别能力测试等词表。还有一部分是评估听力损失人群心理健康及生活质量的量表或问卷，如音乐感知能力评估、心理社会功能评估以及生活质量评估问卷等。此外，如单耳冗余度测试、双耳分听测试、听觉时间间隔测试、听觉模式识别测试以及声源定向测试等中枢听处理能力评估工具的研发也受到国内外听力学科研人员的关注。

4）听力损失儿童言语康复效果研究。听力损失儿童的听力补偿（重建）目标是让其“听得清楚，说得明白”。因此，听力损失儿童经过听力补偿（重建）后的言语康复效果也备受学界关注，主要包括听力损失儿童在康复过程中遇到的呼吸支持不足、呼吸方式异常等呼吸障碍的评估与矫治；硬起音、软起音、音调单一等发声障碍的评估与矫治；喉位聚焦等典型共鸣障碍的评估与矫治；构音、语音与语言应用能力的评估与训练以及听觉言语反馈链之间的关系等问题。

5）其他类型的听觉障碍特征研究。除了听力损失人群外，一些纯音听阈正常，但存在其他类型听觉障碍的人群也是临床听力学的研究方向之一，如耳鸣问题、中枢听处理障碍问题以及孤独症儿童的听觉过敏现象等。

4. 科研选题的原则

（1）需求性原则

科研选题必须满足社会需要或科学自身发展的需要。科学是一种探索性活动，具有明确的目的性。需求分为两类，一类是从人类的生产和生活出发选择研究课题；另一类从满足科学自身发展的需要出发选择研究课题。听力学分为临床听力学与实验听力学，临床听力学的选题要聚焦于本研究的成果能否解决临床问题，为临床实践提供指导；实验听力学的研究课题可以不用直接为听力损失人群服务，应从完善听力学理论体系的需求出发，为将来临床应用打下基础。

（2）科学性原则

科研选题要以一定的科学理论和科学事实为根据，把研究置于当时的科学技术背景下，并使之成为在科学领域内合理且值得探讨的问题。一方面，非科学的问题不可选，如宗教、哲学和艺术等；另一方面，违背客观规律的伪科学问题也不可选。

（3）创造性原则

创造性原则是指选择的课题应是前人未曾提出或没有解决的问题，并预期从中产生创造性的科学成果。创造性原则的核心是创新，创新的成果可以是概念和理论上的创新、方法上的创新及应用上的创新。

（4）可行性原则

可行性原则要求所选择的课题要与自己的主客观条件相适应，即根据自己已经具备的或经过努力可以具备的条件进行选择。科研选题的创新性有强弱差别，研究难度也有大小之分，但是科研选题是否具备可行性却是每位研究者必须慎重考虑的一条原则。

二、文献检索

文献检索是指从文献资料、网络信息等信息集合中查找到自己需要的信息或资料的过程。为了进行检索，通常需要对资料进行索引。传统文献资料需要提取题名、作者、出版年、关键词等作为索引。在互联网时代，文中每个词都能成为检索点。并且，互联网还为引文索引的应用创造了条件。

1. 常用引文索引系统与全文数据库

引文索引提供了一种新的检索途径，以文献所附的参考文献作为线索检索相关文献。文献之间的引证关系显示了科技文献之间的内在联系。例如，文献 A 中引用了文献 B，那么文献 B 就被称为文献 A 的引文，而文献 A 则被称为来源文献或引用文献。如果文献 A 和 B 都引用了文献 C，那么 C 就被称为文献 A 和 B 的共享参考文献，文献 A 和 B 互为相关文献。两篇文献的共享参考文献越多，说明两篇文献的相关性越强。这样，只需搜索到一篇文献，就可利用引文索引将这篇文献的引文和相关文献一一显示出来，并通过超链接直接跳转找到其他相关文献。这样，文献通过引用和被引用，逐步形成一个相关文献关系网，这有利于跨越时间与学科的限制，对某一主题进行全面的文献检索。

引文索引的另一作用是可以对文献的水平和质量进行评价。学术论文和学术期刊浩如烟海，引文索引系统会按照严格的选刊标准和评估程序挑选刊源，将有一定学术水准、发表门槛较高的期刊收入系统中，并且每年略有增减，形成淘汰机制。引文索引系统通过记录论文被引用的频次和影响因子等指标反映该文献及期刊的重要性，被引用数量越多，影响因子（impact factor）越高，则代表文献越经典、价值越大。影响因子即某期刊前两年发表的论文在统计当年的总被引次数除以该期刊在近两年内发表的论文总数，该指标现已成为国际上通用的期刊和论文质量评价指标。但影响因子也并非最客观的评价期刊影响力的标准。对于一些综合类，或者大项的研究领域，如生物、医学，因为研究的领域广，所以期刊的引用率也比较高。听力学属于比较小众的研究领域，因此相关期刊的影响因子普遍不高，但这并不代表其水平低下。

全球学术界引文索引系统中最重要的便是美国科学引文索引（science citation index，SCI），其创刊于 1961 年，现属于汤森路透（Thomson Reuters）出版集团，是国际公认最权威的文献检索系统，包括自然科学、生物、医学、农业、技术和行为科学等，主要侧重基础科学。如 *Hearing Research*、*Ear and Hearing* 等听力学期刊，以及听力学相关的耳鼻咽喉头颈外科学、声学、神经科学类重要期刊均被 SCI 收录，此外还有一部分关于临床听力学和教育听力学的期刊被社会科学引文索引所收录。目前，SCI 的网络平台为 ISI Web of Knowledge，平台上有 Web of Science 数据库以及其他资源。Web of Science 数据库就是检索 SCI 数据时所使用的网页，在该平台搜索到的文献均称为“SCI 论文”。

此外，医学研究领域最常用的英文文献网络检索平台为 PubMed（见图 5-1）。PubMed 是一个免费的搜索引擎，提供生物医学方面的论文搜索以及摘要。它的数据库由美国国立医学图书馆提供，其核心主题为医学，但也包括其他与医学相关的领域，如护理学或者其他健康相关学科。

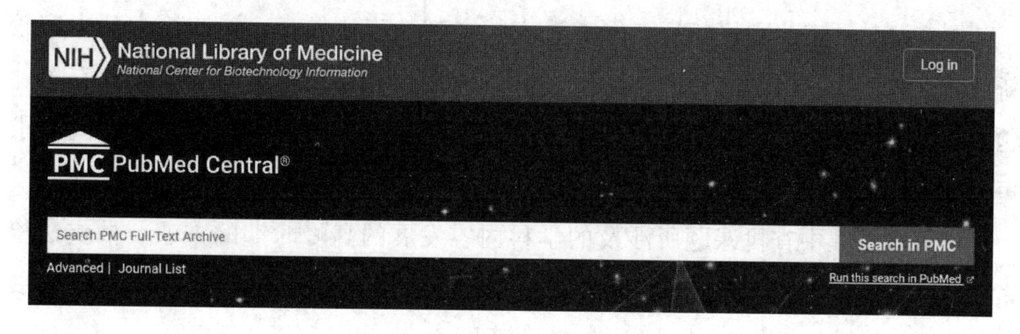

图 5-1 PubMed 搜索引擎界面

我国的科技引文索引系统称为中国科学引文数据库（Chinese science citation database，CSCD），中文的听力学相关期刊（如《听力学与言语疾病杂志》《中华耳鼻咽喉头颈外科学杂志》等）收录其中。此外，还有中文社会科学引文索引

（CSSCI）收录了《中国特殊教育》等教育听力学相关的期刊。

上述介绍的引文索引系统和文献搜索引擎大都只提供文献的基本信息和摘要，很少能获得论文的全文，如要阅读或下载论文全文，还需购买文献全文数据库。一般来说，高校和科研单位会按照自身研究方向，统一购买若干全文数据库。常见的英文期刊全文数据库包括 Science Online、Science Direct、Springer Link Journals、EBSCO、ProQuest、Wiley Online Library 等，常见的中文期刊全文数据库包括中国知网（CNKI）学术期刊库、万方学术期刊数据库、维普中文科技期刊数据库等。一旦购买全文数据库后，在引文索引系统或者文献搜索引擎上搜到的相关论文，即能通过网络链接进行全文阅读和下载。

2. 文献检索方法

在登录常用引文索引系统与全文数据库后，可采用下列方法进行文献检索。

（1）常用法

常用法又称工具法，是利用检索工具查找文献的方法。常用法分为顺查法、倒查法和抽查法三种。

顺查法是以课题研究的开始年代为起点，利用文献检索工具逐年查找直到近期为止。顺查法的优点是查全率高，同时查找的过程中不断进行筛选，其查准率也较高，缺点是检索工作量大。如果检索的目的在于收集某一课题的系统资料，以便进行综合分析研究，提出综述、述评等战略性情报供决策参考，一般不能有重大遗漏。在检索时间比较充裕和拥有比较全面的检索工具的情况下可利用顺查法查找文献。

倒查法与顺查法刚好相反。倒查法查找文献效率比较高，能够检索到内容较新颖的文献。如果检索的目的在于解决某一课题的某一技术性问题或查询有关课题的近期最新成果，要求快而准地提供最新理论情报或技术情报，检索时间要求短，那么采用倒查法更好。

抽查法是集中查找课题所涉及的学科内容发展的高峰时期的方法。抽查法检索所花时间少，却能获取较多的相关文献，但要求检索用户熟悉该课题的发展情况。

（2）追溯法

追溯法是一种传统的文献检索方法。追溯法又分为向前追溯法和向后追溯法。

向前追溯法是利用有关文献后所附的参考文献这一途径追溯查找同一类文献的方法。向前追溯法适用于身边缺少检索工具的情况，是利用多次查找文献后的参考文献像滚雪球似的找到一批文献。向前追溯法也有其局限性，利用这一方法查找文献查全率低，另外有些文献后的参考文献不完整或掺杂了许多相关性不大的文献。

向后追溯法又称引文法，是利用文献之间的引用与被引用关系，采用引文索引的文献检索工具进行文献追溯查找的方法。利用引文索引可由一位已知作者的姓名为线索，查到参考引用其文献的作者的文章，用这种方法一方面可以获得比较多的相关文献线索，另一方面可以获知该课题的最新文章和发展动态，同时还可以根据引用的多少，评价该文献的水平和质量。

（3）综合法

综合法又称循环法、分段法或交替法，是常用法和追溯法两种方法的结合。既利用检索工具又利用文献后边的参考文献进行追溯，两种方法交替使用，直到满足要求为止。综合法可得到较高的查全率和查准率，是采用较多的一种文献检索方法。

三、文献综述和科研论文的撰写

1. 文献综述的撰写

文献综述（review）是对某一研究主题在特定时间和领域内的各种文献资料的综合评述，是作者在阅读了大量有关文献后，经过整理、分析、综合而写成的一种学术性文章。它一方面反映当前某个领域或重要专题的最新进展、学术争论焦点或新的见解和建议，方便读者在短时间内了解该领域的研究动态、重要研究方向及创新等信息；另一方面可为研究者开展进一步科学研究提供选题和立项的依据。随着医学文献数量以及人们对医学证据需求的日益增加，综述性文章的作用更显重要，就其重要性和导向性而言，一篇好的文献综述，特别是经过定量综合分析的系统文献综述并不亚于该领域内很有价值的研究论文。

（1）文献综述的类型

根据文献综述的目的、收集筛选文献的方法以及写作上的不同，可以分为叙述性文献综述和系统性文献综述两大类。

1）叙述性文献综述（descriptive review）。即传统的文献综述，是由作者根据特定的需要或兴趣，收集一定时空范围内有关特定研究的文献资料，对各篇文献中阐述的研究结果、结论和观点等进行分析、比较、整理和归纳，简明地叙述其中的重要内容，并标引出处而形成的文献综述。此类文献综述多反映一定时期内或某一时期、一定地区范围的一批相关原始文献的内容，将这批文献作为一个有机整体予以阐述，是信息分析的高级产物。因此要求作者对综述的主题有深入了解，并能运用分析、比较、整理、归纳等方法对原始文献进行深度加工，从而全面、系统、准确和客观地概述这一主题的相关内容。另外，作者在撰写此类文献综述时，常常在客观描述的基础上，指出该研究领域的热点和焦点问题，以及进一步研究的目标和方向，这种预测可为读者开展相关研究提供重要参考依据。

2）系统性文献综述（systematic review）。又称系统评价，是伴随着循证医学的发展而越来越受到人们关注的一种全新的文献综述形式，其基本特点是针对一个明确的临床实践问题，系统全面收集所有已发表和（或）未发表的医学研究文献和报告，依据相关流行病学研究设计的原则和方法，严格评价文献的质量，去粗取精，去伪存真，筛选出符合质量标准的文献，进行定性分析和（或）定量合成，后者即为 Meta 分析（Meta-analysis），从而得出科学可靠的结论。此类结论属高级别的证据，具有较高的权威性，是制定医学决策的重要依据。因此，系统性文献综述要求文献收集尽可能充分，文献的取舍或分析评价也不应受作者主观偏爱或观点的影响，以免产生误导。另外，系统性文献综述可以随着新的医学研究的出现而及时更新，随时提供最新的知识和信息作为重要的决策依据，更好地指导医学实践，最有效地利用有限的卫生资源为人类健康服务。

（2）叙述性文献综述的撰写方法①

1）选题。文献综述的题目不能凭空产生，其选题一般来源于：①在实际工作或科研中发现存在某方面的问题或自己感兴趣的问题，需要进一步归纳总结；②某学科或某研究领域近年来发展较快，需要了解其前沿和最新进展；③了解与某学科或研究领域有关的新理论、新技术、新动向；④为自己的研究方向和课题提供背景资料。

提出具体选题时，要注意以下几点：①题目要结合自己的工作，只有在自己熟悉的工作范围内才能写出切合实际和有意义的综述；②注意获取文献的客观条件，即考虑自己对文献资料获取时的可及性（是否有相应数据库）与可读性（是否有相应的外语阅读理解能力），不必勉为其难；③选题要具体明确，不要过大、过泛，选题越具体越容易收集文献，也越容易写深、写透，同时还有利于向读者传递主要信息。题目清晰明了，也有助于读者掌握该综述所传递的主要信息。

---

① 此处仅介绍较为常用的叙述性文献综述的撰写方法。

2）收集文献。根据确定的综述目的和综述题目，确定重要的检索问题，选定相关的主题词或关键词，充分利用检索工具，广泛收集有关文献。此外，还可利用期刊每年最末一期附录的文题索引、专著或教科书，以及其中的有关参考文献等作为文献综述的信息资源。选择文献应由近及远，尽量有近年的最新文献。在广泛阅读资料的基础上，要深入阅读一些具有代表性和权威性的原始文献。撰写文献综述不应以二次研究资料作为参考文献，必须找到原文进行阅读。在阅读过程中，做好读书笔记或卡片，为下一步写作做好准备。

3）整理文献。文献综述不是众多文献资料的简单堆积和罗列，而是在作者阅读和掌握一定数量的资料后，先把文献归类，舍弃一些意义不大的内容，选出有意义的资料，然后根据文献综述的目的，列出撰写提纲，如确定该综述分为几个部分、每一部分的标题及主要内容是什么、是按时间进行纵向综述还是按空间进行横向综述等，形成文献综述的基本框架，最后根据提纲进行写作。

4）写作格式和内容。叙述性文献综述的格式一般包括文题、摘要、正文、小结和参考文献。

①文题。其确定方式见选题部分。

②摘要。不是必备部分，与研究论文的摘要在形式和内容上均不相同，形式无须结构式，内容一般是作者对撰写该综述目的和意义的简单说明。

③正文。应包括以下内容。

a. 前言部分。前言主要起到概括和点明主题的作用，使读者对该综述有一个初步了解。要说明撰写综述的目的，介绍综述内容涉及的主要问题，包括其现状、存在的问题和争论焦点等，并交代清楚相关概念或定义，以及该综述的时空范围。前言不宜过长，应文句简练、重点突出。

b. 中心部分。根据提前拟订的提纲，逐项将收集的文献资料加以归纳综合，进行科学的加工，使之条理化，然后撰写成文。通过比较不同文献所提供的信息，结合自己阅读文献的体会和对被综述问题的了解，最好能结合作者自己的研究成果，从不同角度阐明有关问题的历史背景、现状、争论焦点或存在的问题、发展方向和解决办法。这一部分无固定的写作格式，但内容要紧扣主题，要引用文献资料帮助说明问题，引文资料的选择要有理论意义和实际意义。引用他人资料不可断章取义，更不能歪曲原作精神，要尊重他人的研究成果。论述问题切忌片面，对有争论的观点，一般将肯定的意见放在前面，否定的意见放在后面。作者也可结合自己的认识、体会和工作经验对某一观点表示认同、支持，或表示怀疑、反对。

④小结是对综述的内容概括地做出总结，应注意与前言部分相呼应。对中心部分论述的问题、目前存在的问题和今后的研究方向，作者可提出自己的观点和见解。对有争议的观点，作者应表明自己的观点，但用词要恰当和留有余地。

⑤参考文献是综述的重要组成部分，所列参考文献应限于作者本人亲自阅读的原始文献，需要转引时应注明转引的来源。参考文献按文中出现的顺序分别列出，正文内的编号应与列出的参考文献序号一致，以便读者查阅。

综述初稿完成后，要反复修改，最好请有关专家和同行审阅，进行补充、修正，力求概括完整，论述准确。

2. 科研论文的撰写

科研论文（research paper）是按照科研设计进行实验或观察研究，将研究中所得到的第一手资料经过归纳整理和统计分析，并从分析结果中得到相应的研究结论，最后撰写而成的文章，也是对科研成果产生和论证过程的高度概括和总结。撰写论文是科研程序中重要的一环，也是最后一道工序。通过科研论文的公开发表和学术交流，可以将有价值的研究成果进行推广并应用于临床实践，还可以在实践中去验证与发展，从而有助于科研成果的转化和利用，产生相应的社会效益和经济效益。

在撰写科研论文时应选题恰当、目的明确、研究背景清晰、研究方法科学、获取资料客观准确、分析推论方法正确、结论可靠、论点鲜明、文字简明、图表规范，充分体现出科研论文应具有的先进性、科学性、逻辑性和简洁性。因此，学习、掌握与应用撰写医学科研论文的原则与方法，对于写出高质量和高水平的研究论文，具有十分重要的意义。

(1) 科研论文撰写的基本原则

1) 科学性。科学性是科研论文的首要条件和立足点。没有科学性，科研论文就失去了价值。科学性主要体现在以下几个方面。

①真实性。真实性是科学性最主要的体现，贯穿了整个科研和论文撰写过程。取材要确凿可靠，客观真实；科研设计严谨、周密、合理，要尽可能排除影响结果的各种干扰因素；实验方法与检测技术应科学且先进，设立恰当的对照组，必要时采用随机双盲对照法；实验的结果或临床观察结果要忠于事实和原始资料；实验数据客观可靠，所得数据必须进行统计学检验；论点、论据、论证客观，有充分的说服力。

②准确性。准确性是指选题准确、内容准确、数据准确、引文准确、用词准确、论点客观准确。对实验观察、资料统计要认真仔细，不能主观臆测，不能以“大概”“可能”代替科学结论。

③可重复性。只有充分保证了研究的真实性和准确性，才能使研究结论具有可重复性，即他人在相同条件下能使实验或观察结果重现。尤其是实验研究，如果他人采用同样实验方法均不能重复得出该项研究结果，则该科研论文没有任何价值。

④逻辑性。论文是科学思维的产物，靠严格的科学论据和逻辑推理阐述问题，是在充分获取各种第一手材料的基础上，对材料去粗取精、去伪存真，并进行统计分析、归纳综合、抽象概括，再经过由表及里、由此及彼的思维推理得出某些结论而写成的科学性很强的文章。因此，分析、推理、判断不仅要有事实根据，而且要符合辩证逻辑原理和规律。

2）创新性。创新性是科研论文的灵魂，是决定论文质量高低的主要标准之一。所谓创，即创造、创建，指未有人发表过或实践过的事物，如新发现、新研究成果，学说定理的新推导、新解释、新经验的总结，方法技术的改造等。所谓新，即新颖、新意，指非众人所知。但是，绝不能为追求论文的创新性而违背科学，尤其应指出的是，不能为了创新性而把前人已有的成果置之度外，或者贬低他人的研究成果，或者把自己现有成果与他人多年前的同类结果进行比较。

3）实用性。科研论文的实用性是指该研究的实用价值，是论文的重要基础，也是研究意义的体现。衡量一篇论文的实用性主要看其社会效益和经济效益如何，具体包括：其理论可否用于指导临床实践，能否推广应用；其方法技术是否为现实所需，能否有助于解决疾病诊断与防治中的某个技术问题；其结果和结论是否有助于阐明某个疾病的发病机制等。

4）可读性。撰写和发表论文是为了传播交流或储存新的医学科技信息，以便为读者或后人所利用，因此要求医学论文具有良好的可读性。撰写时要文字简洁、流畅易懂，语法正确，修辞准确，词语搭配得当，表达清晰，标点符号使用正确，段落层次分明、衔接合理，不使用口语或俗语、华丽的辞藻和夸张的形容词。整篇论文应结构严密、论点鲜明、论据充分、论证有力、结论明确、重点突出，便于读者正确理解全文。

（2）科研论文撰写的基本格式和内容

因研究项目、内容、要求和文章载体的不同，其论文的格式与写作方法也不完全一样。常见的科研论文一般都有比较固定的撰写格式，包括以下内容：题目、作者及其单位、摘要、关键词、前言（或研究背景）、研究方法、结果、讨论、致谢、参考文献。现分述如下。

1）题目。题目（title）是整个论文的窗口和标签，要能准确反映研究的主题和核心内容，既能为文献检索提供必要的信息，又能对读者产生足够的吸引力。因此，要求题目具体、简洁、鲜明、确切，并有特异性和可检索性。文字应精练、科学和醒目，题与文要高度相关，既不能夸大，也不能平淡，一般中文题目字数以20个汉字以内为宜，最多不超过30个字，英文题目以10个实词以内为宜，题目中间不用标点，题末不用句号，尽可能不设副标题。

2）作者及其单位。作者及其单位（authors and their institutions），按照国际医学杂志编辑委员会对论文署名作者的基本要求，并经《中华医学杂志》确认，有三条规定：①参与研究课题的选题和设计或资料的分析和解释者；②起草或修改论文中关键性的重要理论内容者；③对编辑部的修改意见进行核修，在学术界进行答辩，并最终同意发表论文者。凡署名的作者均需符合这三条规定，并都应对论文的内容负责，需要时能对读者的疑问做出恰当的解释和说明；对论文中涉及的任何部分的主要结论，至少有一位作者负责。

作者署名的顺序，依其在研究中的作用及贡献大小和所能承担的责任而定，无须论资排辈。一般情况下，如仅参加筹措科研经费或资料收集、一般的科研管理者或对论文进行评价，以及仅提供有关资料数据者均不能作为论文署名的作者。对于这些人员的贡献，应列入致谢部分。对多中心协作研究课题的论文，可以署负责课题的法人单位或直接署课题组织的名称，全部作者可附录于文末，但必须符合上述条件，同时还必须注明负责该论文的联系与解释者。作者的工作单位、地址、邮政编码以及电子邮件等信息应详细列出，以便于读者及编辑部联系。

3）摘要。摘要（abstract）是论文中主要内容的高度浓缩并能提供文中的关键信息。论文摘要应简明扼要地描述课题研究目的与意义、材料与方法、结果、讨论和结论中的重要内容，着重说明研究工作的主要发现和创新内容，使读者在短时间内了解论文的概况。摘要部分不列图表，无须引文，不分段落，一般不单独使用缩略语。科研论文通常要求同时提供中文摘要和英文摘要。

①中文摘要。内容包括目的、方法、结果和结论四部分。字数为300~500字，摘要的文字必须精练，无须主语。

目的（objective）：简要说明研究的目的、意义及其重要性。

方法（method）：简介课题设计方法、研究现场与对象（材料）、研究的主要指标及测量方法、资料收集处理，以及统计分析方法等。

结果（result）：简要列出主要的、有意义的或新发现的研究结果（具体数据），并指出其临床与统计学的意义和价值。

结论（conclusion）：给出经过科学分析、逻辑推理并得以论证的主要研究结论或论点，并指出其理论或实用价值，同时也可以给出某些尚待进一步探讨的问题，供读者参考。

②英文摘要。英文摘要通常置于中文摘要之后，其内容应与中文摘要相符，一般也为结构式摘要，包括目的、方法、结果和结论四部分，但不需要逐字逐句进行翻译。英文摘要多采用被动语态或第三人称视角撰写。

英文摘要要求简短、完整、准确、精练。“简短”是指以简练的词句集中表达出文章的精髓。“完整”是指英文摘要必须“有头有尾”，自成篇章，不遗漏重要信息。“准确”是指语法符合规则，用词适当，医学专业术语应采用人民卫生出版社的《英汉医学词汇》等权威机构最新版本出版物中的专业术语。“精练”是指用词力求简化，尽量简明扼要。英文摘要中一般不用缩写、简称和特殊符号，必须使用时，要采用国际国内公认的、通用的符号，并以标准的书写方法书写。

4）关键词。在论文的中英文摘要后面，应分别列出 3 ~ 5 个中英文关键词（key words）。它们应反映论文中的关键性专业术语信息，以便于主题索引和计算机检索使用。因此，要求关键词简洁、明确，并将论文中可供检索的关键点列出。关键词是指出现在论文中的具有检索意义，并能反映论文实质内容的名词和专业术语，可使用美国国立医学图书馆编辑出版的最新版《医学索引》（*Index Medicus*）中医学主题词表（medical subject headings，MeSH）内所列的词，如没有合适的主题词可选，也可使用恰当的惯用词语。

5）前言（或研究背景）。前言（或研究背景）（introduction or background）为论文的起始部分，字数不宜过多，应简述研究背景、目的和意义。前言的内容主要是讲清楚所研究问题、问题来源及论文的目的性。通过阅读前言，一般能够回答：①该论文所要研究的是什么问题；②这些问题是来源于文献（即他人的研究）中，还是来源于作者的实际工作中；③该论文准备解决哪些具体问题；④解决之后将在理论与实践中产生什么影响或具有什么意义。前言要切题，将撰写论文的目的写清楚，使读者一目了然，同时起到给读者一些预备知识的作用，然后开始引出论文正文部分。

6）研究方法。研究方法（method）部分主要包括研究设计、研究对象、测试材料、实验环境与设备校准、实验流程，以及数据处理方法等内容。

①研究设计。主要说明研究设计的类型即可，如本实验采用“2×3 两因素”完全随机实验设计，则表明该实验中有两个因素，第一个因素有两个水平，第二个因素有三个水平。

②研究对象。需说明本研究中受试者的年龄、性别、来源、数量，以及分组情况，还需交代受试者的入选标准或排除标准。

③测试材料。对于听力学研究来说，测试材料的说明非常重要，如果是标准化词表或者评估工具，需说明其来源；如果是非标准化的测试材料，需报告其编制过程，表明是否进行过强度、频谱、时长等基本的标准化处理；如果是量表和问卷，则需介绍其版本和信效度。

④实验环境与设备校准。听力学实验对实验室的声学环境及设备校准均有较高要求，需报告实验环境的本底噪声情况以及测听设备的校准情况。

⑤实验流程。需要说明具体测试过程，包括测试练习、指导语、给声方式、反应方式、记录方式、评分标准、测试顺序、测试时间，以及中途是否休息等信息。

⑥数据处理方法。需说明数据处理的方法或工具。

7）结果。研究结果（result）是向读者展示数据处理的结果，主要呈现描述性统计和推断统计结果。形式上多采用统计图与统计表两种形式，每一幅图表都应编号并配以文字解释。在此部分，仅对实验的结果进行客观说明与介绍，不进行任何扩展性讨论。

8）讨论。讨论（discussion）是整篇论文的精华所在，主要是对实验结果或调查结果做出理论性分析，并由此得出相应的研究结论。讨论是为了寻找事物之间的内在联系，可把本次研究取得的结果与过去的工作或文献进行对比，寻找其间的关系。讨论所需引用的文献材料应尽量抽象概括，是对他人研究文献的总结，而不是直接抄袭别人的文献资料或简单地罗列。讨论部分的内容应当从实验和观察结果出发，实事求是，切不可主观推测，从理论上对实验和观察结果进行分析和综合，以结果为基础和线索进行推理，为论文的结论提供理论依据。切忌在讨论中多次重复结果内容或将讨论部分写成文献综述。这部分内容的质量主要取决于作者对文献的掌握与分析能力。

归纳起来，讨论部分应表达下列内容。

①紧密结合该研究所获得的重要结果和发现，以及从中引出的结论进行讨论，而不是重复结果部分的内容。特别要对新的发现、文献尚未报道的内容进行深入讨论，包括可能的机制、临床应用范围，以及从研究结果对总体的推论等。所作的推论必须恰当，符合客观生物规律。不要盲目夸大实验或调查的理论意义、应用范围和应用价值。

②讨论该研究发现与文献报道的同类研究有何不同，哪些文献支持该研究，哪些文献报道与该研究结论不同。但切忌文献综述式的冗长阐述，不要引用与课题研究不太相关或完全无关的文献。

③对该研究的局限性和不足之处进行讨论。指出可能存在的偏倚，以及偏倚的来源，并对研究的内部真实性和外部真实性进行讨论。

④指出该研究结论还需进行哪些研究，提出进一步的研究方向、展望、建议和设想。

以上内容并非每篇论文的讨论都必须涉及，应从论文的研究内容和目的出发，突出重点，紧扣主题，围绕一个或几个观点进行介绍，讲深述透。

每个讨论最好有一个小标题，提示讨论的中心内容，按结果栏目中的顺序并结合文献分段撰写，或标出序号。其次序应从时间、因果、重要性、复杂性、相似与相反的对比等方面来考虑，使内容有条理、有联系，重点突出。讨论部分不使用图表，篇幅不宜过长，不能整段引用文献，而是摘其观点或结论，并用角标标出参考文献。

总之，讨论要紧密围绕研究的主题和要解决的主要问题，不宜离题发挥或重复他人之见，切忌大量旁征博引，而对自己研究所得的第一手资料轻描淡写。因此，研究者应将已获得的材料系统化、理论化，形成自己的见解，以便进一步阐述研究的结论。

结束讨论后，在论文的最后一段需要撰写结语，以反映论文的目的、解决的问题和最后得出的结论。任何研究论文都要尽可能地提出明确的结论，回答科研构思或科学假说所提出的问题，因此结论也是科研构思或科学假说的答案。结语应写得简明扼要，精练完整，逻辑严谨，表达准确，有条理性。撰写结语时，对不能明确或无确切把握的结论，可选用“印象”“提示”等留有余地的词，以代替“证明”“证实”等肯定的词。

9）致谢。对本研究做出了贡献，但又不符合署名作者条件的人员或单位，均应在文末以致谢（acknowledgement）的形式将有关人员的名字或单位名称一一列出并致以感谢。

致谢的要求：第一，致谢必须实事求是，并应征得被致谢者的同意；第二，一般在正文后面提出其姓名和工作内容或说明具体贡献，如“技术指导”“参加实验”“收集数据”“参与现场调查”“审阅指导论文”等；第三，致谢置于文末，参考文献之前。

10）参考文献。参考文献（reference）部分要求列出在研究过程和论文撰写时所参考过的有关文献目录及相关信息。列出文献目录不仅是对科学负责和对他人研究成果的尊重，也是向读者提供更多的相关研究线索。参考文献按《信息与文献　参考文献著录规则》（GB/T 7714—2015）采用顺序编码制著录，依照其在文中出现的先后顺序用阿拉伯数字连续编号，加方括号标出，附于正文引文句末右上角方括号内。

参考文献应尽可能引用最新和最主要的，最好引用近 3 年内的文献（但个别重要的经典历史文献除外），不使用文献中众所周知的结论，忌用无关的文献。引用参考文献以原著为主，未发表的论文及资料、译文、文摘、转载以及内部资料、非公开发行书刊的文章等，一般不作为参考文献被引用。未经查阅或未找到原文者，应在该资料来源之前加“引自”二字，不能作为参考文献。

（3）科研论文撰写时的注意事项

科研论文必须反映客观事物的本质和规律，要求内容实事求是，文字表达简练、语法修辞准确、图表规范恰当。

1）内容应具有科学价值。科研论文学术价值的高低，与研究课题本身的价值有密切关系。一篇科研文，要充分体现科研选题的目的、设计的思想、实验的过程、统计处理的方法和结果的可靠性，并具有一定的新颖性，不应是对他人研究的简单模仿和重复。

2）题目简洁鲜明。题目具有画龙点睛和启迪读者兴趣的功能。题目既不宜过大或冗长，也不宜过小和笼统，要求用最简洁、最恰当的词语，把论文的主题清晰地告诉读者，并具有可供检索的主要信息。

3）结构得当、层次分明。围绕文章的中心议题，采用合适的结构顺序和层次，安排材料和组织段落。科研写作强调实用性和时效性，描述、表达事物应简洁明了，开门见山，紧扣主题，步步深入，合乎逻辑。要尽量用事实和数据说话，不能像文学作品那样采用曲折往复或带感情色彩的描绘，也不能像教科书那样对众所周知的知识重新描述论证。

4）文字表达应准确、简练、生动。科研论文因其专业的特定要求，应将文字准确放在第一位。只有用词准确无误，才能客观如实地反映事物的本来面目。简练，就是用较少的文字，表达尽量多的内容，做到通俗易懂、言简意赅。科研论文的生动，是指内容具体、清晰，富有文采，绝不是华丽辞藻的堆砌。生动的语言可避免科研论文常有的枯燥和单调问题，更能引起读者的阅读兴趣，从而达到交流的目的。

5）图、表、文字三者使用恰当。在呈现研究结果时要合理使用图、表和文字。凡是可以用图表说明的部分，无须累赘的文字描述。恰当地使用图形和表格，既可以简洁、形象、直观地表达文章的内容，又可以调节、活跃和美化版面，与正文一起构成和谐统一的整体。图、表在文中应由文字引出，它们本身应具有可读性，即读者看到图和表，就能理解其表达的含义。需要特别强调的是，要避免同一组数据既用图又用表，甚至再用文字重复赘述。

培训课程 3

市场宣传

知识要求

一、市场营销

1. 市场营销基本概念

正确全面地了解市场营销基本概念，是开展助听器业务营销推广的基础，只有对助听器市场营销特点深入了解，结合产品特点、门店业务特点、本地受众及市场特点、自身商业目标，才能制定出全面的市场策略。

市场营销的目的在于深刻地认识和了解顾客，从而使产品或服务完全适合顾客需求并形成自我销售。对于助听器业务来说，依据听障者听力损失情况，了解听障者的临床听力康复需求和期望、生活聆听习惯，通过专业的验配调试服务和助听器产品，满足其改善聆听体验、提升聆听生活质量的需求，这就是助听器业务市场营销的目的。

企业的营销活动是指企业的整个业务经营活动，包括市场洞察、品牌宣传推广、产品定位、定价、推广、促销、售后服务等经营活动。对于助听器渠道经销商，营销活动的主要对象是助听器终端用户及影响其购买行动的人。

2. 市场营销的基本要素

市场营销的构成离不开基本要素的支撑，深入了解并掌握市场营销基本要素，将有助于更好地规划市场营销战略，同时市场营销基本要素也可以演化成市场策略。一般市场营销的基本要素包括四个（4P）：产品（product）、价格（price）、渠道（place）、促销（promotion）。这四个基本要素，可依据业务特点自行调节、控制和运用，演化成不同营销组合策略，最大化地达到企业的预期目标（见图5-2）。

(1) 产品

图 5-2 市场营销的基本要素

从充分了解消费者的需要出发，制定对应不同产品生命周期的策略。对于助听器产品，需要考虑对应终端用户的听力损失情况、聆听生活环境与习惯、经济情况。同时对于自身业务发展和目标的产品策略，需要考虑什么样的产品与服务组合最适合自身目标受众特点，能最大化地帮助自身业务实现差异化与竞争优势，实现既定目标，同时也为价格策略、促销策略、分销策略建立基础。

(2) 价格

依据不同的产品定位，市场定位，制定不同价格，实现产品和服务的差异化，同时要注意品牌在价格策略中扮演的重要角色，注重品牌的溢价能力和含金量。对于助听器零售业务，产品建议零售单价往往已经由助听器品牌方制定，门店所需要考虑的是适合门店自身特点及既定目标的零售折扣价格，同时也可以依据自身特点制定基于提供专业验配服务的定价策略，以此反映出门店的服务价值定位。

(3) 渠道

渠道的选择是指如何让用户更容易、更便捷地获得产品和服务，如何帮助用户实现产品和服务唾手可得。随着互联网、移动商务科技的不断发展，涌现出了丰富多样的平台渠道，不同渠道有着不同受众和特点，有时需要考虑渠道间的平衡和互补。对于助听器及其验配行业，线下零售渠道为专业验配助听器的主要渠道，医院、政府采购项目作为线下补充渠道服务广大终端用户。OTC 形态助听器的出现，促进了线上（网上）渠道的快速发展，但由于助听器验配服务还需逐步完善，特别是能自我验配、自我调适的助听器产品还不完善，因此线上助听器验配渠道还处于摸索阶段。

(4) 促销

促销包括两个方面：推广和促销。推广是指商家利用各种信息传播手段，各种平台宣传推广，提升产品、服务、品牌在终端用户群中的知晓度；促销是建立刺激终端用户的购买欲价格机制，通过短期促销价格刺激，实现业务增长。对于助听器市场，商家可通过不同媒体平台，运用不同宣传手段，宣传和科普听力健康知识，增强民众的听力健康意识，正确对待听力损失；对于助听器产品类别，结合听力损失，建立产品特点的正确认识，同时吸引用户入店体验了解。促销的意义在于，在门店终端，制定合理的促销政策，激发用户购买欲望，运用双赢策略，通过促销手段实现用户转化。

3. 零售营销

零售营销直接面对最终消费者，是通过物料设计，策略支持，渠道安排等多种多样的组合方式促使用户产生购物冲动的一系列营销策略。零售营销既是一门艺术又是一门科学，需要分析并选择消费者，分析竞争对手，宣传推广零售商品，塑造零售企业形象，调查与预测零售市场，制定商品价格，营造购物环境，进行营销传播和促销推广，建立与用户的信任，赢得用户的忠诚度。

对于助听器行业来说，零售营销因为助听器产品的特点，验配服务的特点，不同于普通快消品，医疗器械的归类决定了其医疗设备的属性特点。在分析用户特点时，不仅需要考虑其临床特征，也需要考虑其生活状态、心理需求、康复预期，清晰地了解所在市场用户的特点，描绘用户画像，可以帮助门店准确定位用户，围绕用户特性，结合自身特点，制定产品和服务的定位定价。在制定推广策略时，要清楚了解所在市场对于医疗器械宣传推广的法律法规，在遵纪守法的前提下，结合受众特点，提取产品和服务优势特点，选择高效的推广渠道与方式，让更多用户了解产品与服务信息，为门店拉新。在塑造企业形象方面，通过与用户建立共情，突出专业服务特点，树立符合门店自身特点的品牌形象；通过营造专业、温暖、贴心的服务体验和服务环境，加深用户对品牌印象，最终赢得用户，建立用户忠诚度。

零售营销策略是促进帮助零售企业开展销售活动的策略、方法、方式的总称。一般分为5大类：针对性策略、试探性策略、诱导性策略、调价性策略、差异性策略。

（1）针对性策略

针对不同用户的不同情况、不同需求，采取适当的方式积极推广宣传产品特性及服务，促进用户购买。针对性策略制定的前提是对用户需求，消费心理的充分了解掌握，这样才能有效地设计销售服务流程和话术，实事求是地展示宣传商品或服务，让用户感受到真诚的服务，促进用户顺利完成购买。针对性策略的关键是促使用户产生信任感。对于助听器门店来说，完善的售前听力检查及问诊服务，可以为“千人千面”的用户需求提供针对性的服务，在服务全流程中，依据客观检查数据，专业问诊研判，深入了解用户需求与期望，建立与用户的信任，从而让用户获得安全感，接受服务及专业建议。

（2）试探性策略

店员对用户购买的具体要求还不够明了时，应观察用户的动作表情，认真倾听用户的询问，提出精心选择的问题进行试探，并试探着选择合适的商品，进一步观察用户的反应，然后根据用户的反应，进行劝说、宣传，使其产生购买行为。对于助听器门店，观察用户的言谈举止和动作表情尤为重要。缜密的问诊流程，是为了帮助店员更好地了解用户，并逐步引导建立期望值的过程。对于细节的观察和心理上的引导，可以更好地了解用户的预期及购买意图，从而结合针对性策略，更好地为用户提供完善的听力服务与解决方案。

（3）诱导性策略

店员运用所掌握的商品知识和介绍商品的技巧，针对用户对商品的顾虑和疑问，委婉地加以诱导说服，从而满足用户需求，达成购买目的。在助听器门店，助听器验配师只有对助听器产品性能有充分的了解，才能更好地引导用户，帮助用户选择更适合自己听力及符合自己生活聆听状况的听力解决方案。

（4）调价性策略

根据市场竞争情况，商品销售季节的变化及用户消费爱好变化等因素影响。在作价权范围内调高或调低价格，吸引用户购买。在助听器行业，助听器的零售单价往往是品牌方制定，大多数品牌方也会在不同时间举行促销活动。不同门店也有自己对于助听器零售价格的折扣设置。需要注意的是调价性策略具有“双刃剑效应”，助听器门店的价格体现的是产品价值和验配服务价值，所以单纯的产品价格打折行为不仅会伤害门店，也会伤害用户，乃至整个市场。在使用调价性策略的时候，建议结合整体产品规划（产品库存、新品上市规划等）谨慎实行，避免陷入“无序价格战”中，避免降低服务价值。

（5）差异性策略

零售企业为用户提供了一种不同于其他企业的商品或服务，以扩大产品销售，由于用户对商品不熟悉，主动介绍商品的性能、特点、质量、使用和保养方法，可促成用户购买行为。对于助听器门店来说，差异性策略可以帮助门店降低同质化效应，同时凸显自身特点，满足更多细分市场受众的需求，如提供助听器上门验配服务，提供助听器试戴服务等。差异性策略在帮助门店明确自身定位，确定服务特色的过程中起到十分重要的作用；同时，差异性策略可以帮助门店规避调价性策略中的风险，增强门店的竞争力。门店通过服务、产品、人员的差异化策略，在市场中确立自己整体差异化的定位，赢得更多用户，扩大市场份额和影响力。

深入了解零售营销策略，可以帮助零售渠道更好地依据本地市场特性、产品及服务特性，制定符合渠道需求的零售营销策略。对于助听器零售渠道，根据产品医疗器械的独特属性、专业验配服务的特点正确制定的零售营销策略，可以帮助零售渠道更快地实现差异化优势，赢得市场。

二、市场推广

1. 市场推广基本概念

市场推广是指企业为扩大产品市场份额，提高产品销量和知名度，而将有关产品和服务的信息传递给目标用户，激发和强化其购买动机，并促使这种购买动机转化为实际购买行为而采取的一系列措施。市场推广概念的产生是在市场发展和进步中逐步演化出来的。

基于产品特性、终端用户特点、渠道特点，选用不同的推广方式，进行市场推广活动，可以最大化地增强用户购买意识，扩大品牌知名度和产品知晓度，争取市场份额。在产品不同的生命周期，应运用不同的推广策略，可以达到不同的目的。

（1）产品导入期

新品现场演示是常用的线下产品推广方式，同时配合专家日的促销活动，可以帮助助听器验配师和终端用户更快地了解新品，感受新品。

（2）产品成长期

此时，可采用用户佩戴反馈、实际佩戴案例进行产品宣传，通过新媒体和传统媒体，让更多的助听器验配师和终端用户了解产品及其性能，是助听器产品成长期普遍使用的推广方式。

（3）产品成熟期

在助听器行业，产品成熟期的推广往往和临床案例相结合，不仅能论证产品的临床特性，还能通过实证方式，维持产品在市场中的热度。

（4）产品衰退期

当产品进入衰退期，可凭借大力的终端促销，进行库存清理，为新产品上市做好铺垫。

2. 市场推广方式

市场推广方式主要分为拉力和推力两种，拉力包括宣传的拉力、服务的拉力，将终端用户吸引过来，培养并激发其购买动机；推力包括渠道推动力、终端现场推动力、促销的推动力，推动终端用户将购买动机转化实际购买行为。口碑营销、媒体推广、社群推广属于宣传拉力的范畴，促销推广属于渠道推动力范畴。

（1）口碑营销

口碑营销是指通过用户口口相传交流产品、服务信息的营销推广方式，特点是可信度高，转化程度高。口碑营销可以有效引发消费者对产品、服务及品牌整体形象的讨论和交流，通过消费者之间相互沟通交流激发彼此购买意愿，从而转化为购买行为。口碑营销的最大优势在于无须投入大量成本。口碑营销也可以在网上建立一个优秀的在线品牌社区，邀请用户在数字媒体上充当品牌的倡导者，帮助建立品牌的可信赖性、可靠性、真实性证明和可信度。口碑营销可以提高门店的转化率，这是因为在做购买决定前，绝大多数的人会向朋友和同龄人寻求建议。口碑营销的创建方式有很多种，结合助听器行业特点，可参考的创建方式有“病毒式”口碑营销、视觉触发类口碑营销、培育有影响力的人三种。

1）“病毒式”口碑营销，是一种具有极强的传染力，可创造大量话题的口碑营销活动，有助于产品或服务的“病毒式”裂变传播营销方式。营销方式包括依托有价值的话题，结合自身特点，创造话题，发起活动等，寻找与用户的共情感，在传播过程中，建立记忆锚点，引起用户购买意愿。

2）视觉触发类口碑营销，是具有视觉冲击，且触发热门话题讨论，便于传播的视觉类营销方式。随着自媒体网站的出现，短视频也可依托这些平台，引起社会性话题讨论，创造口碑营销的机会。

3）培育有影响力的人。树立具有说服力的关键意见领袖（key opinion leader，KOL）是口碑营销的重要组成部分，可以是行业里有权威的 KOL，可以是用户中品牌深度追随者，也可以是用户中对产品和服务有深度研究的人。通过与他们合作，让他们向用户分享他们对产品（品牌）的评论、意见和体验，可以极大地影响用户，同时引起潜在用户购买意愿，积极促使销售行为转化。

（2）媒体推广

媒体推广是让消费者通过多样化的媒体平台更快接触到产品、服务、品牌信息的方式，通常有传统媒体推广（如报纸、广播、电视等）、网络媒体推广（如搜索引擎优化、门户网站推广等）、新媒体推广（如微信、微博、抖音、快手、今日头条等）。媒体推广在产品成长期扮演重要的角色，优秀的媒体推广方案可以充分发挥各个媒体的特点，优化投入产出比，创造具有规模的品牌、产品和服务话题传播。

（3）社群营销

社群营销是把具有共同兴趣、爱好的人聚集在一起，进行营销传播的方式和过程。社群营销的特点是以用户为中心，以口碑为媒介，具有独特的社群氛围；品牌传递的信息更具体，目标人群更加可控，社群的氛围可相互影响；企业和用户在互动中实现共赢，社群的现实性即刻体现，社群的多样性，传播方式多样化，包括文字、图片、音频和视频等。社群营销的优势在于传播速度快，传播范围广、针对性强、沟通畅快。社群营销需要有明确的推广产品或服务，有共同兴趣及需求的潜在目标用户，明确的社群规则，清晰的社群组织。在营销时，通过不断更新的内容，引起共鸣，增加用户黏性，挖掘价值痛点，刺激购买欲望，通过已经体验产品或服务的用户分享，维护老用户，树立社群品牌形象，继续推广产品及服务，实现良性闭环。在助听器行业，门店自行运营的老客户微信群，就是社群营销的实践。

（4）促销推广

促销推广是指公司运用各种有效的方法和手段，使用户了解和注意公司的产品，激发用户的购买欲望，促使用户进行购买。其中价格促销是促销推广的延伸，价格促销通过明显的价格优惠吸引用户，有效提高产品的市场竞争力，创造出良好的市场销售态势。但价格促销也有消极作用，主要表现在以下几个方面。

1）用户对于促销的折扣力度的期望会不断加大，同时养成非折扣不购买的行为习惯，从而影响验配服务及产品的销售。

2）价格促销可能造成未来市场需求提前饱和。

3）持续打折，会直接影响品牌形象。

4）降低品牌在市场的获客能力，打折成为主要手段。价格促销可以短期获客，实现订单增长，但实施的时候，也需要考虑其消极作用，结合市场特点、推广需求和业务需求合理使用价格促销策略，以便实现业务增长，同时避免消极影响。

一、工作准备

1. SWOT 分析

SWOT 分析是经常被用于企业战略制定、竞争对手分析的有效工具。通过 SWOT 分析，可以帮助企业把资源和行动聚集在自己的强项和更多机会的地方。

SWOT 分析包括：自身内部的优势分析（strength）和劣势分析（weakness）；外部的机会分析（opportunity）和威胁分析（threat）。

（1）优势分析

竞争优势可以是服务或产品有别于其他竞争对手的优势内容，例如，核心技术优势、盈利模式优势、产品种类、产品价格、服务流程等。从助听器产品来看，可以是不同技术等级、独特的性能、多种机型的产品；从服务来看，可以是以人文关爱为导向的全流程专业验配服务等。对于助听器门店来说，门店所处的地理位置、选择主推的产品的优势、服务的差异化等都可以通过优势分析进行提炼，从而更好地了解自身的竞争力。

（2）劣势分析

劣势分析可以从整个价值链的各个环节和竞争对手进行详细对比，如产品的种类、产品价格、服务内容等。明确了自身的劣势，也是客观评估自身竞争力的一种方式，可以取长补短，也可以扬长避短。例如，在助听器门店，全面客观地审视门店自身的短板，从产品结构规划、品牌选择、验配服务技能、新客招募能力、售后服务质量等方面，发现问题，及时改进，提升竞争力。

（3）机会分析

机会分析通常是看待所在市场环境中存在的机会。在进行产品规划的时候，准确地分析所在市场存在的机会，对产品规划有着指导意义。例如，积极发现本地市场的用户对于机型的偏好、产品性能的喜好、价格的期望、服务的预期，以便按需配置产品类别和服务内容，从而认准机会，精确切入。

（4）威胁分析

威胁分析通常是看待所在市场环境中存在的威胁，及时制定策略应对，避免损失。例如，在助听器行业，医疗器械广告规范管理的政策变化会直接影响到广告的投放，另外，品牌方对于渠道政策的变化，商务条款的改变，也可能直接或间接地产生威胁，冷静审视市场中存在的威胁，客观做出预判，可以避免损失，及时调整策略，积极应对。

2. 商业画布

商业画布，又称商业模式画布（见图 5-3），是指一种能够帮助企业催生创意、降低猜测、确保其找对目标用户、合理解决问题的工具。商业画布不仅能够提供更多灵活多变的计划，而且更容易满足用户的需求。更重要的是，它可以将商业模式中的元素标准化，并强调元素间的相互作用。

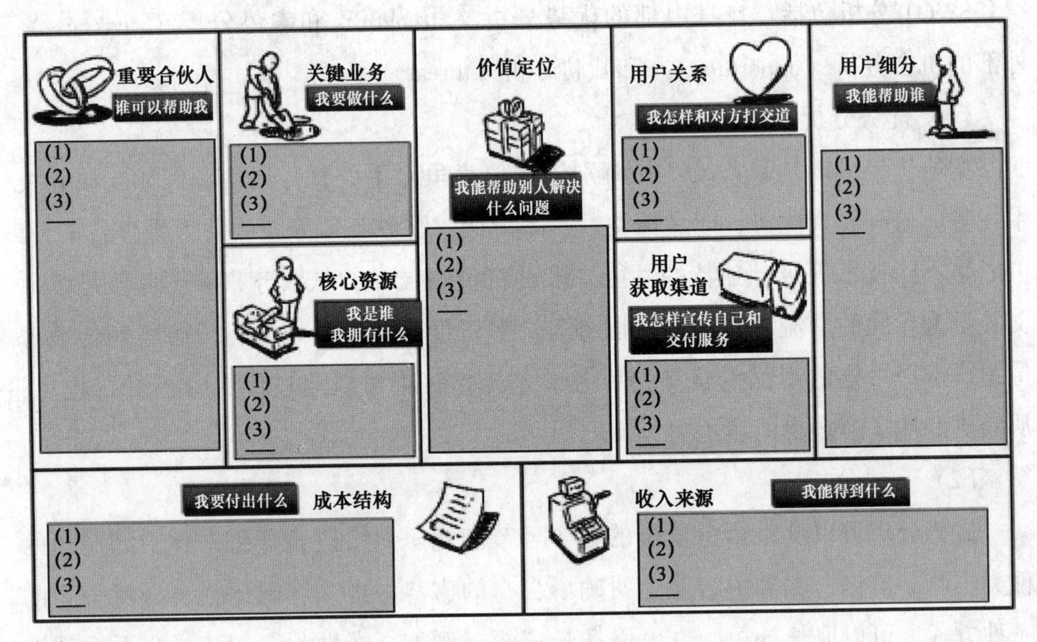

图 5-3　商业画布

（1）用户细分

用户细分是用来描述一个企业想要接触和服务的人群或组织。

1）助听器的目标受众是谁，细分用户画像是怎样的。

2）用户的年龄、收入、家庭环境、行为特征、聆听习惯、生活状态、购买习惯、生活喜好等。

（2）价值定位

价值定位是企业所提供的产品或服务，是用来描绘企业为特定用户细分创造价值的系列产品和服务。

1）企业该向用户传递什么样的价值。

2）企业正在帮助用户解决哪一类难题。

3）企业正在满足哪些用户需求。

4）企业正在为谁创造价值。

5）谁是企业最重要的用户。

6）企业正在给助听器用户提供哪些细分产品和服务。

（3）用户获取渠道

用户获取渠道是用来描绘企业如何沟通接触其用户并传递其价值主张。

1）通过哪些渠道可以接触到潜在助听器用户。

2）企业如何接触他们。

3）企业的渠道如何整合医院合作、残联项目、零售门店等资源。

4）哪些渠道最有效。

5）哪些渠道成本效益最好。

6）如何把企业的渠道与不同用户进行整合。

（4）用户关系

用户关系是用来描绘企业与特定用户细分群体建立的关系类型。

1）每个细分用户群体希望与企业建立和保持何种关系。

2）哪些关系已经建立了，这些关系成本如何。

3）如何把用户与商业模式的其余部分进行整合。

（5）收入来源

收入来源是用来描绘企业从每个用户群体中获取的现金收入，和从用户获取收入的途径。

1）什么类型的助听器产品和服务体验能让用户愿意付费。

2）他们现在付费买什么，助听器本身还是全流程验配服务。

3）他们是如何支付费用的。

4）他们更愿意如何支付费用。

5）每个收入来源占总收入的比例是多少。

（6）核心资源

核心资源包括资金、人才，是商业模式有效运转所必需的最重要的因素。

1）企业的价值主张需要什么样的核心资源。

2）企业的渠道通路需要什么样的核心资源。

（7）关键业务

关键业务是用来描绘为了确保其商业模式可行，企业必须做的最重要的事情，例如，提升助听器专业验配服务水平，提供性价比高、质量可靠的助听器产品。

1）企业的价值主张需要哪些关键业务。

2）企业的渠道通道需要哪些关键业务。

（8）重要合伙人

重要合伙人是用来描述让商业模式有效运作所需的供应商与合作伙伴的网络。

1）谁是企业的重要伙伴。

2）谁是企业的重要供应商。

3）企业正在从伙伴那里获取哪些核心资源。

4）合作伙伴都执行哪些关键业务。

（9）成本结构

成本结构是用来描述运营一个商业模式所引发的所有成本的构成。

1）什么是企业商业模式中最重要的固有成本。

2）哪些核心资源花费最多。

3）哪些关键业务花费最多。

商业画布可以帮助企业更好地明确商业意图，明确目标，清晰地规划业务，制定策略。在助听器行业，商业画布可以帮助零售门店有一个清晰的战略布局，依据门店自身特点，考虑所在市场环境的特点，明确自身价值主张，锚定核心资源，梳理收益渠道，制定营销策略。

二、工作程序

1. 门店陈列

门店陈列通常被认为是创造性的视觉与空间艺术，包括店铺设计、装修、橱窗、通道、背板、道具、灯光、音乐、广告、产品宣传册、商标及吊牌等零售终端所有视觉要素组成的系统集合。门店陈列的目的是通过科学规划，让产品在陈列中变得鲜活，提升品牌形象，激发用户购买欲望，促进产品销售。

门店产品陈列一般参考如下原则。

（1）分类陈列原则

将不同属性的产品按不同用户及其消费习惯进行陈列，例如，同时售卖血糖仪和助听器的门店，需要将血糖仪和助听器分开陈列，以便清晰明了，针对不同用户需求，提供清晰明了的产品陈列，可以帮助用户第一时间获取产品信息，触发购买行为。

（2）显而易见原则

不要被遮盖任何商品，商品标签可正面朝外，便于用户识别和拿取，例如，陈列不同机型助听器展架时，可以标注不同机型的名称，方便用户更快捷地了解不同机型的外观和特性。

（3）伸手可取原则

陈列商品要便于用户拿取。在助听器门店，助听器电池展架的陈列建议遵循这个原则，以便用户拿取。

（4）全面陈列原则

将销售产品全面陈列，应有尽有，让用户感知产品的丰富性，便于用户选择。在助听器门店，不同品牌、不同机型的陈列，可以让门店的产品陈列更丰富，方便用户获取品牌及产品信息。

（5）先进先出原则

陈列产品需陈列最新产品，对于旧款产品，秉持“先进先出”原则，合理规划展示空间的位置。在助听器门店，新款上市的产品建议摆放在显著的位置，对于已经趋于退市的产品，应减少陈列，以更有效率地利用陈列空间，也建议针对门店所使用的展示物料，进行周期性筛查，去旧存新，更好地陈列展示主推产品。

（6）关联陈列原则

产品之间具有很大的关联性和互补性，应将有关联性的产品共同陈列。在助听器门店，助听器的无线附件、充电盒、干燥盒、干燥剂、助听器防耵聍网罩、助听器电池等配件都属于与助听器产品强关联的产品，具有关联性和互补性，建议将此类产品统一陈列。

（7）垂直陈列原则

同类不同种产品采取上下垂直摆放的陈列方式。在助听器门店，定制式助听器的外壳模型、RIC 助听器模型、耳背式助听器模型、骨导助听器模型的陈列可参考使用垂直陈列原则，同一类型的产品陈列在一起，同类不同种产品建议依据展示区域特性进行上下垂直摆放。

（8）空间利用最优原则

应依据展示区域的实际尺寸和特点，合理利用空间，充分展示商品及服务宣传内容。一般来说普通人的黄金视线高度为离地 130~150 cm，主力销售产品的陈列建议展示在黄金视线内，以便用户一目了然。在助听器门店，展柜设计尺寸可以依据门店实际情况，参考黄金视线高度，进行规划设计产品陈列，以便达到最佳展示效果。

2. 动线设计

用户动线设计是另一种重要的门店展示设计工具，同时也是用户体验过程的布局，了解用户动线设计不仅可以更好地展示产品，也可以帮助用户更好地体验服务。动线设计需要依据场地实际尺寸和布局，参考用户特点进行规划，清晰划分服务区域，增加用户留店时间，创造购买机会。在助听器行业，门店用户动线设计反映了门店验配服务的专业性思路，合理规划服务区域，可以帮助提升用户到店体验。常见的助听器零售门店划分为如下区域。

（1）接待区

接待区的作用是接待用户到店，初步询问到店目的及期望，建立用户档案，协助用户候诊，安排助听器验配师接诊。结合前面提到的产品陈列原则，在接待区可以设置助听器不同机型的外壳模型，展示佩戴效果的四耳板、助听器电池、助听器无线附件、助听器充电盒、干燥盒、防耵聍网罩等，以便用户通过视觉初步了解助听器产品和相关服务。

（2）听力测试区

听力测试区域一般在相对安静的空间规划，由助听器验配师为用户提供专业听力测试服务，获取并为用户判读听力测试报告。依据先前所提到的陈列原则，在此区域，建议悬挂听力损失分级主题海报，以便用户更便捷、直观地了解听力损失的程度。

（3）助听器验配区

助听器验配区是提供助听器验配服务的核心区域，是助听器选配和调试的主工作区，除了具备验配服务功能外，也承担了加深用户对于服务体验的重要作用，助听器验配师将在此区域为用户提供助听器适配、调试、新机试戴等服务。依据陈列原则，建议在此区域放置双耳道生理解剖图的海报或者耳道生理解剖展架，以便让用户更直观地感知、了解听力损失的原因，助听器助听的工作原理等。

（4）耳道检查、耳样提取及扫描区

此区域是助听器验配师检查用户耳道，提取耳样，对耳样扫描的区域。大部分用户为第一次被提取耳样，此区域建议配置舒适的牙科椅、耳样 3D 扫描仪，可连接投屏的电耳镜等设备，同时建议环境舒适，帮助用户减少焦虑。

（5）维修工作区

此区域通常是助听器验配师为用户提供助听器保养、简单维修的工作区，此区域为内部工作区域，不建议对用户开放，但可以作为视觉陈列的一部分，让用户感受工作区域的专业性。

（6）售后服务区

售后服务区为用户提供售后服务设置，是提供售后服务的重要区域，因在售后服务区中，有大量的口头沟通需要进行，建议依据门店实际情况，有条件的话，将此区域与助听器验配区隔开一定距离，避免相互干扰。

（7）库房

此区域作为存放助听器产品、助听器配件、助听器电池的区域，需依规合法设置，同时需要具备库房管理系统。此区域为内部工作区域，不对用户开放。

当然，助听器零售门店用户动线的划分也需要参考门店实际情况，将区域进行合并或划分，满足门店实际需求，同时参考当地用户特点进行规划，为门店的产品销售和服务提供帮助。

3. 促销策划

（1）促销方式差异化

广义的促销包括常规促销、人员推广、广告、公关四种方式。促销不要千篇一律，当竞争对手在做常规买赠、特价促销时，可以考虑做社区促销，利用一对一的沟通，增大现场售卖的概率。当竞争对手做常规促销、人员推广时，可以通过广告，加大用户对产品的认知度，提升用户对品牌的忠诚度，指引用户前来购买，也可以在一些媒体发布广告，开拓团购用户，如政府机关、事业单位等。当竞争对手在促销设计上更多地偏重于商业化时，可考虑做义卖、捐赠等公益活动，在提高企业美誉度的同时，也树立企业的社会责任形象，无形之中增强用户对企业品牌的好感，更好地吸引用户产生购买行为。对于助听器门店可以依据市场实际情况灵活使用差异化的促销方式，不同组合的促销方式综合使用也可以达到不同的效果。

（2）促销形式差异化

常见的促销形式有特价、折扣、买赠、免费试用、有奖竞赛、抽奖、刮刮卡等。此外，也有一些新形式的促销形式，例如，联合促销，即不同的企业或者品牌，有相近的市场或用户人群，通过采取强强联合的方式，将彼此的产品作为赠品或附加产品，达到低成本营销目的的一种促销方式。因受众用户的重叠性，血糖仪和助听器的联合促销就可能达到意想不到的效果。又比如衍生促销，就是购买了一种形式的产品，送另外一种形式的产品。在助听器门店，选配了助听器，可以送老花镜。促销形式要尽可能与竞争对手形成差异化。

（3）促销内容差异化

若在举办促销活动时，促销方式和形式确实避不开同质化，那么就要尽量在内容上加以区别。例如，同样是做买赠，商家可以在赠品的种类、数量上与竞争对手形成差异化，也可以做连环促销，即同一种促销形式的叠加或不同促销形式的累加（如买一套产品，除了享受打折外，还赠送小礼品，达到一定的金额，还可以再享受抽奖等），这种连环促销策划得当，可以达到较好的拉动效果。例如，助听器门店可以推出选配无线充电助听器即可享受一定的折扣，同时选购单只万元以上助听器可赠送充电盒等。这样的连环促销，能很大程度地打动潜在用户。

（4）促销主题差异化

促销主题是促销的灵魂，是对促销最终意义的升华和总结。在促销实施上，要尽量提炼出富有意义的促销主题，以引起用户的共鸣，促进他们产生对于企业和品牌的信赖关系，也可以以返利、酬宾、公益等作为促销主题。但无论怎么分类与归纳，最终都要以实际的效果，即经济效益和社会效益综合加以衡量和评估。

三、注意事项

1. 门店陈列

门店陈列注意陈列物品在相关区域所扮演的角色。切勿摆放与工作区域不相关的陈列物品。

2. 动线设计

动线设计不仅需要参考各个功能区域的功能性划分，入店用户接受服务流程的排布，也需要参考门店实际情况和布局，结合实际情况，应用动线设计的理念，设计出最适合门店实际情况的动线，才能有效提升用户入店体验。

3. 促销策划

促销频次、促销价格折扣、促销力度要控制好。频繁促销容易让用户产生疲劳感，无法产生购买冲动，同时促销价格折扣也要做好控制，避免用户陷入无折扣，不购买的怪圈。